"十四五"职业教育国家规划教材

"十三五"职业教育国家规划教材

U0951577

园林树木

（北方本）

第2版

王庆菊　刘　杰　主编

中国农业大学出版社
·北京·

内 容 简 介

本教材采用项目教学法和典型工作任务相结合的“理实一体化”教学改革模式，将园林树木相关知识分成上、下两篇，7 个项目，13 个任务。每个项目前面明确技能目标、知识目标和素质目标，任务中设置任务分析、任务实施和理论认知等环节，通过完成各项任务实践环节来掌握技能目标和知识目标，并完成相应的素质目标的培养和提高；每个项目有不同等级的项目测评，采用实操或课业形式巩固和拓展学生对学习目标的理解和掌握，各个课业的思政元素提炼为师生开展课程思政提供部分参考。园林树木识别与应用模块采用彩色印刷，树种实物拍摄，图片精美、清晰直观，方便教学应用。

本教材开发了配套的《自我成长活动手册》，作者结合积极心理学的理论为师生提供一些创新思维和创新实践的方式、方法，在学习和实践过程中通过刻意练习和沉浸式体验，收获知识和技能，体验自我成长的喜悦和幸福，从而形成高自尊和高自我效能感的积极自我，为今后的学习、工作和生活增添一抹靓丽的风景。

本书可作为高等职业园林技术、园林工程技术、风景园林、园艺等专业教材或培训教材，也可以作为园林绿化工作者及爱好者的参考用书。

图书在版编目（CIP）数据

园林树木：北方本 / 王庆菊，刘杰主编. --2 版. -- 北京：中国农业大学出版社，2022. 3（2023.11 重印）

ISBN 978-7-5655-2718-0

Ⅰ. ① 园… Ⅱ. ①王… ②刘… Ⅲ. ①园林树木—高等职业教育—教材 Ⅳ. ① S68

中国版本图书馆 CIP 数据核字（2022）第 017614 号

书　　名 园林树木（北方本） 第 2 版
作　　者 王庆菊 刘 杰 主编

策划编辑 张 玉　　**责任编辑** 张 玉
封面设计 郑 川
出版发行 中国农业大学出版社
社　　址 北京市海淀区圆明园西路 2 号　　**邮政编码** 100193
电　　话 发行部 010-62818525，8625　　读者服务部 010-62732336
编辑部 010-62732617，2618　　出 版 部 010-62733440
网　　址 http://www.cau.edu.cn/caup　　**E-mail** cbsszs@cau.edu.cn
经　　销 新华书店
印　　刷 涿州市星河印刷有限公司
版　　次 2022 年 3 月第 2 版　2023 年 11 月第 2 次印刷
规　　格 185 mm×260 mm　16 开本　11.5 印张　340 千字
定　　价 55.00 元

第 2 版编写人员

主　编　王庆菊（辽宁农业职业技术学院）

　　　　刘　杰（廊坊职业技术学院）

副主编　张咏新（辽宁农业职业技术学院）

　　　　张玉泉（黑龙江农业职业技术学院）

　　　　张计育（江苏省中国科学院植物研究所）

　　　　邓　洁（永州职业技术学院）

参　编　董　勇（新疆生产建设兵团第二师三十团农业发展服务中心）

　　　　黄金凤（辽宁省农科院果树科学研究所）

　　　　贾大新（辽宁农业职业技术学院）

　　　　柳玉晶（辽宁农业职业技术学院）

　　　　王立杰（朝阳工程技术学校）

　　　　王新卫（中国农业科学院郑州果树果树所）

　　　　夏新宇（大连圣苑苗木有限公司）

　　　　薛华柏（中国农业科学院郑州果树研究所）

　　　　张变莉（河南农业职业学院）

　　　　张婧莹（昆明丹宸文化传播有限公司）

　　　　赵明珠（辽宁农业职业技术学院）

主　审　吴艳华（辽宁农业职业技术学院）

第1版编写人员

主　编　王庆菊（辽宁农业职业技术学院）

刘　杰（廊坊职业技术学院）

副主编　张咏新（辽宁农业职业技术学院）

张玉泉（黑龙江农业职业技术学院）

张计育（江苏省中国科学院植物研究所）

邓　洁（永州职业技术学院）

参　编　董　畅（黑龙江省农科院园艺分院）

黄金凤（辽宁省农科院果树科学研究所）

贾大新（辽宁农业职业技术学院）

刘建国（运城职业技术学院）

柳玉晶（辽宁农业职业技术学院）

任丽霞（鄂尔多斯职业学院）

王立杰（朝阳工程技术学校）

王新卫（中国农业科学院郑州果树所）

薛华柏（中国农业科学院郑州果树所）

张变莉（河南农业职业学院）

赵明珠（辽宁农业职业技术学院）

第 2 版前言

党的二十大报告指出，必须牢固树立和践行绿水青山就是金山银山的理念，站在人与自然和谐共生的高度谋划发展。园林绿化建设属于生态文明建设中不可或缺的重要组成部分，对于改善人居环境以及提升人民群众幸福指数具有重要意义。

“园林树木”课程是园林技术、园林工程技术、风景园林、景观建筑设计等专业的“理实一体化”的专业基础课程之一，是阐述园林树木的各个器官形态和功能、生长发育规律以及各个树种的形态特征、产地分布与生态习性和园林应用等理论知识、实践技能和树木文化的学科。学习本门课程，可以帮助学生掌握扎实的学科基础知识，“求木之长者，必固其根本”，这些知识是在今后的工作中认识和应用园林树木的基石。

《园林树木（北方本）》教材共分上、下两篇，即园林树木基础篇和园林树木识别与应用篇，其中包括 7 个项目，13 个任务。园林树木基础篇分为调查园林树木的形态、调查园林树木生长发育规律和园林树木分类 3 个项目，详细阐述了园林树木的形态和生长发育规律基础理论，介绍了调查园林树木形态、采集与制作标本、调查园林树木物候期、调查园林树木的生命周期、编制园林树木检索表和园林树木实用分类 6 项任务，通过完成上述任务，促进学生对各种园林树木形态特征的理解和掌握，了解园林树木生长发育规律的理论知识，可以有利于促进识别各个园林树种，并能合理地应用于园林中。园林树木基础篇是全面掌握园林树木形态特征及园林应用的前提。

园林树木识别与应用篇分为园林乔木识别与应用、园林灌木识别与应用、园林藤木识别与应用及调查园林树种的多样性及配植 4 个项目。按园林应用分别安排了常绿乔木识别与应用、落叶乔木识别与应用、常绿灌木识别与应用、落叶灌木识别与应用、园林藤木识别与应用、调查园林树种的多样性和调查园林树种的配植与应用 7 项任务。通过园林树木识别与应用篇，可以使学生系统掌握各种园林树木的形态特征、分布与习性及园林应用等识别与应用技能，并在园林建设中灵活应用各种园林树木。教材第 2 版在树种中文学名、拉丁学名和科属划分等方面进行了全新的修订，为统一园林树木分类标准，主要参考文献来源于中国植物志电子版 http://www.iplant.cn/frps/jingji 的最新修订版，为师生网络资源检索学习提供方便。

《园林树木（北方本）》是针对项目教学法和典型工作任务法相结合的“理实一体化”教学模式而设计编写的教材，在教材结构、内容安排和项目测评等方面进行了全新的设计，教师可根据课程结构、开课季节和生源特点等适时安排实践任务，具体分析工作任务，在任务实施过程中了解和掌握理论知识和实践技能，提高学生的素质目标，从而达到各个项目的教学目标。每个项目的项目测评，可以巩固加深学生对技能目标和知识目标的理解；本书提供了一定的思政元素，为师生的教与学提供参考，多方面提升学生素养。在教材编排上，从基础到应用，从局部到整体，引导学生精进学习与实践，在培养科学探索和大国工匠精神的基础上，激发学生吃苦耐劳、爱岗敬业、为民服务、为国争光的家国情怀，为园林专业人才培养打下良好的学科基础。为满足师生多元化的教学模式，《园林树木（北方本）》第2版在主教材修订的基础上开发了配套的课内外学生《自我成长活动手册》。

《园林树木》（北方本）的《自我成长活动手册》编写初心是结合积极心理学的理论，为师生在园林树木创新教学过程中提供一些创新思维和创新实践的方式方法，在学习和实践过程中通过刻意练习和沉浸式体验教学活动，在收获知识和技能的同时，体验自我成长的喜悦和幸福，从而形成高自尊和高自我效能感的积极自我，为今后的学习、工作和生活增添一抹靓丽的风景。

《自我成长活动手册》以课内外拓展活动作业形式，对《园林树木》（北方本）的知识和技能加以归纳和分解，有利于学生深度理解园林树木的知识点和技能点，可以提高学习效果和更好的收获成长。建议师生结合教学进度，通过开展课内外小组活动完成。在开展活动过程中，学生之间相互激励、相互分享、共同成长，老师在教学过程中积极关注、反馈和指导，让师生在积极、乐观、希望的氛围中逐渐积累知识和技能，并收获自我成长的喜悦。

本教材由王庆菊和刘杰任主编，张咏新、张玉泉、张计育、邓洁任副主编。参加编写的人员还有董勇、黄金凤、贾大新、柳玉晶、王立杰、王新卫、夏新宇、薛华柏、张变莉、张婧莹、赵明珠等，插图由王庆菊、刘杰和张咏新完成，审稿由吴艳华完成。本书编写中参考了很多学者的文献资料，在此一并致以衷心的感谢。

由于编者水平有限，教材中难免存在缺点和错误，恳请各校师生批评指正。

编　者

2023年11月

第1版前言

园林树木是阐述园林树木的各个器官形态和功能、生长发育规律以及各个树种的形态特征、产地分布与生态习性和园林应用等理论知识和相关实践技能的学科。本教材分为园林树木基础篇和园林树木识别与应用篇，其中包括7个项目13项任务。

园林树木基础篇分为园林树木形态调查、园林树木生长发育规律调查和园林树木分类3个项目，详细阐述了园林树木的形态和生长发育规律基础理论，介绍了调查园林树木形态、采集与制作标本、调查园林树木物候期、调查园林树木的生命周期、编制园林树木检索表和进行园林树木分类6项任务，通过完成上述任务，可以促进学生对各种园林树木形态特征的理解和掌握，了解园林树木生长发育规律的理论知识，可以有利于促进识别各个园林树种，并能合理地应用于园林中。园林树木基础篇是全面掌握园林树木形态特征及园林应用的前提。

园林树木识别与应用篇分为园林乔木识别与应用、园林灌木识别与应用、园林藤木识别与应用及园林树种的多样性及配植调查4个项目。按园林应用分别安排了常绿乔木识别与应用、落叶乔木识别与应用、常绿灌木识别与应用、落叶灌木识别与应用、园林藤木识别与应用、调查园林树种的多样性和调查园林树种的配植与应用7项任务。通过园林树木识别与应用篇可以使学生系统掌握各种园林树木的形态特征、分布与习性及园林应用等识别与应用技能，并在园林建设中灵活应用各种园林树木。

《园林树木》是针对项目教学法和典型任务相结合的理实一体化教学模式而设计编写的理论与实践相结合的教材，在教材结构、顺序、内容等方面都进行了大胆的改进，教师可根据课程结构和季节特点适时布置实践任务，现场分析任务特点，并在任务实施过程中了解和掌握相关理论知识，使学生通过实践掌握理论，并用相关理论指导实践任务的完成，在完成任务的同时掌握各个项目的知识目标和技能目标，达到活化理论，生动实践的目的。每个项目结束前设置项目测评，可以巩固加深对技能目标和知识目标的理解，同时拓展学生的学习空间，开放学生的思维。在教材编排上符合学生通过实践引导理论学习欲望和兴趣，理论知识的掌握更进一步指导和提高实践技能，并能融会贯通。

本教材由王庆菊和刘杰任主编，由张咏新、张玉泉、张计育、邓洁任副主编。参加编写人员还有董畅、黄金凤、贾大新、刘建国、柳玉晶、任丽霞、王立杰、王新卫、薛华柏、张变莉、赵明珠等，插图由王庆菊、刘杰和张咏新完成，审稿由杨丹完成。本书编写中曾参考过有关单位和学者的文献资料，在此一并致以衷心的感谢。

由于编者水平有限，教材中难免存在缺点和错误，恳请各校师生批评指正。

编　者

2016年6月

目录

下篇 园林树木识别与应用

概　述

一、园林树木的概念

园林是指在一定的地域内，运用工程技术和艺术手段，通过改造地形、种植树木花草、营造建筑和布置园路等途径创作而成的美的自然环境和游憩境域。园林树木是指在园林中栽植应用的木本植物，包括乔木、灌木和藤木树种。园林树木是构成园林景观和发挥绿化功能的主要植物材料，在园林建设中占有重要地位。充分地认识和合理地应用园林树木，正确地栽培养护园林树木，对绿化、美化、净化以及改善自然环境，保持自然生态平衡，提高城乡园林绿化水平，都具有重要意义。

园林树木本是野生林木，只是长期被人类选育、引种驯化和利用后，才逐步形成供人们观赏的树木，由于人们的长期培育，产生了大量的变异，培育了无数的品种，从而大大丰富了园林绿化的内容。

二、园林树木的作用

（一）园林树木的美化作用

众所周知，园林植物是园林景观营造的主要素材，园林绿化能否达到美观、经济、实用的效果，在很大程度上取决于对园林植物的选择和配植。园林中没有园林树木就不能称其为真正的园林，而园林绿化中，园林植物又以园林树木占有较大的比重并成为重要的美化题材。园林树木种类繁多，各具不同的形态、色彩、芳香、风韵，随季节而五彩纷呈，香韵悠远。它们与园林中的建筑、雕塑、山石、溪瀑等相互映衬，再加上艺术处理，呈现出千姿百态的迷人美景，令人神往。利用园林树木美化环境是园林工作者的首要任务。

1. 园林树木的观赏特性

园林树木树形各异，叶、花、果更是色彩丰富，绚丽多姿。树形如圆锥形、卵圆形、伞形、圆球形等。叶色有绿色的油松、侧柏，春色叶的落叶松、皂角，秋红色叶的槭树、五叶地锦，秋黄色叶的银杏、悬铃木，常色叶的紫叶李、紫叶小檗，双色叶银白杨，斑色叶的变叶木等。花形、花序形态变化极多；花色有红色系的月季、海棠，黄色系的连翘、黄刺玫，蓝色系的紫丁香、泡桐，白色系的荚蒾、玉兰等；花香有清香（茉莉）、甜香（桂花）、浓香（白玉兰）、淡香（玉兰）、幽香（树兰）等。果实的形状如铜钱树似铜钱、腊肠树似香肠、秤锤树似秤锤、紫珠似紫色小珍珠等；果实的色彩有红色的小檗、火棘、枸杞，黄色的甜橙、佛手，蓝紫色的葡萄，黑色的鼠李，白色的红瑞木等。观枝的红瑞木（红色）、山桃（古铜色），观皮的华山松（光滑）、白皮松（片裂），观刺毛的江南槐（毛）、皂角（刺），观根的银杏、榕等可做盆景。

2. 利用园林树木表现时序景观

园林树木随着季节的变化表现出鲜明的季相特征，春季繁花似锦，夏季绿树成荫，秋季硕果累累，冬季枝干遒劲。这种盛衰荣枯的生命节律，为我们创造园林四时演变的时序景观提供了条件。根据植物的季相变化，把不同花期的植物搭配种植，使得同一地点在不同时期产生某种特有景观，给人不同的感受，体会时令的变化。

3. 利用园林树木创造观赏景点

园林树木本身具有独特的姿态、色彩，风韵之美。不同的园林植物形态各异，变化万千，既可孤植以展示个体之美，又能按照一定的构图方式配植，表现植物的群体美，还可根据各自生态习性，合理安排，巧妙搭配，营造出乔、灌、草结合的群落景观。

4. 利用园林植物形成地域景观特色

植物生态习性的不同及各地气候条件的差异，致使植物的分布呈现地域性。不同地域环境形成不同的植物景观，如热带雨林及阔叶常绿林相植物景观、暖温带针阔叶混交林相景观等具有不同的特色。根据环境气候等条件选择适合生长的植物种类，营造具有地方特色的景观。各地在漫长的植物栽培和应用观赏中形成了具有地方特色的植物景观，并与当地的文化融为一体，甚至有些植物材料逐渐演化为一个国家或地区的象征。

5. 利用植物能够起到烘托建筑、雕塑的作用

植物的枝叶呈现柔和的曲线，不同植物的质地，色彩在视觉感受上有着不同差别，园林中经常用柔质的植物材料来软化生硬的几何式建筑形体，如基础栽植、墙角种植、墙壁绿化等形式。一般体型较大、立面庄严、视线开阔的建筑物附近，要选干高枝粗、树冠开展的树种；在玲珑精致的建筑物四周，要选栽一些枝态轻盈、叶小而致密的树种。现代园林中的雕塑、喷泉、建筑小品等也常用植物材料做装饰，或用绿篱作背景，通过色彩的对比和空间的围合来加强人们对景点的印象，产生烘托效果。园林植物与山石相配，能表现出地势起伏、野趣横生的自然韵味，与水体相配则能形成倒影或遮蔽水源，造成深远的感觉。

（二）园林树木改善环境的作用

1. 改善空气质量

（1）吸收 CO_2 放出 O_2　人类和众多的动物体每时每刻都在进行呼吸，吸进 O_2 呼出 CO_2。据调查，正常情况下空气的 CO_2 含量为 0.03%，当 CO_2 含量为 0.4% 时，就会引起人们头痛、耳鸣、呕吐等各种反应，超过 0.8% 时就会使人迅速死亡。

地球上大面积的森林和绿色植物，是 CO_2 的消耗者。树木在进行光合作用时吸收 CO_2，呼出 O_2。光合作用放出的 O_2 比树木呼吸作用消耗的 O_2 大 20 倍。空气中 60% 以上的 O_2 来自陆地上的植物。人们把绿色植物比喻为“新空气的加工厂”。

树木是环境中 CO_2 和 O_2 的调节器，在光合作用中每吸收 44 g CO_2 可放出 32 g O_2。虽然植物也进行呼吸作用，但在田间由光合作用所放出的 O_2 要比由呼吸作用所消耗的 O_2 量大 20 倍。一个体重 75 kg 的成年人，若有 10 m^2 的树林，即可满足呼吸对氧气的需要。

（2）分泌杀菌素　空气中散布各种细菌。许多树木在生长过程中能不断分泌出大量的植物杀菌素，可以有效杀灭细菌、真菌和原生动物。主要树种有侧柏、圆柏、杉松、雪松等。

树木的挥发性物质除了有杀菌作用外，还可使人们有精神愉快的效果。

（3）吸收有毒气体　随着工业的发展，向大气中排放的物质数量越来越多、种类越来越复杂，从而引起了空气成分的变化，对人类和其他生物产生不良影响。很多树木具有吸收多种有害气体的功能，从而减轻大气污染，起到净化空气的作用。

SO_2：忍冬、卫矛、旱柳、臭椿、榆、花曲柳、水蜡、山桃等既具有较大的吸毒力，又具有较强的抗性，所以是良好的净化 SO_2 的树种。总而言之，落叶树的吸硫力强于常绿阔叶树，更强于针叶树。

Cl_2：银柳、旱柳、臭椿、赤杨、水蜡、卫矛、花曲柳、忍冬等是净化 Cl_2 的较好树种。

其他有毒物质：泡桐、梧桐、大叶黄杨、女贞、樟树、垂柳等均有不同程度的吸氟力，柑橘类可吸收较多的氟化物。

（4）阻滞灰尘　大气中除有害气体污染外，还受烟尘、粉尘的污染。空气中的尘埃降低空气的透明度，减少紫外线含量，容易引起呼吸道的各种疾病、沙眼及皮肤病，影响人体健康。微尘还可以使有雾地区雾情加重，使空气的透明度降低。

树木的枝叶可以阻滞空气中的尘埃，使空气变清洁。一般树冠大而浓密、叶面多毛或粗糙以及分泌有油脂或黏液者均有较强的滞尘力。

2. 调节气温

树冠能阻拦阳光而减少辐射热。由于树冠大小不同，叶片的疏密度、质地等的不同，所以不同树种的遮阴能力也不同。遮阴力越强，降低辐射热的效果越显著。夏天在树荫下会感到凉爽，这是由于绿叶茂盛的树冠遮拦阳光，吸收辐射热，降低小环境的气温，一般能降温 2～5 ℃。

3. 提高空气湿度

树木还可以改善小环境内的空气湿度。杨树等树种具有很强的增加空气湿度的能力。如用各树木或树丛进行大面积种植，则提高小环境湿度的效果尤为显著，数据测定，一般树林中的空气湿度要比空旷地高 7%～14%。

4. 光照方面

树木可以吸收强光（红橙光和蓝紫光），反射弱光（绿色光），可以遮去部分光照使光线较暗对眼睛保健有良好作用，能使人在精神上觉得爽快和宁静。

5. 减弱噪声

城市环境中充满各种噪声，越过 70 dB 时，对人体就产生不利影响。树木能吸收，反射部分声波。较好的隔音树种是雪松、桧柏、水杉、悬铃木、梧桐、云杉、臭椿、柳树等。

此外，园林树木能吸收或分解水中的有毒物质，如树木根部能积累汞、氰、砷、铬等，柳树均

可富集镉等。在过于潮湿的地区，大面积种植蒸腾强度大的树种，可降低地下水位而使地面干燥。

（三）园林树木保护环境的作用

1. 涵养水源，保持水土

“天旱把雨盼，雨来冲一片，刮走肥和土，剩下石头蛋”，这是在水土流失严重的山区流传的俗语。植被稀少的荒山，在大暴雨的冲刷下，山地表土流失，山石裸露。

据调查，我国目前水土流失严重，全国每年流入江河的泥土量相当于被刮去 1 cm 厚的耕地土层，土壤损失 50 多亿 t，流失的氮、磷、钾含量相当于 4 千多万 t 化肥，比目前全国化肥年常用量还要多。因毁林导致水土流失在许多国家造成了严重后果，全世界谷物每年因此要减产约 2 000 万 t，同时造成水力发电的水库淤塞，水道航运受损等情况。

树木、草地有很大的保水能力，树林的林冠能截留雨水，减缓雨水强度，截留量为降水总量的 15%～40%；树体可以储存一部分水分，减少和减缓了地表径流量和流速；树林内土壤团粒结构好，树木的根系能把持土壤，都有利于水分渗透，能将更多的地表水转变为地下水，减少地表径流，有效地保持水土。

2. 防风固沙

大风可以增加土壤蒸发，降低土壤水分，造成土壤风蚀，严重时携带沙土埋没城镇和农田。有人测定，一条 14 m 高的防风林，在它 250～300 m 的保护范围内平均风速可以降低 20%～30%。树林可阻挡风沙，降低风速，为了防风应设置防风林带。在选择树种时应注意选择抗风力强、生长快且生长期长而寿命亦长的树种，最好是最能适应当地气候土壤条件的乡土树种，其树冠最好呈尖塔形或柱形而叶片较小的树种。在东北和华北的防风树常用杨、柳、榆、白蜡、紫穗槐、桂香柳、柽柳等。

3. 其他防护作用

防止火灾蔓延，可应用树干有厚木栓层和富含水分而不易燃烧的树种作隔离带，如苏铁、银杏、青冈栎、棕榈、女贞、八角金盘等。酸木树具有很强的抗放射性污染的能力。其他如多风雪地区的防雪林带，海洋地区的红树防浪林，沿海地区的防海潮风的林带等。

4. 监测大气污染

许多植物对大气中有毒物质敏感，可以利用监测大气中有毒物质。如杏、紫丁香、月季、枫杨、白蜡、连翘、红松、油松等对二氧化硫敏感；榆叶梅、葡萄、杜鹃、樱桃、杏、李、桃、月季等对氟及氟化氢敏感；石榴、竹、复叶槭、桃、苹果、柳、落叶松、油松对氯及氯化氢敏感；木兰、垂柳、银槭、梓树、皂荚、葡萄等对光化学气体（臭氧）敏感。

三、园林树木的种质资源

种质是决定生物“种性”，并将其丰富的遗传信息从亲代传递给子代的遗传物质总和。小到提供个别性状，大到一个遗传原种的综合体，都可以称为种质，包括分类学中的种、亚种、变种和栽培品种、品系、类型。种质资源是指已用于或可用于育种的各种栽培、半野生、野生植物以及利用上述繁殖材料人工创造的各种植物的遗传材料的总称。

中国地域辽阔，自然条件复杂多样，气候、地形、土壤类型丰富，再加上新生代第四纪冰川时期地史变迁的因素，保存了许多欧洲已经灭绝的第三纪古老树种，如银杉、水杉、水松、穗花杉、鹅掌楸等树种，被欧洲人称为活化石。因此，中国的园林植物种类繁多、分布集中、丰富多彩、特点突出。

中国原产的木本植物约为 7 500 种。在亚洲，中国园林树木最为丰富，很多著名观赏树木的科、属是以中国为其世界分布中心，在相对较小的地区内，集中原产着众多的种类。尤以西南山区突出，这一地区的植物种类最为繁多，比毗邻的印度、缅甸、尼泊尔等国山地多 4～5 倍。事实上，西南山区已形成世界著名园林树木的分布中心之一。例如，我国山茶属物种资源极为丰富，全世界共 220 种，原产我国的有 195 种，占 89%。山茶属特产亚洲，东经 85°～150°，北纬 37°至南纬 10°之间。大部分分布在中国，我国西南部和越南北部之间的带状地区是中心分布区，这些物种大部分都具有油用和观赏价值。

中国地域广阔、环境多变，经过长期的影响形成许多变异种类，如常绿杜鹃亚属，植株习性、形态特点、生态要求和地理分布等差别极大、变幅甚广。小型的平卧杜鹃高仅 5～10 cm，巨型的如大树杜鹃高达 25 m，径围 2.6 m。常绿杜鹃的花序、花形、花色、花香等差异很大，或单花或数朵或排成多花的伞形花序；花朵形状有钟形、漏斗形、筒形等；花色有朱红、紫红、粉红、玫瑰红、丁香紫、金黄、淡黄、雪白、条纹、斑点及变色等；在花香方面，则有幽香、淡香、烈香、不香等种种变化。

在中国有许多举世无双的特产的科、属、种。例如银杏科的银杏属，松科的金钱松属，柏科的建柏属，杉科的水杉属、台湾杉属、水松属，红豆杉科的白豆杉属、穗花杉属，棕榈科的琼棕属，榆科的青檀属，蔷薇科的牛筋条属、棣棠属，木兰科的宿轴木属，瑞香科的结香属，槭树科的金钱槭属，杜仲科的杜仲属，大风子科的山桐子属，蜡梅科的蜡梅属，蓝果树科（珙桐科）的珙桐属、旱莲木属，忍冬科的猬实属、双盾木属，以及梅花、桂花、月季花、香水月季、大花香水月季、牡丹、黄牡丹、栀子花、鹅掌楸、南天竹、木香等。

此外，中国还有在长期栽培中培育出的独具特色的品种及类型，如红花檵木、红花含笑、龙游梅、黄香梅、重瓣杏花等，这些都是杂交育种工作中的珍贵种质资源。

世界各国对种质资源的调查、收集、保存、利用极为重视，有些国家很早就设立了植物遗传资源中心，建立基因库。联合国粮农组织和澳大利亚、美国等都专门组织过植物种质资源调查，并成立了“植物遗传资源国际委员会”。我国也开始重视并逐步建立各种类型的种质资源圃，但目前主要以经济作物为主，园林植物种质资源圃方面的工作还需进一步完善。

课件资源

园林思政

我们坚持绿水青山就是金山银山的理念，坚持山水林田湖草沙一体化保护和系统治理，全方位、全地域、全过程加强生态环境保护，生态文明制度体系更加健全，污染防治攻坚向纵深推进，绿色、循环、低碳发展迈出坚实步伐，生态环境保护发生历史性、转折性、全局性变化，我们的祖国天更蓝、山更绿、水更清。

——中国共产党第二十次全国代表大会报告

上篇　园林树木基础

项目 1　园林树木形态调查

【技能目标】正确运用形态术语鉴别和描述园林树木各种器官形态；能正确完成标本的采集与制作。

【知识目标】掌握园林树木的树形、枝、芽、叶、花、果、根等的形态术语概念。

【素质目标】通过理实一体化沉浸式教学，引导学生打开五感、启动多元记忆模式，培养学生知识积累、技能分析和归纳总结的能力；培养团队互助、合作共享的能力；引导学生处理好园林实践活动与环境保护的关系。

园林树木的形态是掌握园林树木识别的前提，通过对园林树木形态术语的掌握，可以准确描述园林树木器官特征，并能迅速掌握其形态特征，为完成园林树木识别与应用项目奠定基础。

任务 1.1　调查园林树木的形态

任务分析

通过对多种园林树木的观察，掌握描述树形、枝、芽、叶、花、果等的形态术语，运用形态术语正确描述树木形态，并绘制形态简图。园林树木的种类丰富，形态各异，如何准确描述其形态特征是园林树木识别的关键。

任务实施

【材料用具】

常见园林树木 50～80 种。卷尺、游标卡尺、放大镜、解剖针、镊子、记录夹、记录纸、记录笔。

【实施过程】

（1）形态观察　认真观察各种园林树木的树形、树皮、根、枝、叶、芽、花、果实等。

（2）形态描述　区分并用形态术语对各种园林树木的树形、树皮、根、枝、叶、芽、花、果实等形态进行准确描述。

（3）记录与绘制简图　将观察的园林树木典型形态特征进行记录（表 1-1-1），并绘制形态简图。

表 1-1-1　园林树木形态观察记录表

树种名称		科属		生长地点	
生长习性					
树形		树皮形态		分枝方式	
枝条形态		单叶或复叶		叶序	
叶形		叶色		叶脉	
叶缘		叶尖		叶基	
刺		芽		花序	
花色		花形		花瓣数	
果实类型		果色		果实形状	
种子性状					
其他					

理论认知

园林树木种类繁多，体态各异，各有其独特之美。各种园林树木从树形、根、枝、芽、叶、花、果等方面，其结构、形态、颜色上存在着很大差异或相似，根据其形态特点、结合植物学分类，对其归纳总结出了以下植物形态术语，以便准确地进行树木识别与描述。

一、树体性状

（一）树木类型

按园林树木的生长特性，可大致分为以下几类。

（1）乔木类　树体高大（在 6 m 以上），具有明显直立的主干为乔木。又可按树高分为巨乔或伟乔（30 m 以上）、大乔木（20～30 m）、中乔木

（10～20 m）、小乔木（6～10 m）等。

（2）灌木类　树体矮小（在 6 m 以下），无明显主干或主干甚短，多数呈丛生状或分枝较低。其中按株高可分为小灌木（株高小于 1 m）、中灌木（株高 1～2 m）和大灌木（株高 2～6 m）。

也可将灌木分成灌木类（主干低矮，如紫丁香等）、丛木类（干茎自地面呈丛生状，如棣棠等）和匍地类（干、枝等均匍地而生，与地面接触部分可生出不定根，如铺地柏等）。

（3）藤木类　地上部分不能直立生长，须攀附于其他支持物而向上生长的蔓性树木，多借助于吸盘（如爬山虎等）、吸附根（如凌霄等）、卷须（如葡萄等）、蔓条（如蔷薇等）及干茎本身的缠绕性而攀附他物（如紫藤等）。主要用于园林垂直绿化。

我国幅员辽阔，环境相差较大，有些树木在不同地区往往表现出不同的生长特性。如木芙蓉在浙江一带是灌木，在东北地区严冬枯萎，翌春又由根部萌发新枝，而在西南、成都又是乔木；辽东丁香在北京是灌木，在百花山海拔 1 000 m 以上是乔木；蓖麻在北方是草本，在西双版纳则是乔木；白兰花在苏、杭一带是高仅 1～2 m 的灌木，然而在云南、四川、广东、广西、福建等地区，则是高达数十米的乔木。

（二）树形

在园林配植中，树形是构景的基本因素之一，它对园林境界的创作起着巨大的作用。不同的树种各有其独特的树形，同一植株树种在不同的年龄发育阶段树冠形体也不一样。园林树木自然树形归纳起来主要有以下几种类型（图 1-1-1）。

（1）球形　树木的树形构成以弧线为主，给人以优美、圆润、柔和、生动的感受，树冠呈圆球形、卵圆形、倒卵形及扁球形。圆球形树冠如黄栌、法桐、国槐、黄刺玫等，卵圆形树冠如樱花、加拿大杨等，倒卵形树冠如刺槐、白玉兰等，扁圆形树冠如榆叶梅等。

（2）尖塔形　树木顶端优势明显，主干生长旺盛，树冠剖面基本以树干为中心左右对称，整体形状如尖塔形，如雪松、圆柏等。

（3）圆柱形　树木主干生长旺盛，树冠上下冠径相差不大，树冠冠高远大于冠径，整体形态似圆柱形，如杜松、箭杆杨等。

（4）垂枝形　树木有明显的悬垂或下弯的细长枝条，如垂柳、垂枝桃等。

（5）拱枝形　枝条长而略下垂，形成拱券式或瀑布式景观，如迎春、连翘、金银忍冬等。

（6）伞形　树木主干较高，枝条下垂生长，树

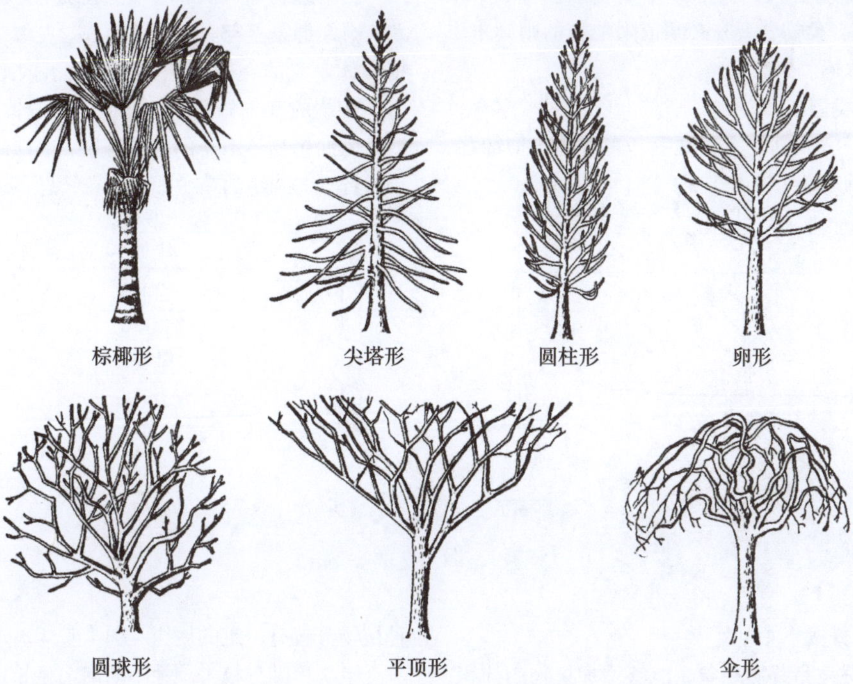

图 1-1-1　树形

冠如伞状，如龙爪槐、垂枝榆等。

（7）匍匐形　枝干匍匐于地面生长，如铺地柏、平枝栒子等。

（8）棕榈形　树木只有少数大型叶片集生于茎顶，如棕榈等。

除此之外，树木还有圆锥形、丛生形、钟形等各种树形。在树木生长过程中，受自然环境影响，以及人为修剪造型等，还可形成多种具有观赏价值的形态。

二、茎

树木的茎是地上部的骨架，上面着生芽、叶片、花和果实。具有支撑、输导、贮藏作用，大部分植物的茎还有繁殖作用。

（一）茎的结构（图 1-1-2）

茎上着生叶的位置叫节，两节之间部分叫节间，茎顶端和节上叶腋处都生有芽，当叶子脱落后，节上留有痕迹叫作叶痕。大多数种子植物茎的外形为圆柱形，也有少数植物的茎有其他形状，比如莎草科植物的茎呈三角柱形，唇形科植物茎为方柱形。

树木的茎为木质茎，其中高大、主干明显、下部少分枝的为乔木（如厚朴、杨树），矮小、主干不显、下部多分枝的为灌木（如小檗、月季、柑橘），长大、柔韧、上升必须依附他物的则为木质藤本（如木通、紫藤）。

（二）茎的类型

依生长方式划分有直立茎、平卧茎、匍匐茎、攀缘茎、缠绕茎（图 1-1-3）。

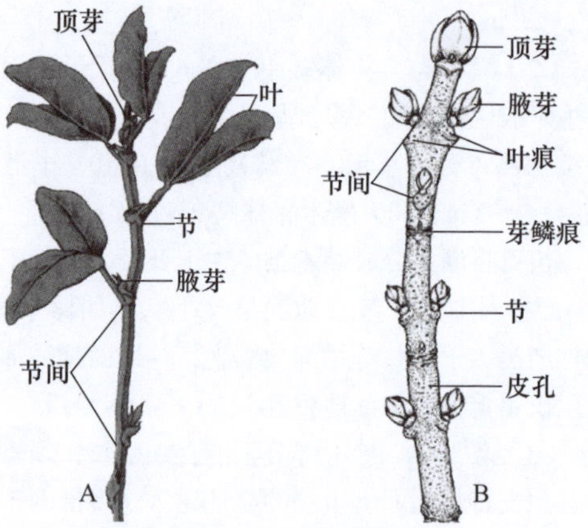

图 1-1-2　茎的结构

（1）直立茎　直立着生不依附他物的茎，大多数植物的茎直立向上生长，如松、杨、银杏等。

（2）平卧茎　茎平卧地上生长，节上通常不长不定根，如地锦、蒺藜等。

（3）匍匐茎　茎水平着生或匍匐于地面，节上同时有不定根长入地下，如蛇莓、铺地柏等。

（4）攀缘茎　茎需要依附他物才能上升。其依附他物的部分有由根变态而成的吸盘（如常春藤），有由茎或叶变态而成的卷须（如乌蔹莓、葡萄），有借助气生根攀缘的（如凌霄、络石）。

（5）缠绕茎　依靠茎本身缠绕上升的茎。缠绕茎又分左缠绕茎与右缠绕茎两种。左缠绕茎：为向植物体本身的左方缠绕，亦即由下向上呈逆时针方向缠绕的茎（如紫藤、茑萝、马兜铃）。右缠绕茎：为向植物体本身的右方缠绕，也即由下向上呈顺时针方向缠绕的茎（如金银花、忍冬）。

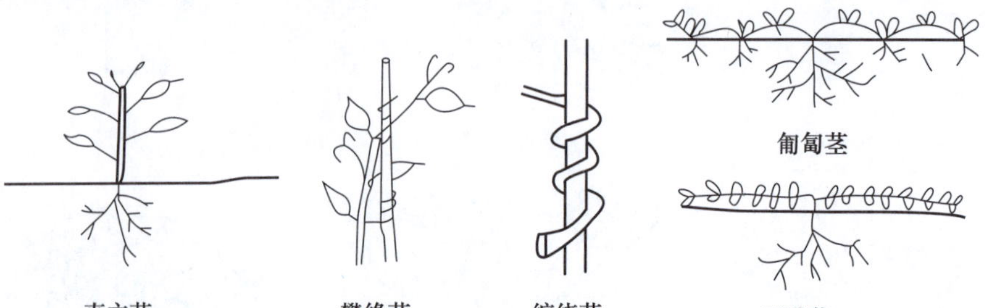

图 1-1-3　茎的类型

（三）茎的分枝

茎的分枝是普遍现象，能够增加植物的体积，充分地利用阳光和外界物质，有利于繁殖后代。各种植物分枝有一定的规律（图 1-1-4）。

（1）单轴分枝　顶芽不断向上生长，成为粗壮主干，各级分枝由下向上依次细短，树冠呈尖塔

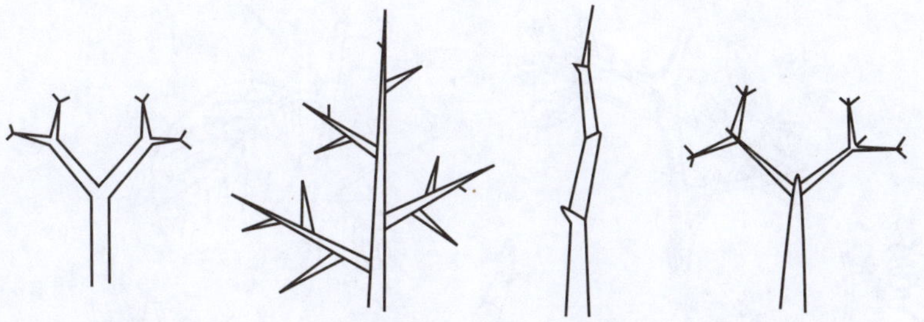

图 1-1-4 茎的分枝方式

形，这种分枝方式能获得粗壮通直的木材。多见于裸子植物，如松杉类的柏、杉、水杉、银杉以及部分被子植物，如杨、山毛榉等。

（2）合轴分枝 茎在生长中，顶芽生长迟缓，或者很早枯萎，或者为花芽，顶芽下面的腋芽萌发，代替顶芽的作用，如此反复地交替生长，成为主干。这种主干是由许多腋芽发育的侧枝组成，称为合轴分枝。合轴分枝的植株，树冠开阔，枝叶茂盛，有利于充分接受阳光，是一种较进化的分枝类型。大多见于被子植物，如桃、李、苹果、无花果、桉树等。

（3）假二叉分枝 叶对生的植株，顶端很早停止生长，顶芽下面的两个侧芽同时迅速发育成两个侧枝，很像是两个叉状的分枝，称为假二叉分枝。这种分枝，实际上是合轴分枝的一种特殊形式，与真正的二叉分枝有根本区别。假二叉分枝多见于被子植物木犀科、石竹科，如丁香、茉莉、接骨木、泡桐等。

（4）二叉分枝 这是比较原始的分枝方式，分枝时顶端分生组织平分为两半，每半各形成一小枝，并且在一定时候又进行同样的分枝，因此这种分枝统称二叉分枝。苔藓植物和蕨类植物具这种分枝方式。

（四）茎的变态

有些植物的茎在长期适应某种特殊的环境过程中，逐步改变了它原来的功能，同时也改变了原来的形态，比较稳定地长期保持下去，这种和一般形态不同的变化称为变态。有些变态的茎变化得非常奇特，以至于在外形上几乎无从辨认。茎的变态有地下茎变态和地上茎变态。

1. 地下茎变态

（1）根状茎 如藕就是莲的根状茎，其上有节和节间，在节处有小而退化的鳞片及不定根，叶腋有芽发育成地上枝，地下茎顶端有顶芽继续生长。

（2）块茎 如马铃薯植株的基部长出来的枝伸入到土壤中，顶端膨大长成块茎，上有节有芽，保留着茎的特征，内薄壁组织发达，有大量的淀粉。

（3）鳞茎 如洋葱有许多鳞片叶着生在扁平的鳞茎盘上，中央有顶芽，下边生有许多不定根，大量营养物质贮藏于鳞片叶内，形成鳞茎。

（4）球茎 根状茎先端膨大而成，有明显的节和节间，具顶芽，有很多侧芽，簇生在顶芽的四周，如唐菖蒲、香雪兰等。

2. 地上茎变态（图 1-1-5）

（1）茎刺 就是茎变为刺，刺分枝或不分枝，位置常在叶腋，这是与叶刺的区别，如皂荚、山楂、石榴、贴梗海棠、刺榆等。

（2）茎卷须 茎细长柔韧而旋卷，具缠绕性能，如葡萄、五叶地锦等。

（3）叶状茎 茎变成叶状，扁平，呈绿色，能进行光合作用，如假叶树、天门冬等。

（4）小鳞茎 蒜的花间，具肥厚的鳞片，称为小鳞茎，长大后脱落，在适合条件下可发育成一新植株。

（5）小块茎 秋海棠的腋芽，常成肉质小球，但不具鳞片。

（6）肉质茎 茎肥大多汁，常绿色，能贮藏水分、养料和进行光合作用，如仙人掌。

（五）芽的类型

依据芽的结构、位置等，可以将芽分为以下几种类型（图 1-1-6）。

（1）按芽的结构可分为叶芽、花芽和混合芽。

将发育成枝叶的芽叫叶芽；将发育成花或花序的芽叫花芽；混合芽是既发育形成叶，又形成花或花序的芽（如海棠、苹果具有混合芽）。叶芽分为顶叶芽和侧叶芽；花芽可分为顶花芽和叶花芽。

（2）按生长位置可分为顶芽和腋芽，定芽和不

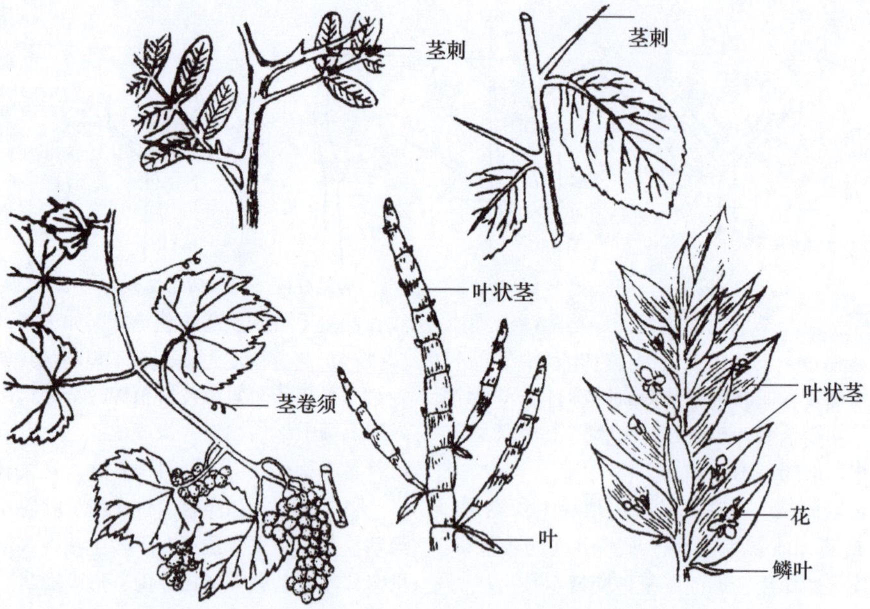

图 1-1-5　地上茎的变态

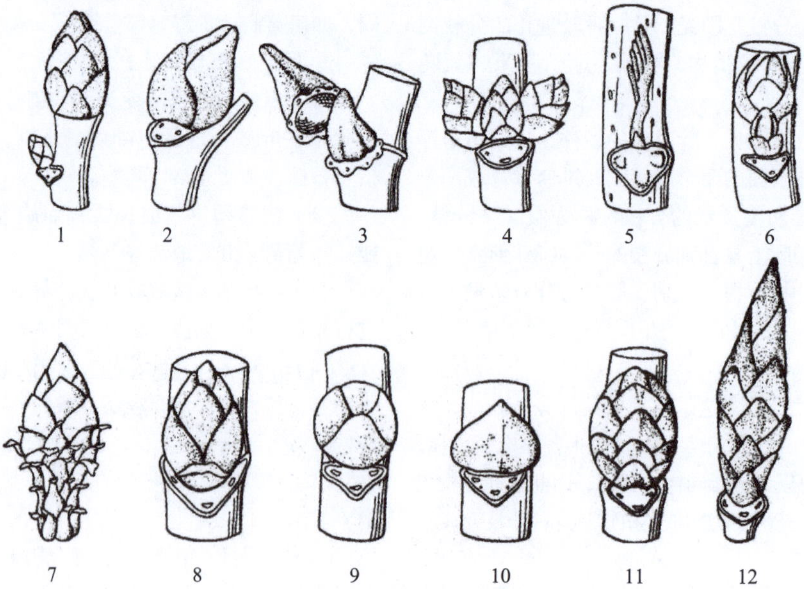

图 1-1-6　芽的类型及形状

1. 顶芽　2. 假顶芽　3. 柄下芽　4. 并生芽　5. 裸芽　6. 叠生芽　7. 圆锥形　8. 卵形　9. 圆球形　10. 扁三角形　11. 椭圆形　12. 纺锤形

定芽。

生于枝顶的芽称为顶芽，生于叶腋的芽，形体一般比顶芽小，称为腋芽。顶芽和腋芽由固定位置发生，称为定芽。由老根、老茎、叶上长出的芽，其发生位置不固定，称为不定芽。

另外还有：

叠生芽：数个上下重叠在一起的芽，如枫杨、皂荚等。位于上部的芽叫副芽，最下的叫主芽。

并生芽：数个并生在一起的芽，如桃、杏等。位于外侧的芽叫副芽，当中的叫主芽。

柄下芽：隐藏于叶柄基部内的芽，又称隐芽，如悬铃木等。

正芽、副芽：位于叠生芽最下方或并列芽中间的芽称为正芽，其他的为副芽。

（3）按芽外围有无芽鳞可以分为鳞芽和裸芽。

芽的外面包有鳞片的叫鳞芽，如樟树、加杨等。芽的外面没有鳞片包被的叫裸芽，如枫杨、山核桃等。

（4）按生长状态和形成季节可分为休眠芽和活动芽。

能在当年生长季节萌发生长的芽称为活动芽；温带木本植物枝条下部的芽，即使在生长季节也不萌发，暂时处于休眠状态的芽称为休眠芽。

三、干皮

树木干皮的外形、颜色不同，给人以不同的观赏效果，还可随树龄的变化呈现不同的观赏特性。以树皮的外形而言，大抵可分为如下几个类型。

（一）干皮形态（图 1-1-7）

（1）光滑树皮　表面平滑无裂，例如许多青年期树木的树皮大抵均呈平滑状，典型者如胡桃幼树、柠檬桉等。

（2）横纹树皮　表面呈浅而细的横纹状，如山桃、桃、樱花等。

（3）片裂树皮　表面呈不规则的片状剥落，如白皮松、悬铃木、木瓜、榔榆等。

（4）丝裂树皮　表面呈纵而薄的丝状脱落，如青年期的柏类。

（5）纵裂树皮　表面呈不规则的纵条状或近于“人”字状的浅裂，多数树种均属于本类。

（6）纵沟树皮　表面纵裂较深，呈纵条或近于“人”字状的深沟。例如老年的胡桃、板栗等。

（7）长方裂纹　树皮表面呈长方形之裂纹，例如柿、君迁子等。

（8）粗糙树皮　表面既不平滑，又无较深沟纹，而呈不规则脱落之粗糙状，如云杉、硕桦等。

（9）疣突树皮　表面有不规则的疣突，暖热地方的老龄树木可见到这种情况。

（二）干皮色彩

树干的皮色对美化配植起着很大的作用。而在进行丛植配景时，也要注意树干颜色之间的关系。当深秋树叶落后，枝干颜色更为显目，现将干皮有显著颜色的树种列举如下：

（1）暗紫色　如红瑞木、紫竹。

（2）红褐色　如马尾松、杉木、山桃等。

（3）黄色　如金竹、黄桦等。

（4）灰褐色　一般树种常为此色。

（5）绿色　如竹、迎春、棣棠等。

（6）斑驳色彩　如壮龄白皮松、悬铃木、黄金嵌碧玉竹、木瓜等。

（7）白或灰色　如老龄白皮松、白桦、胡桃、毛白杨、朴、山茶、幼龄悬铃木等。

光滑树皮（梧桐）　横纹树皮（山桃）　片裂树皮（悬铃木）　丝裂树皮（圆柏）

纵裂树皮（紫椴）　纵沟树皮（刺槐）　长方裂纹（君迁子）　疣突树皮（皂荚）

图 1-1-7　干皮的形态

四、叶及叶序

园林树木的叶具有极其丰富多彩的形貌，有极高的观赏价值。

（一）叶的结构

一般叶由叶片、叶柄和叶托组成（图 1-1-8）。

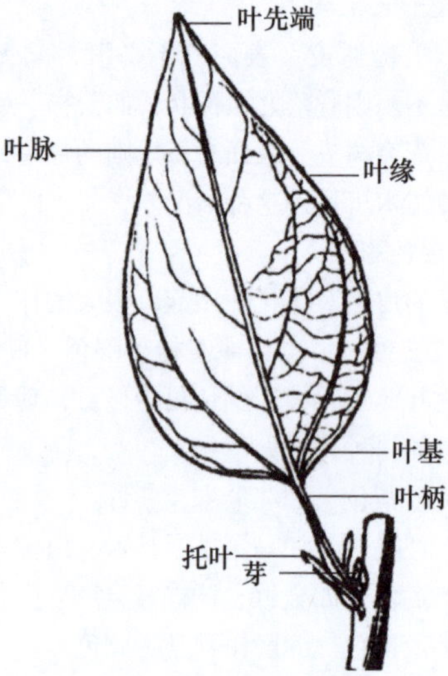

图 1-1-8 叶片结构

（1）叶片　叶片的表皮由一层排列紧密、无色透明的细胞组成。表皮细胞外壁有角质层或蜡层，起保护作用。叶肉是叶片最发达、最重要的组织，由含有许多叶绿体的薄壁细胞组成，在有背腹之分的两面叶中，叶肉组织分为栅栏组织和海绵组织。叶脉由维管束和机械组织组成。叶片有叶先端、叶缘和叶基。

（2）叶柄　叶柄是连接在茎和叶片之间的水、营养物质和同化物质的通道。叶柄有向性运动，使叶片转向阳光的方向，调节与其他叶的重叠，通常叶柄位于叶片的基部。少数植物的叶柄着生于叶片中央或略偏下方，称为盾状着生，如莲、千金藤。叶柄通常呈细圆柱形、扁平形或具沟槽。

（3）叶托（托叶）　托叶是某些植物生长在叶柄基部附近，两侧或腋部所着生的细小绿色或膜质片状物，像叶子的植物组织；通常先于叶片长出，并于早期起着保护幼叶和芽的作用。托叶一般较细小，形状、大小因植物种类不同差异甚大。

（二）叶片的形态

自然界中各种植物叶片的大小、形状差异极大，形态各异。但就某一种植物来讲，叶片的形态有其自身的特点，而且是比较稳定的，可作为识别植物和分类的依据。

1. 叶片的形状（图 1-1-9）

（1）鳞形　叶细小呈鳞片状，如侧柏、柽柳、香柏、木麻黄等。

（2）锥形　叶短而先端尖，基部略宽，又叫钻形，如柳杉等。

（3）刺形　叶扁平狭长，先端锐尖或渐尖，如刺柏等。

（4）针形　叶细长，先端尖锐，称为针叶，如各种油松、华山松等。

（5）线形　叶片细长而扁平，叶缘两侧均平行，上下宽度差异不大者称为线形叶，也称带形或条形叶，如紫杉和冷杉等。

（6）扇形　顶端宽圆，向下渐狭，如银杏。

（7）披针形　叶身的长为宽的 4～5 倍，中部以下最宽，上部渐狭，称为披针形叶，如柳、桃等。叶最宽处在上部，似颠倒的披针形，称倒披针形，如海桐等。

（8）匙形　状如汤匙，全形窄长，先端宽而圆，向下渐窄，如紫叶小檗等。

（9）卵形　叶片下部圆阔，上部稍狭，状如鸡蛋，称为卵形叶。如榆树、毛白杨、桂花、茶花的叶。卵形叶而较宽的，称为广卵形叶，如红瑞木等；卵形叶先端圆阔而基部稍狭，似颠倒的卵形，称为倒卵形叶，如白玉兰、木瓜等。

（10）圆形　状如圆盘，叶长、宽近相等，如圆叶乌桕、黄栌等。

（11）长圆形　长方状椭圆形，长约为宽的 3 倍，两侧边缘近平行，又叫矩圆形，如苦槠等。

（12）椭圆形　近于长圆形，但中部最宽，边缘自中部起向上下两端渐窄，长为宽的 1.5～2 倍，如杜仲、君迁子、印度橡皮树叶、樟叶、白鹃梅等。

（13）菱形　叶片呈等边斜方形，如小叶杨、乌桕、丝棉木等。

（14）三角形　状如三角形，如加杨等。

（15）心形　先端尖或渐尖，基部内凹具二圆形浅裂及一弯缺，状如心脏，如紫丁香、紫荆等。

（16）肾形　先端宽钝，基部凹陷，横径较长，状如肾形，如连香树等。

2. 叶尖的形状

叶尖是指叶片尖端的形状，常见的叶尖形状如下（图 1-1-10）。

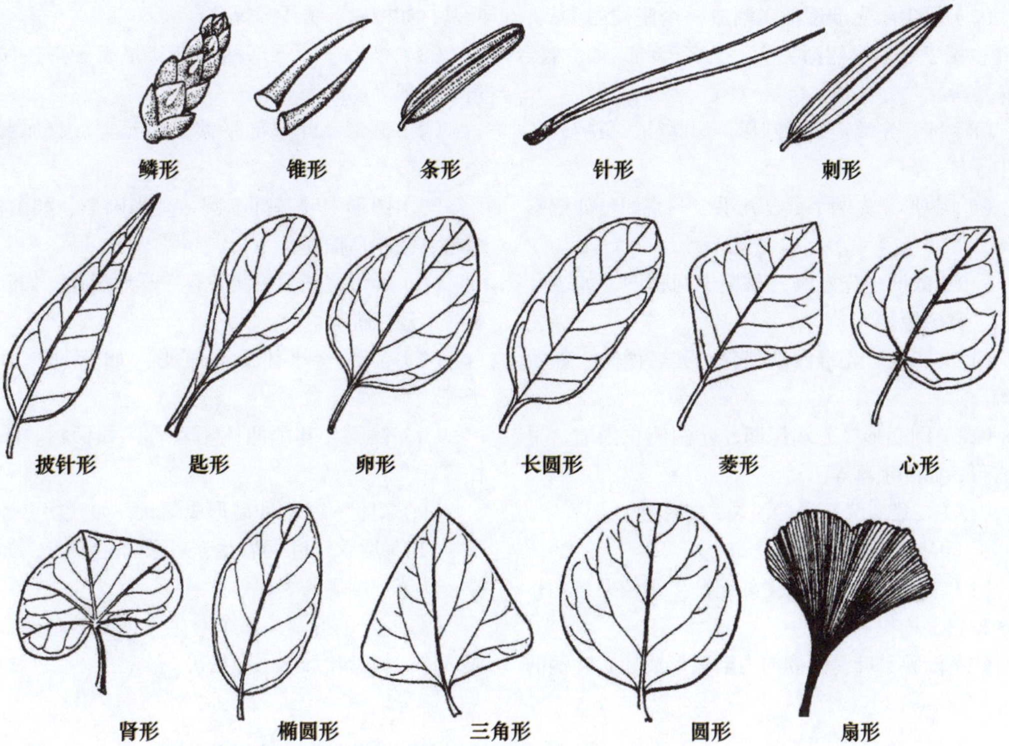

图 1-1-9　叶形

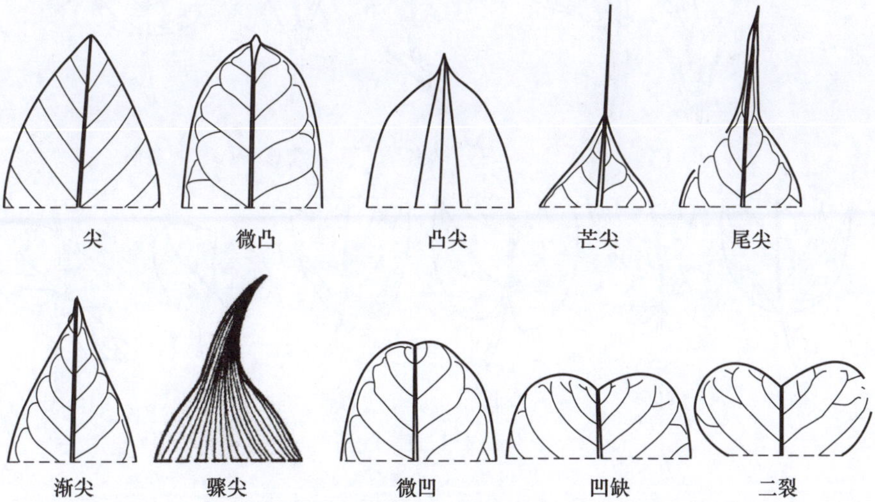

图 1-1-10　叶尖

（1）尖　先端成一锐角，又叫急尖，如女贞等。

（2）微凸　中脉的顶端略伸出于先端之外，又叫具小短尖头，如毛胡枝子等。

（3）凸尖　叶先端由中脉延伸于外而形成一短突尖或短尖头，又叫具短尖头，如胡枝子、白玉兰、锦鸡儿等

（4）芒尖　凸尖延长成芒状。

（5）尾尖　先端渐狭呈尾状，如菩提树、棣棠、珍珠梅等。

（6）渐尖　先端渐狭成长尖头，如夹竹桃、桃叶卫矛等。

（7）骤尖　先端逐渐尖削成一个坚硬的尖头，有时也用于表示突然渐尖头，又名骤凸，如虎杖、吴茱萸等。

（8）钝　先端钝或近圆形，如厚朴、黄栌、冬青卫矛等。

（9）截形　先端平截，几乎成一直线，如鹅掌楸等。

（10）微凹　先端圆，顶端中间稍凹，如小叶黄杨、黄檀等。

（11）凹缺　先端凹缺稍深，又名微缺，如黄杨等。

（12）倒心形　先端深凹，叶两侧稍内缩，呈倒心形，如酢浆草等。

（13）二裂　先端具二浅裂，如银杏。

3. 叶基的形状（图 1-1-11）

（1）下延　叶基自着生处起贴生于枝上，如杉木、柳杉、枸杞等。

（2）渐狭　叶基两侧向内渐缩形成翅状叶柄的叶基，如樟树、绣线菊等。

（3）楔形　叶下部两侧渐狭呈楔子形，如八角、枇杷等。

（4）截形　叶基部平截，如元宝枫、加拿大杨等。

（5）圆形　叶基部渐圆，呈半圆形，如山杨、蜡梅、圆叶乌桕等。

（6）耳形　基部两侧各有一耳形裂片，如滴水观音、辽东栎等。

（7）心形　叶基部心脏形，如紫荆、山桐子等。

（8）偏斜　基部两侧不对称，如榎树、小叶朴等。

（9）鞘状　基部伸展形成鞘状，如沙拐枣等。

（10）盾状　叶柄着生于叶背部的一点，如柠檬桉幼苗、蝙蝠葛等。

（11）合生抱茎　两个对生无柄叶的基部合生成一体，如盘叶忍冬、金松等。

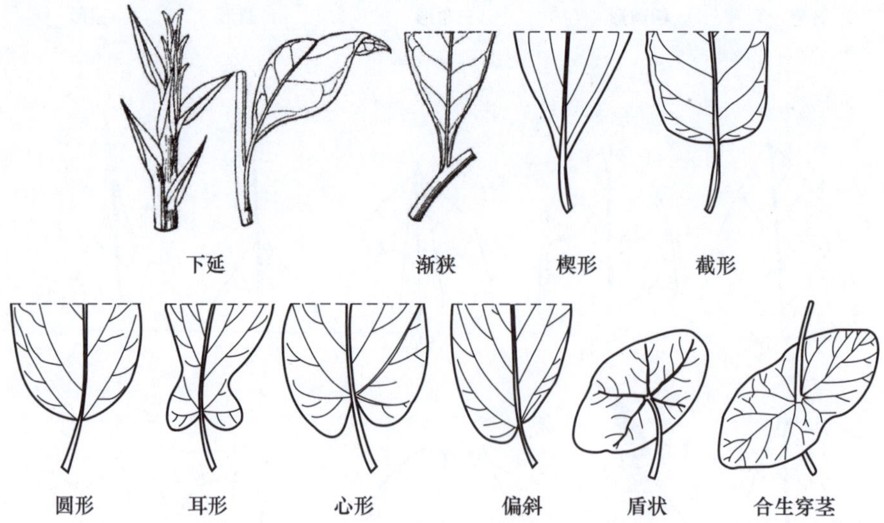

图 1-1-11　叶基

4. 叶缘的形状（图 1-1-12）

（1）全缘　叶缘不具任何锯齿和缺裂，如丁香、紫荆、女贞、白玉兰等。

（2）波状　边缘波浪状起伏，如樟树、毛白杨等。边缘波状较浅的称浅波状，如白栎等。边缘波状较深的称深波状，如蒙古栎等。边缘波状皱曲的称皱波状，如北京杨壮枝的叶。

（3）锯齿　边缘有尖锐的锯齿，齿端向前，如白榆、月季、红叶李等。边缘锯齿细密的称细锯齿，如垂柳等。边缘锯齿先端钝的称钝齿，如加拿大杨等。锯齿之间又具小锯齿的称重锯齿，如樱花、棣棠、珍珠梅等。

（4）齿牙　边缘有尖锐的齿牙，齿端向外，齿的两边近相等，又叫牙齿状，如苎麻等。边缘具较小的齿牙的称小齿牙，又叫小牙齿，状如荚蒾等。

（5）缺刻　边缘具不整齐、较深的裂片。

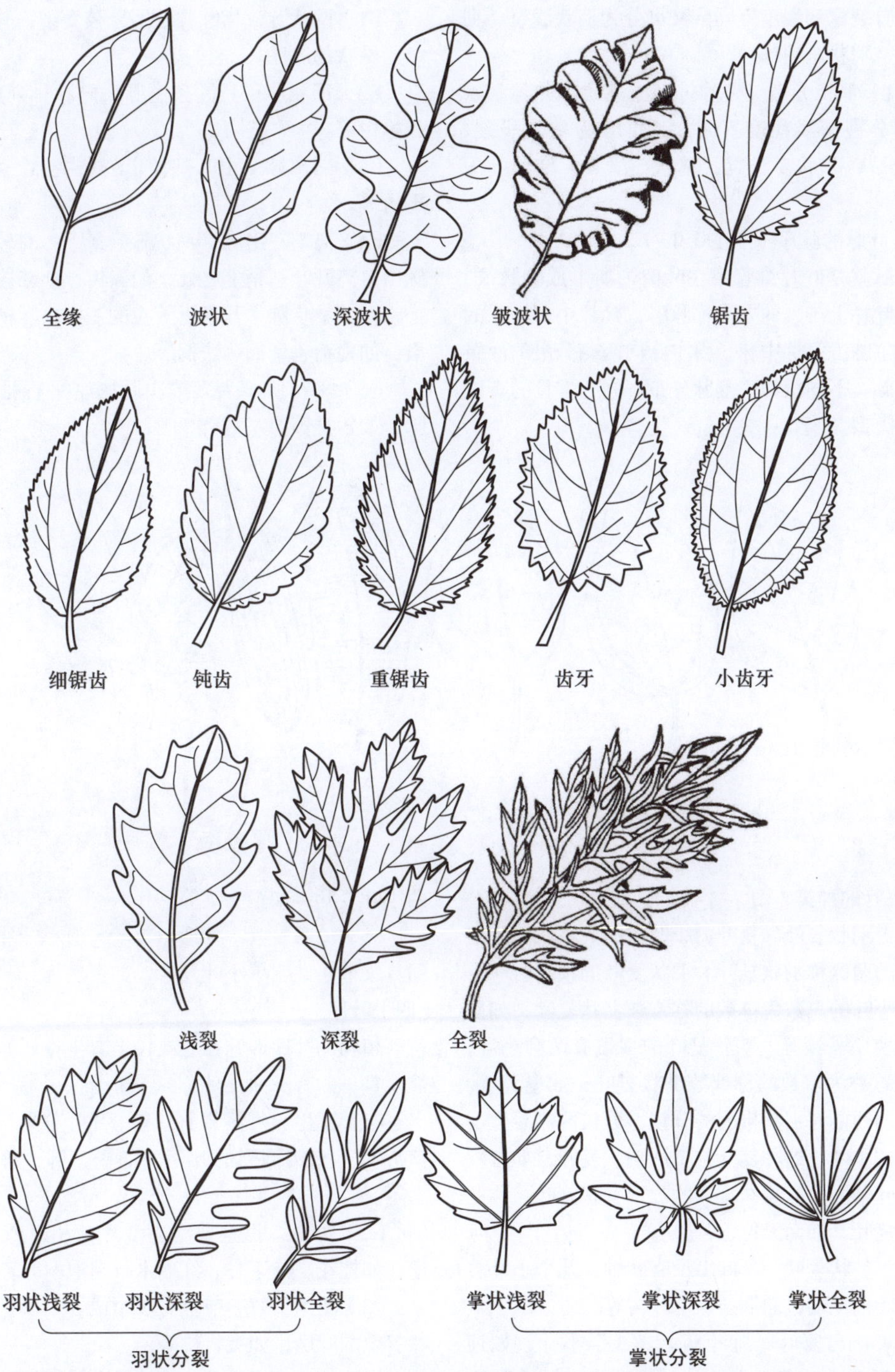

图 1-1-12　叶缘

（6）条裂　边缘分裂为狭条。

（7）浅裂　边缘浅裂至中脉的 1/3 左右，如辽东栎等。

（8）深裂　叶片深裂至离中脉或叶基部不远处，如鸡爪槭等。

（9）全裂　叶片分裂深至中脉或叶柄顶端，裂片彼此完全分开，如银桦。

（10）羽状分裂　裂片排列成羽状，并具羽状脉。因分裂深浅程度不同，又可分为羽状浅裂、羽状深裂、羽状全裂等。

（11）掌状分裂　裂片排列成掌状，并具掌状脉，因分裂深浅程度不同，又可分为掌状浅裂、掌状全裂、掌状3浅裂、掌状5浅裂、掌状5深裂等。

5. 叶脉的脉序（图1-1-13）

叶脉就是叶片维管束在叶肉内所形成的脉纹。叶脉在叶片上排列的方式称脉序，叶片中部较粗的叶脉称主脉，又称中脉。由主脉向两侧分出的次级脉称侧脉。不同植物主侧脉分布不同，常见的有以下几种类型。

（1）网状脉　指叶脉数回分枝变细，并互相联结为网状的脉序。

（2）羽状脉　具一条主脉，侧脉排列成羽状，如榆树等。

（3）三出脉　由叶基伸出三条主脉，如肉桂、枣树等。

（4）离基三出脉　羽状脉中最下一对较粗的侧脉出自离开叶基稍上之处，如檫树、浙江桂等。

（5）掌状脉　几条近等粗的主脉由叶柄顶端生出，如葡萄、紫荆、法桐等。

（6）平行脉　为多数次脉紧密平行排列的叶脉，如竹类等。

图1-1-13　叶脉及脉序

1. 羽状脉　2. 三出脉　3. 离基三出脉　4. 平行脉　5. 掌状脉

（三）复叶的种类（图1-1-14）

（1）羽状复叶　复叶的小叶排列成羽状，生于总叶轴的两侧称羽状复叶。羽状复叶的顶端有一个小叶，小叶的总数为单数的称奇数羽状复叶，如国槐、刺槐、蔷薇等。羽状复叶的顶端有两个小叶，小叶的总数为双数的称偶数羽状复叶，如皂荚等。总叶轴的两侧有羽状排列的分枝，分枝两侧着生羽状排列的小叶，这种复叶称二回羽状复叶，如合欢等。总叶轴两侧有羽状排列的二回羽状复叶，称三回羽状复叶，如南天竹、苦楝等。

（2）掌状复叶　复叶上没有叶轴，几个小叶着生在总叶柄顶端，如荆条、七叶树等。

（3）三出复叶　总叶柄上具3个小叶，如迎春等。顶生小叶着生在总叶轴的顶端，其小叶柄较两个侧生小叶的小叶柄为长的称羽状三出复叶，如胡枝子等。3个小叶都着生在总叶柄顶端的一点上，小叶柄近等长的称掌状三出复叶，如橡胶树等。

（4）二出复叶　总叶柄上仅具两个小叶，又叫两小叶复叶，如歪头菜等。

（5）单身复叶　外形似单叶，但小叶片与叶柄间具关节，又叫单小叶复叶，如柑橘等。

（四）叶序

植物的叶序即叶在茎或枝上着生排列方式及规律。常见的有下面几种（图1-1-15）。

（1）互生　每茎节上只有1片叶着生，叶片在茎或枝上交错排列的叶序，如杨、柳、碧桃、扶桑等。

（2）对生　每茎节上有2片叶相对着生的叶序，如桂花、紫丁香、红瑞木、毛泡桐等。

（3）轮生　每茎节上有3个或3个以上叶片轮状着生的叶序，如夹竹桃等。

（4）簇生　多数叶片成簇着生于短枝上，如银杏、雪松、落叶松等。

（五）叶的变态（图1-1-16）

除冬芽的芽鳞、花的各部分、苞片及竹箨外，尚有下列几种。

（1）托叶刺　由托叶变成的刺，如刺槐、枣

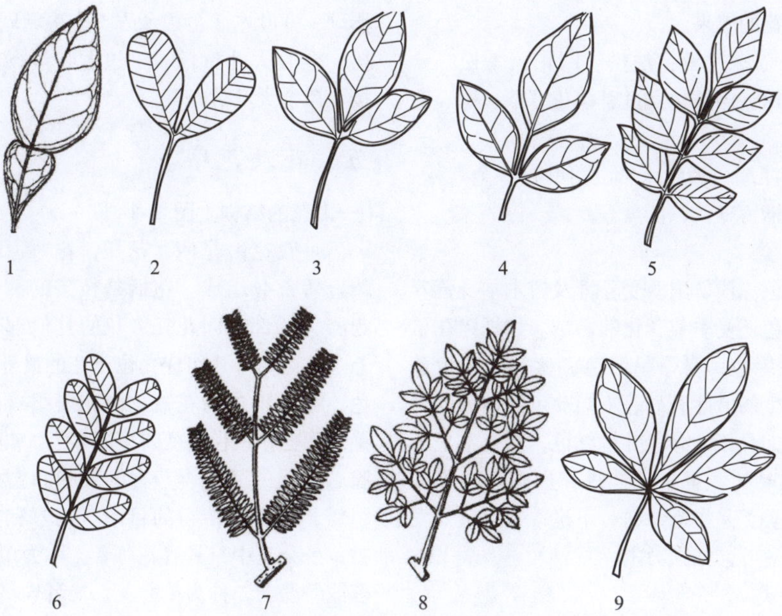

图 1-1-14　复叶的种类

1. 单身复叶　2. 二出复叶　3. 三出复叶　4. 羽状三出复叶　5. 奇数羽状复叶
6. 偶数羽状复叶　7. 二回羽状复叶　8. 三回羽状复叶　9. 掌状复叶

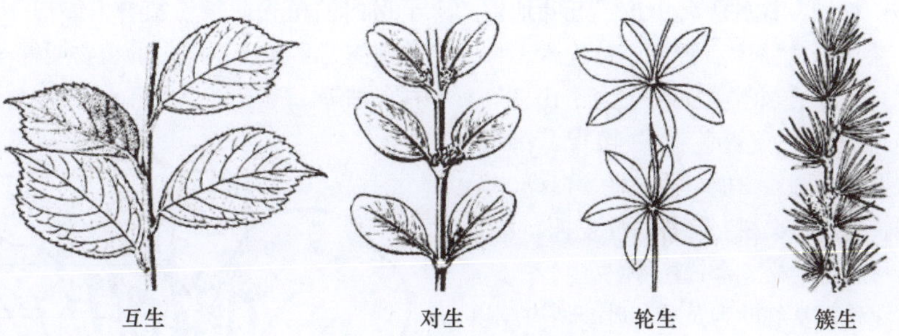

图 1-1-15　叶序

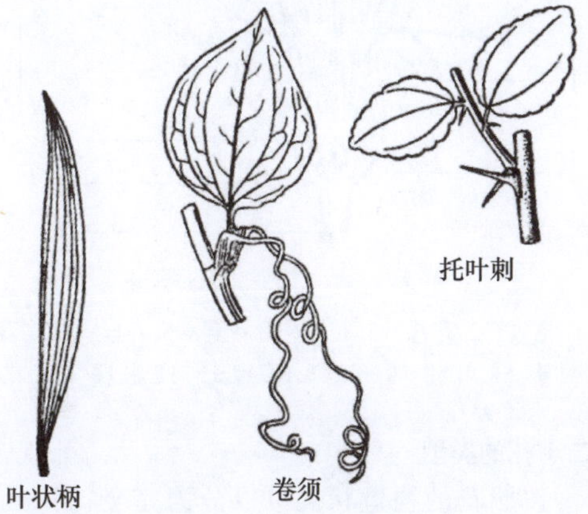

图 1-1-16　叶的变态

树等。

（2）卷须　由叶片（或托叶）变为纤弱细长的卷须，如爬山虎、五叶地锦的卷须。

（3）叶状柄　小叶退化，叶柄成扁平的叶状体，如相思树等。

（4）叶鞘　由数枚芽鳞组成，包围针叶基部，如松属树木。

（5）托叶鞘　由托叶延伸而成，如木蓼等。

（六）叶的色彩

树木叶片的颜色五彩斑斓，变化丰富，极具观赏价值。根据叶色的特点可分为以下几类。

1. 绿色叶类

叶色多为绿色，但有嫩绿、浅绿、鲜绿、浓绿、黄绿、赤绿、褐绿、蓝绿、黑绿等的差别。将不同绿色的树木搭配在一起，能形成美丽的色感。例如在暗绿色的针叶树丛之前，配植黄绿色树冠，会形成满树黄花的效果。

叶色呈深浓绿色者：油松、圆柏、雪松、云杉、青杆、侧柏、山茶、女贞、桂花、榕、槐、毛白杨、构树等。

叶色呈浅淡绿色者：水杉、落叶松、金钱松、七叶树、鹅掌楸、玉兰、芭蕉等。

2. 春色叶类

树木的叶色深浅、浓淡受环境及树木本身营养状况有关。叶色还受季节变化的影响。如栎树在早春呈鲜嫩的黄绿色，夏季呈绿色，秋季则变为黄色。对春季发生的嫩叶有显著不同叶色的树种称为春色叶树种。如臭椿的春色叶呈红色，黄连木呈紫色，栾树、七叶树、香椿、牡丹、月季等都呈红色。新叶有色类：是指常绿树，不论季节，只要发叶，即为非绿色叶，如铁力木。

3. 秋色叶类

在秋季叶色有显著变化者称为秋色叶树。一般按其色彩的变化可分为以下几类。

（1）秋色叶呈红色或紫红色者　鸡爪槭、五角枫、茶条槭、糖槭、枫香、爬山虎、五叶地锦、小檗、樱花、漆树、盐肤木、野漆、黄连木、柿、黄栌、南天竹、花楸、乌桕、红槲、卫矛、山楂等。

（2）秋色叶呈黄或黄褐色者　银杏、白蜡、鹅掌楸、加拿大杨、柳、梧桐、榆、槐、白桦、无患子、复叶槭、紫荆、栾树、麻栎、栓皮栎、悬铃木、胡桃、水杉、落叶松、金钱松等。

我国北方深秋观赏红叶为黄栌红叶，南方则以枫香、乌桕之红叶称著。欧美之秋色叶以红槲、桦类为主，日本则以樱花、槭树为普遍。

4. 常色叶类

有些树的变种或变型，其叶常年均为异色，而不必待秋天来临，称为常色树。

（1）红色　红枫、红叶李、紫叶桃、紫叶小檗、红桑、紫叶欧洲槲、红檵木等。

（2）金黄色　金叶鸡爪槭、金叶雪松、金叶圆柏、金叶女贞等。

5. 双色叶类

有些树种其叶背与叶表的颜色显著不同，在微风中就形成特殊的闪烁变化的效果，这类树种称为双色叶树种。如银白杨、胡颓子、栓皮栎、红背桂等。

6. 斑色叶类

绿叶上具有其他颜色的斑点或花纹。如桃叶珊瑚、变叶木、金边瑞香、东瀛珊瑚、金边大叶黄杨、金心大叶黄杨、银边大叶黄杨、银心大叶黄杨、撒金大叶黄杨等。

五、花及花序

（一）花的结构（图 1-1-17）

一般花由花柄、花托、花萼、花冠、雄蕊和雌蕊等部分组成。花柄是枝条的一部分，顶端略为膨大的部分叫花托，花的其他部分着生在花托上。花萼由萼片组成，位于花的最外层，通常为绿色。花萼里边为花冠，由花瓣组成，通常具有鲜艳的颜色，使世界变得多彩多姿。花萼基部常有蜜腺。鲜艳的颜色、芳香的气味和蜜汁就能够招蜂引蝶，以达到传粉的目的。花萼和花冠总称为花被，一朵花中只具有花萼者，称为单被花；只具雄蕊或雌蕊者，称为单性花，二者均具有的，称为两性花。

雌蕊位于花的中央，由子房、花柱和柱头组成。胚珠发育成种子，在种子植物中，胚珠着生于子房内的植物叫被子植物，如梅、李、桃等；胚珠裸露，不包于子房内的植物叫裸子植物，如松、杉、柏等。

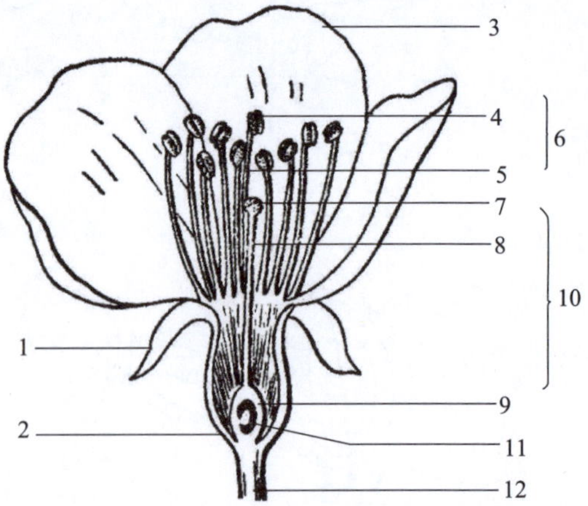

图 1-1-17　完全花的结构

1. 花萼　2. 花托　3. 花瓣　4. 花药　5. 花丝　6. 雄蕊　7. 柱头　8. 花柱　9. 子房　10. 雌蕊　11. 胚珠　12. 花梗

（二）花的类型

按照花的构造状况可以分为完全花和不完全花。

完全花指由花萼、花冠、雄蕊和雌蕊四部分组成的花。不完全花指缺少花萼、花冠、雄蕊和雌蕊

1～3 部分的花。

兼有雄蕊和雌蕊的花称为两性花。仅有雄蕊或雌蕊的花称为单性花，如银杏、核桃等。在单性花中，只有雄蕊没有雌蕊或雌蕊退化的花称为雄花。只有雌蕊没有雄蕊或雄蕊退化的花称为雌花。

雄花和雌花生于同一植株上的称为雌雄同株，如核桃。雄花和雌花不生于同一植株上的称为雌雄异株，如银杏。

一株树上兼有单性花和两性花称为杂性花。单性和两性花生于同一植株的叫杂性同株；分别生于同种不同植株上的叫杂性异株。

（三）花冠的形状

花冠在花的第二轮，位于花萼的内面，通常大于花萼，质较薄，呈各种颜色。常见的花冠形状有以下类型（图 1-1-18）。

（1）筒状　又名管状，指花冠大部分合成一个管状或圆筒状，如紫丁香等。

（2）漏斗状　花冠下部筒状，向上渐渐扩大成漏斗状，如鸡蛋花、黄檀等。

（3）钟状　花冠筒宽而稍短，上部扩大成一钟形，如吊钟花等。

（4）唇形　花冠稍呈二唇形，上面两裂片多少合生为上唇，下面三裂片为下唇，如唇形科植物的花。

（5）蝶形　其上最大的一片花瓣叫旗瓣，侧面两片较小的叫翼瓣，最下两片，下缘稍合生的，状如龙骨，叫龙骨瓣，如刺槐、槐树花等。

（6）高脚碟状　花冠下部窄筒形，上部花冠裂片突向水平开展，如迎春花等。

（7）舌状　花冠基部成一短筒，上面向一边张开而呈扁平舌状，如菊科某些种中头状花序的边缘。

（8）坛状　花冠筒膨大为卵形或球形，上部收缩成短颈，花冠裂片微外曲，如柿树的花等。

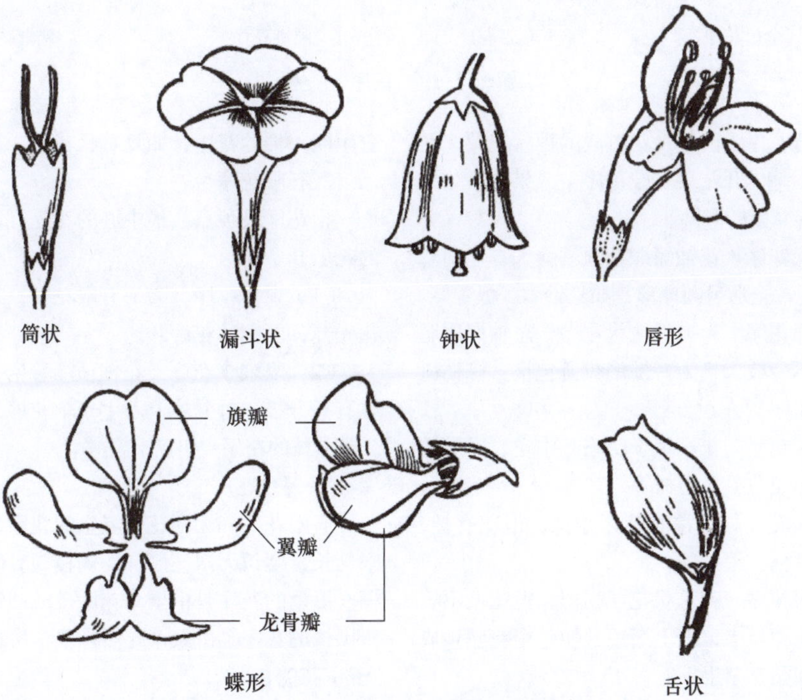

图 1-1-18　花冠的形状

（四）花序的类型

花序是指花在枝条上的排列方式。花有单生的，也有排成花序的，整个花枝的轴叫花轴，而支持这群花的柄叫总花柄，又叫总花梗。按花开放顺序的先后可分为以下三类（图 1-1-19）。

1. 无限花序

指花序下部的花先开，依次向上开放，或由花序外围向中心依次开放。包括以下几类。

（1）穗状花序　花多数，无梗，排列于不分枝的主轴上，如水青树等。

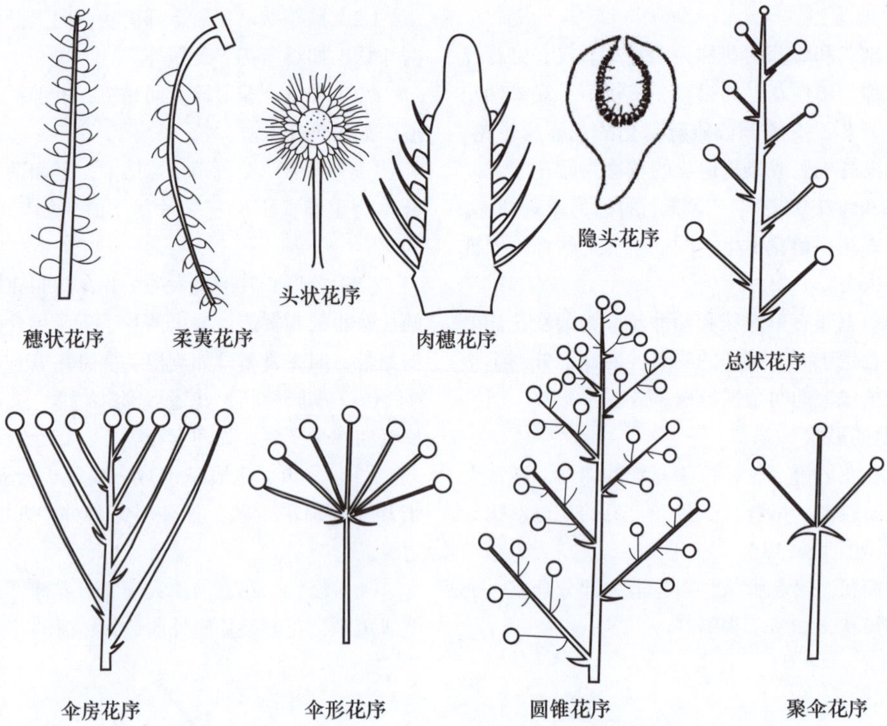

图 1-1-19　花序的类型

（2）柔荑花序　由单性花组成的穗状花芽，通常花轴细软下垂，开花后（雄花序）或果熟后（果序）整个脱落，如杨柳科。

（3）头状花序　花轴短缩，顶端膨大，上面着生许多无梗花，全形呈圆球形，如悬铃木、枫香等。

（4）肉穗花序　为一种穗状花序，总轴肉质肥厚，分枝或不分枝，且为一佛焰苞所包被，棕榈科通常属该类花序。

（5）隐头花序　花聚生于凹陷、中空、肉质的总花托内，如无花果、榕树等。

（6）总状花序　和穗状花序相似，但花有梗，近等长，如刺槐、银桦等。

（7）伞房花序　和总状花序相似，但花梗不等长，最下的花梗最大，渐上渐短，使整个花序顶成一平头状，如梨、苹果等。

（8）伞形花序　花集生于花轴的顶端，花梗近等长，如五加科有些种类及窿缘桉等。

（9）圆锥花序　花轴上每一个分枝是一个总状花序，又叫复总状花序；有时花轴分枝，分枝上着生二花以上，外形呈圆锥状的花丛，如荔枝、槐树均属该类的花序。

（10）复花序　花序的花轴分枝，每一分枝又着生同一种的花序，如复总状花序、复伞形花序。

2. 有限花序

指花序最顶点或最中心的花先开，外侧或下部的花后开。

（1）聚伞花序　为一有限花序，最内或中央的花先开，两侧的花后开。

（2）复聚伞花序　花轴顶端着生一花，其两侧各有一分枝，每分枝上着生聚伞花序，或重复连续二歧分枝的花序，如卫矛等。

3. 混合花序

有限花序和无限花序混生的花序，即主轴可无限延长，生长无限花序，而侧枝为有限花序。如泡桐、滇楸的花序是由聚伞花序排成圆锥花序状，云南山楂的花序是由聚伞花序排成伞房花序状。

（五）花的色彩

除花序、花形之外，色彩效果就是最主要的观赏要素了。花色变化极多，无法一一列举，现仅将几种基本颜色花朵的观花树木列举于下。

（1）红色系花　海棠、桃、杏、梅、樱花、蔷薇、玫瑰、月季、贴梗海棠、石榴、牡丹、山茶、杜鹃花、锦带花、夹竹桃、毛刺槐、合欢、粉花绣线菊、紫薇、榆叶梅、紫荆木棉、凤凰木、刺桐、象牙红、扶桑等。

（2）黄色系花　迎春、迎夏、连翘、金钟花、黄木香、桂花、黄刺玫、黄蔷薇、棣棠、黄瑞香、黄牡丹、黄杜鹃、金丝桃、金丝梅、蜡梅、金老梅、珠兰、黄蝉、金雀花、金链花、黄夹竹桃、小檗、金花茶等。

（3）蓝色系花　紫藤、紫丁香、杜鹃花、木兰、木蓝、木槿、泡桐、八仙花、假连翘、薄皮木等。

（4）白色系花　茉莉、白丁香、白牡丹、白茶花、溲疏、山梅花、女贞、荚蒾、枸橘、甜橙、玉兰、珍珠梅、广玉兰、白兰、栀子花、梨、白碧桃、白蔷薇、白玫瑰、白杜鹃花、刺槐、绣线菊、银薇、白木槿、白花夹竹桃、络石等。

六、果

（一）果的结构（图 1-1-20）

果实是由植物开花受精后的子房发育形成的。包围果实的壁叫果皮，一般可分为3层，最外的一层叫外果皮，中间的一层叫中果皮，最内一层叫内果皮。

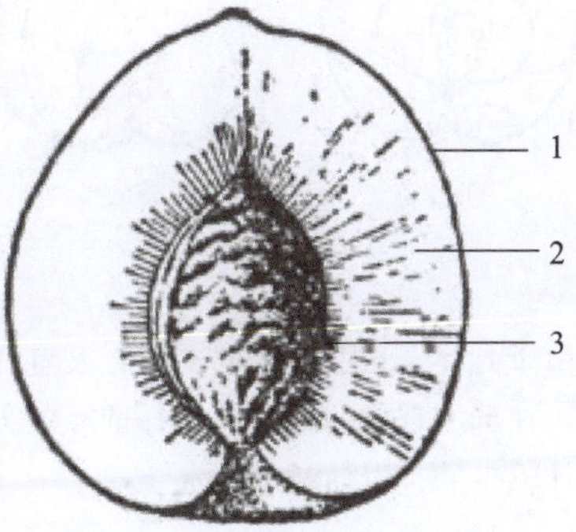

图 1-1-20　果的结构

1. 外果皮　2. 中果皮　3. 内果皮

（二）果的类型（图 1-1-21）

1. 聚合果

由一花内的各离生心皮形成的小果聚合而成。由于小果类型不同，可分为聚合蓇葖果，如八角属及木兰属；聚合核果，如悬钩子；聚合浆果，如五味子；聚合瘦果，如铁线莲等。

2. 聚花果

由一整个花序形成的合生果，如桑葚、无花果、波罗蜜。

3. 单果

由一花中的一个子房或一个心皮形成的单个果实。主要的单果类型有以下几种。

（1）蓇葖果　为开裂的干果，成熟时心皮沿背缝线或腹缝线开裂，如银桦、白玉兰等。

（2）荚果　由单心皮上位子房形成的干果，成熟时通常沿背、腹两缝线开裂，或不裂，如蝶形花科、含羞草科。

（3）蒴果　由两个以上合生心皮的子房形成。开裂方式有：①室背开裂，即沿心皮的背缝线开裂，如橡胶树等。②室间开裂，即沿室之间的隔膜开裂，如杜鹃等。③室轴开裂，即室背或室间开裂的裂瓣与隔膜同时分离，但心皮间的隔膜保持联合，如乌桕等。④孔裂，即果实成熟时种子由小孔散出。⑤瓣裂，即以瓣片的方式开裂，如窿缘桉等。

（4）瘦果　为一小而仅具1心皮1种子不开裂的干果，如铁线莲等；有时也有多于一个心皮的，如菊科植物的果实。

（5）颖果　与瘦果相似，但果皮和种皮愈合，不易分离，有时还包有颖片，如多数竹类。

（6）胞果　具有一颗种子，由合生心皮的上位子房形成，果皮薄而膨胀，疏松地包围种子，且与种子极易分离，如梭梭树等。

（7）翅果　瘦果状带翅的干果，由合生心皮的上位子房形成，如榆树、槭树、杜仲、臭椿等。

（8）坚果　具一颗种子的干果，果皮坚硬，由合生心皮的下位子房形成，如板栗、榛子等，并常有总苞包围。

（9）浆果　由合生心皮的子房形成，外果皮薄，中果皮和内果皮肉质，含浆汁，如葡萄、荔枝等。

（10）柑果　浆果的一种，但外果皮软而厚，中果皮和内果皮多汁，由合生心皮上位子房形成，如柑橘类。

（11）梨果　具有软骨质内果皮的肉质果，由合生心皮的下位子房参与花托形成，内有数室，如梨、苹果等。

（12）核果　外果皮薄，中果皮肉质或纤维质，内果皮坚硬，称为核果。1室1种子或数室数种子，如桃、李等。

（三）果的色彩

果实的颜色有着更大的观赏意义。“一年好景君须记，最是橙黄橘绿时”，苏轼用诗描绘出了一幅美妙的景色，这正是果实的色彩效果。现将各种

图 1-1-21　果的类型

果色的树木分列于下。

（1）果实呈红色者　桃叶珊瑚、小檗类、平枝栒子、山楂、冬青、枸杞、火棘、花楸、樱桃、毛樱桃、郁李、欧李、麦李、枸骨、金银木、南天竹、珊瑚树、紫金牛、橘、柿、石榴等。

（2）果实呈黄色者　银杏、梅、杏、柚、甜橙、佛手、金柑、南蛇藤、梨、木瓜、贴梗海棠、沙棘等。

（3）果实呈蓝紫色者　紫珠、葡萄、十大功劳、李、蓝果忍冬、桂花、白檀等。

（4）果实呈黑色者　小叶女贞、小蜡、女贞、刺楸、五加、枇杷叶荚蒾、黑果绣球毛梾、鼠李、常春藤、君迁子、金银花、黑果忍冬、黑果栒子等。

（5）果实呈白色者　红瑞木、芫花、雪果、湖北花楸、陕甘花楸、西康花楸等。

除上述基本色彩外，有的果实尚有具花纹的。此外，由于光泽、透明度等的不同，又有许多细微的变化。在选用观果树种时，最好选择果实不易脱落而浆汁较少的，以便长期观赏。

七、根

（一）根的类型

由幼胚和胚根发育成根，根系是植物的主根和侧根的总称。根系包括直根系和须根系两种类型。

（1）直根系　主根粗长，垂直向下，如麻栎、马尾松等。

（2）须根系　主根不发达或早期死亡，而由茎的基部发生许多较细的不定根，如棕榈、蒲葵等。

（二）根的变态

（1）板根　热带树木在干基和根颈之间形成板壁状凸起的根，如榕树、人面子、野生荔枝等。

（2）呼吸根　伸出地面或浮在水面用以呼吸的根，如水松、落羽杉的屈膝状呼吸根。

（3）附生根 用以攀附他物的不定根，如络石、凌霄等。

（4）气生根 生于地面上的根，如榕树从大枝上发生多数向下垂直的根。

（5）寄生根 着生在寄主的组织内，以吸收水分和养料的根，如桑寄生、槲寄生等。

树木裸露的根部也有一定的观赏价值，中国人民自古以来即对此有很高的鉴赏水平，因此，久已运用此观赏特点于园林美化及桩景、盆景的培养。但是，并非所有树木均有显著的露根美。一般来说，树木达老年期以后，均可或多或少地表现出露根美。在这方面效果突出的树种有：松、榆、朴、梅、楸、榕、蜡梅、山茶、银杏、鼠李、广玉兰、落叶松等。

在亚热带、热带地区有些树有巨大的板根，很有气魄；另外，具有气生根的种类，可以形成密生如林、绵延如索的景象，则更为壮观。

任务 1.2　采集与制作标本

任务分析

采集并制作本地区各种园林树木的腊叶标本。通过腊叶标本的采集和制作，掌握标本采集、制作的基本方法；并能掌握一定数量的园林树木形态特征。

任务实施

【材料用具】

标本夹（45 cm×30 cm 方格板 2 块）、标本纸（吸水性强的草纸）、台纸（30～40 cm 重磅白板纸）、标本绳、剪枝剪、高枝剪、放大镜、采集袋、采集标签、笔、记录夹、记录表、针、线、胶水、鉴定卡片、号牌若干等。

【实施过程】

（1）现场采集、识别、编号、记录 10～20 种园林树木。

（2）标本压制

① 新鲜的植物标本携回基地时，要立即压制。

② 要对多余无用或密叠枝叶进行疏剪。

③ 标本夹板的使用。打开标本夹板，放上 5～6 张吸湿草纸，将植物标本放在吸湿草纸上，标本上面再放 1～2 张吸湿草纸，如此将标本逐份与吸湿草纸相互间隔放置，平铺于一块夹板上，在最后一份标本上放 5～6 张吸湿草纸，再将另一块夹板盖在整叠内容物上，要注意尽量把标本向四周铺展，不能都集中在中央。最后用绳绑紧两块夹板，要保证四角高低一致，反复加压，压紧标本。

④ 标本的整形工作。标本的任何一部分都不得露在吸湿草纸外；把折叠着的花和叶小心地整理好；每份标本必须有 1～2 片叶子背面朝上；若花、果、叶脱落，必须装在纸袋保存，袋面上写上标本号码。

⑤ 每天换纸 2 次，1 周后改成每天换 1 次纸。

（3）上台纸

① 上台纸之前，一般要经过消毒过程。

② 台纸标准是 8 开纸，约 39 cm×28 cm 的白卡纸。标本安置，选择最佳位置即以最佳方式来显示这个植物特征。

③ 台纸上一般包括以下标签类型：野外采集记录签（位置在台纸的左上角）、标本馆标签（位置在台纸的右下角）、意见标签和定名标签（位置在台纸的左下角）。

④ 最后还应在台纸的上边或左边贴上一张与台纸大小相同的薄纸（市售拷贝纸即可）以保护标本。有些花果或叶脱落下来，这时不应将其随意扔掉，而应用小纸袋装起来，贴在台纸的右上角或左下角适当的位置，以便后来鉴定时所用。

（4）标签填写 使用工具书，填写鉴定标签。

（5）标签位置 在腊叶标本的左上角贴上原始采集记录表，在右下角贴上鉴定标签。

【注意事项】

（1）注意有毒性、易过敏种类应慎重，如漆树等。

（2）注意爱护资源，尤其是稀有种类。

（3）压制与制作标本须注意保持其特征。

（4）叶易脱落的品种，先以少量食盐沸水浸 0.5～1 min，再以 75% 酒精浸泡，待稍风干后再压。

（5）及时更换吸水纸。采集当天应换干纸 2 次，以后视情况可以相应减少。换纸后放置通风、透光、温暖处。捆绑标本夹时，松紧要适度，过紧易变黑，过松不易干。标本间夹纸以平整为准。如球果、枝刺处可多夹些。换下的潮湿纸及时晾干或烘干，备用。

理论认知

植物标本是学习园林植物形态特征很好的工具之一。有些植物有区域性和季节性的限制，植物标本则能弥补这种限制，使园林植物爱好者在一年四季中都可以查对采自不同地区的标本，并可借助于这些标本从事描述和鉴定工作。植物标本中最常见的是腊叶标本。

腊叶标本又称压制标本，通常是将新鲜的植物材料用吸水纸压制使之干燥后装订在白色硬纸上（这种纸称为台纸）制成的标本。

一、标本单株选择

同一树种，应选择生长正常，无病虫害，各器官最完整，具该种典型特征的植株作为采集对象。力求有花有果（裸子植物有球花、球果）及种子。草本植物要挖出根，植株高的可以反复折叠或取代表性的上、中、下3段。一次采不全，应记下目标，以备下次再采。如果是供教学、科研用的标本就要精细一些了。即使是同一种植物，也要考虑不同的环境下产生的不同的个体。比如说同一种植物会有的异性叶（比如构树就有缺刻状分裂的和心状卵形的两种不同形态的叶片）、雌雄异株等都要做成不同的标本以便于教学示范。

二、采集

剪取具代表性枝条25～30 cm（中部偏上枝条为宜），去掉部分枝、叶，留下分枝及叶柄一部分；挂上标签，填上编号等（一律用铅笔。下同），标准的采集签应包括采集号、采集时间（年、月、日）、采集者、采集地点；填写野外记录。注意与标签编号一致，标准的野外记录应包括采集号、采集时间（年、月、日）、采集者、采集地点、海拔高度、树高、胸高直径、树皮、树枝、叶、花、果、习性、生态环境、用途、俗名、正名、学名、科名、备考；暂放塑料采集袋中，待到一定量时，集中压于标本夹中。

采集中应注意同株至少采两份，用相同的采集号标记。如有的植物需要开花结果后再采，应记下所选单株坐标方位，留以标记。同种不同地点的植物应另行编号。散落物（叶、种子、苞片等）装另备小纸袋中，并与所属枝条同号记载，影像记录与枝条所属单株同号记载。有些不便压在标本夹中的肉质叶、大型果、树皮等可另放，但注意均应挂签，编号与枝相同。

三、腊叶标本的压制与装帧

压制是将标本在短时间内脱水干燥，使其形态与颜色得以固定。标本制作是将压制好的标本装订在台纸上，即为长期保存的腊叶标本。

干燥适度的标本是有弹性的。没有干透的标本，个别部分柔软易弯曲；过于干燥的标本，很脆硬易折断。

标本压制干燥后即可装订，装订前应消毒和做最后定形修整，然后缝合在台纸上。叶子用毛笔蘸白胶涂在叶子背面粘贴，原则是叶片之间尽量不重合。将野外记录贴左上方，定名签填好贴右下角。照片、散落物小袋等贴在另角。标本布局应注意匀称均衡、自然。装订后的标本再经过消毒，夹纸或装入塑料袋保存于专门的标本柜中。

四、保存

腊叶标本应分门别类放在标本柜或标本箱内，标本之间应放樟脑丸，以防蛀虫。春天和多雨季节应将标本放在通风干燥处，以防标本发霉。如有标本室，最好在初春关好门窗，将福尔马林溶液在酒精灯上加热，用蒸气熏杀虫、菌3 d，防虫蛀霉烂。

五、其他标本处理

有些不易上台纸装帧成腊叶标本的种类或器官，如常绿、针叶带球果标本，如云杉、油松等，可待其干燥后托以棉花放入标本盒中；树皮标本可干燥后钉、贴于薄板上，存于塑料袋中；不宜压制的果实、花及含水高的枝叶，可制成液浸标本。

项目测评

为实现本项目目标，要求学生完成表中作业，并为老师提供充分的评价证据。

<table>
<tr><th colspan="4">测评标准</th><th>测评内容</th><th>测评形式</th><th>思政元素</th></tr>
<tr><td rowspan="6">优秀标准</td><td rowspan="5">良好标准</td><td rowspan="3">合格标准</td><td>P_1</td><td>理解园林树木形态术语的含义。</td><td>口答或笔答。</td><td>科学标准、逻辑思维。</td></tr>
<tr><td>P_2</td><td>采集不同的叶、花、果等树木器官，并准确标注名称。</td><td>实物或照片。</td><td>人类活动、环保理念。</td></tr>
<tr><td>P_3</td><td>完成腊叶标本的压制。</td><td>操作过程及成品。</td><td>科学规范、团队合作。</td></tr>
<tr><td colspan="2">M_1</td><td>准确描述不同园林树木的树形、树皮、枝芽、叶痕、叶迹等形态特征。</td><td>口答或笔答。</td><td>科学洞察、学术表达。</td></tr>
<tr><td colspan="2">M_2</td><td>完成 20 个腊叶标本的装帧。</td><td>操作过程及成品。</td><td>勤学力行、坚持与精进、工匠精神。</td></tr>
<tr><td colspan="3">D_1</td><td>综合阐述不同类型树种形态特征。</td><td>口答或笔答。</td><td>发散联想、归纳总结。</td></tr>
</table>

课件资源

园林思政

推进马克思主义中国化时代化是一个追求真理、揭示真理、笃行真理的过程。十八大以来，国内外形势新变化和实践新要求，迫切需要我们从理论和实践的结合上深入回答关系党和国家事业发展、党治国理政的一系列重大时代课题。我们党勇于进行理论探索和创新，以全新的视野深化对共产党执政规律、社会主义建设规律、人类社会发展规律的认识，取得重大理论创新成果，集中体现为新时代中国特色社会主义思想。

——中国共产党第二十次全国代表大会报告

项目 2　园林树木生长发育规律调查

【技能目标】掌握各种常见园林树木的物候期和及其变化规律，了解园林树木生命周期的生物学特性；掌握物候期科学调查、统计分析和成果总结的能力。

【知识目标】理解园林树木的各器官生长发育的特性；掌握园林树木生长发育规律。

【素质目标】通过物候期跟踪调查的坚持提高克服困难完成任务的意志力的培养；感受园林树木在变化中成长为人居环境的贡献和树木文化给人的精神力量，培养学生的爱心和奉献精神。

植物在同化外界物质的过程中，通过细胞分裂、扩大和分化，导致体积和重量不可逆的增加称为生长，而在此过程中，在植物细胞、组织、器官分化基础上的结构和功能的变化（质变）称为发育。生长是发育的基础，生长永恒，发育伴随生长，密不可分，二者均不可逆。了解和掌握园林树木的结构与功能、器官的生长发育、各器官之间的关系以及个体生长发育规律，是对园林树木进行科学土、肥、水管理及整形修剪的基础。

任务 2.1　调查园林树木物候期

任务分析

选定园林树木调查树种，按树种生长发育特性定期调查其物候期及季相变化。通过调查物候期，学会园林树木物候期的观测方法，了解园林树木的季相变化，为园林树木栽植、周年养护管理及合理配植等提供生物学依据。

任务实施

【材料用具】

围尺、卡尺、记录表、记录夹、记录笔、标签等。

【实施过程】

1. 选定调查目标

选择开花结实超过 3 年的园林树木，每种 3～5 株，做好标记，绘制平面位置图存档。

2. 确定调查时间

常年进行，每日或隔日调查，应在气温高的下午调查（冬季停止）。

3. 调查部位

调查部位为向阳面或上部枝。

4. 调查内容

（1）根系生长周期　利用根窖或根箱，每周调查新根数量和生长长度。

（2）树液流动开始期　以新伤口出现水滴状分泌液为准。

（3）萌芽期

① 芽膨大始期　具鳞芽者，当芽鳞开始分离，侧面显露出浅色的线形或角形时，为芽膨大始期（具裸芽者如枫杨、山核桃等不记载芽膨大期）。不同树种芽膨大特征有所不同，应区别对待。

② 芽开放期或显蕾期（花蕾或花序出现期）树木之鳞芽，当鳞片裂开，芽顶部出现新鲜颜色的幼叶或花蕾顶部时，为芽开放期。

（4）展叶期

① 展叶开始期　从芽苞中伸出的卷须或按叶脉褶叠着的小叶，出现第一批有 1～2 片叶平展时，为展叶开始期。针叶树以幼叶从叶鞘中开始出现时为准；具复叶的树木，以其中 1～2 片小叶平展时为准。

② 展叶盛期　阔叶树以其半数枝条上的小叶完全平展时为准。针叶树以新针叶长度达老针叶长度 1/2 时为准。有些树种开始展叶后，就很快完全展开，可以不记展叶盛期。

（5）开花期

① 开花始期　一半以上植株，5% 花瓣展开。

② 盛花期　在调查树上见有一半以上的花蕾都展开花瓣或一半以上的柔荑花序松散下垂或散粉时，为开花盛期。针叶树可不记开花盛期。

③ 开花末期　在调查树上残留约 5% 的花瓣时，为开花末期。针叶树类和其他风媒树木以散粉终止时或柔荑花序脱落时为准。

④ 多次开花期　有些树木有 2～3 次开花现象的，另行记载。

（6）果实生长发育和落果期

① 幼果出现期　见子房开始膨大（苹果、梨

果直径 0.8 cm 左右）时，为幼果出现期。

② 果实成长期　选定幼果，每周测量其纵、横径或体积，直到采收或成熟脱落为止。

③ 果实或种子成熟期　当调查树上有一半的果实或种子变为成熟色时，为果实或种子的全熟期。

④ 脱落期　成熟种子开始散布或连同果实脱落。如见松属的种子散布，柏属果落，杨属、柳属飞絮，榆钱飘飞，栎属种脱，豆科有些荚果开裂等。

（7）新梢生长期

① 春梢开始生长期　选定的主枝一年生延长枝上顶部营养芽（叶芽）开放为春梢开始生长期。

② 春梢停止生长期　春梢顶部芽停止生长。

③ 秋梢开始生长期　当年春梢上腋芽开放为秋梢开始生长期。

④ 秋梢停止生长期　当年二次梢（秋梢）上腋芽停止生长。

（8）秋季变色期

① 秋叶开始变色期　全株有 5% 的叶变色。

② 秋叶全部变色期　全株叶片完全变色。

（9）落叶期

① 落叶初期　约有 5% 的叶片脱落。

② 落叶盛期　全株有 30%～50% 的叶片脱落。

③ 落叶末期　全株叶片脱落达 90%～95%。

【注意事项】

（1）物候调查应随看随记，不应事后补记。

（2）物候调查须责任心强的专人负责，不可轮班调查。人员要固定。

（3）环境应有代表性，如土地、地形、植被要基本相似，调查地多年不变。调查地点选定后，将其名称、地形、坡向、坡度、海拔、土壤种类、pH 等项目详细记录在园林树木物候期调查记录表中。

理论认知

一、园林树木的年生长周期

（一）树木物候期

树木每年都有与外界环境条件相适应的形态和生理机能的变化，并呈现一定的生长发育的规律性，即树木的年生长周期。年周期就是指树木自春季休眠芽开始萌发，经过夏、秋生长，冬季再以休眠芽过冬，到第二年春天休眠芽萌发前的这一段时间。树木有规律地年复一年地生长，构成了树木一生的生长发育，树木有节律的与季节性气候变化相适应的树木器官动态时期，称为生物气候学时期，简称物候期。也可以说是，树木在一年中，随着气候的季节性变化而发生萌芽、抽枝、展叶、开花、结实及落叶、休眠等规律性变化的现象，与之相适应器官的动态时期。树木各个器官的形态都随季节性气候变化有相应的变化，研究树木一生的生长发育主要是研究树木的各个物候期。通过认识物候期，了解树木生理机能与形态发生的节律性变化及其与自然季节变化之间的规律。了解树木的年生长发育规律，对于园林设计、园林树木的栽植与养护具有十分重要的意义。

（二）树木物候期的基本规律

1. 树木物候期的顺序性

是指树木各个物候期有严格的时间先后次序的特性。如树木先萌芽和开花，后进入果实生长和发育时期。树木每一个物候期出现时，是在前一个物候期的基础上进行与发展的，同时为下一个物候期的到来做好了准备。树木只有在年周期中按一定顺序通过各个物候期，才能完成正常的生长发育。不同树种、品种，物候期先后出现的顺序是不同的。

2. 树木物候期的重演性

由于环境条件出现非节律性变化，如自然灾害、病虫害及人为因素的影响，能引起树木某些器官发育的终止或异常，使一些树种的物候期在一年中出现非正常的重复，如二次开花、二次生长等。这种现象影响树木的营养积累和翌年正常的生长发育。

3. 树木物候期的不一致性

是指同一树种不相同器官物候期通过的时期各不相同。如花芽分化期、新梢生长的开始期、旺盛期、停止生长期各不相同。此外，树木在同一时期，同一植株上可同时出现几个物候期，如油茶可以同时进入果实成熟期和开花期，人们称为“抱子怀胎”。

（三）落叶树木的年周期

温带地区的气候，在一年中有明显的四季，作为落叶树种对气候相对应的物候季相变化尤为明显，一年中有两个最明显的物候特征期，称为生长期和休眠期两大物候期。从春季开始进入萌芽生长后至秋季落叶前，为生长期。树木在整个生长期中都处于生长阶段，表现为营养生长和生殖生长两个方面。到了冬季，为适应低温和不利的环境条件，树木处于休眠状态，为休眠期。在生长期与休眠期之间又各有一个过渡期，即从生长转入休眠的落叶期和从休眠转入生长的萌芽期，历时虽短，但很重要。在这两个时期中，某些树木的抗寒、抗旱性与变动较大的外界条件之间，常出现不相适应而发生危害的情况。

1. 休眠转入生长期（萌芽期）

在这一时期处于树木将要萌芽前，即当日平均气温稳定在 3 ℃以上时，芽开始萌动膨大，经芽的开放到叶展出为止。树木休眠的解除，通常以芽的萌发作为休眠期转入生长期的形态标志，而生理活动则更早。树木由休眠转入生长，要求适宜的温度（北方树种，当气温在 3 ℃以上时，经一定积温后，芽开始膨大；南方树种芽膨大要求的积温较高）、水分和营养物质。当有适宜的温度和水分时，经一定时间，树液开始流动，根系加大活动，有些树种（如葡萄、核桃等）会出现明显的“伤流”。春季开花的树种，花芽膨大所需积温比叶芽低。树体贮存养分充足时，芽膨大较早。此时气温上升符合树木的生长，发芽整齐，进入生长期也快。树木在此期由于营养物质转化，抗寒能力降低，树木易受冻害，一旦降温，萌动的芽和枝干易受寒害，可通过灌水、涂白、施用 B_9 和青鲜素（MH）等生长调节剂延缓芽的开放。在晚霜发生之前，对已开花展叶的树木根外喷施磷酸二氢钾等，提高花、叶的细胞液浓度，增强抗寒能力。

2. 生长期

在芽萌动，幼叶初展至叶柄形成离层，树体开始自然落叶之前为生长期。这是全年最长的时期，也是树木物候变化最大最多的时期，反映着物候期变化的连续性和顺序性，同时显示各树种的遗传特性。树木随季节变化，会发生极为明显的变化，如萌芽、抽枝、展叶或开花、结果。各种树木由于遗传性不同，物候顺序有较大的差异，即使是同一树种，各个器官生长发育的顺序也有不同。主要反映在地下部与地上部活动先后的顺序、展叶与开花的顺序、花芽分化与新梢生长的顺序、果实发育与新梢生长的关系，如有的先萌花芽，而后展叶；也有的先萌叶芽，抽枝展叶，而后形成花芽开花。

3. 生长期转入休眠期（落叶期）

落叶期从叶柄开始形成离层，至叶片落尽或完全失绿为止。秋季叶片自然脱落是生长期结束并将进入休眠的形态标志，说明树木已做好了越冬的准备。在自然落叶前，新梢必须经过组织成熟过程，才能顺利越冬。秋季日照变短、气温降低是导致树木落叶、进入休眠的主要因素。落叶前对叶片的组织和生理活动产生一系列的影响，如光合作用和呼吸作用的减弱，叶绿素的分解，叶片中的养分转移到枝条、茎干、根系中，最后叶柄基部形成离层而脱落。随着气温的降低，树体细胞内脂肪和单宁物质增加、细胞液浓度和原生质黏度增加、原生质膜形成拟脂层、透性降低等，有利于树木抗寒越冬。

过早落叶影响树体营养物质的生产、积累和组织的成熟，干旱、水涝、病害等会造成早期落叶，甚至引起再次生长，危害很大；推迟落叶，树木还没有做好越冬准备，物质运输未完成，树体还未达到休眠状态，容易遭受秋季早霜的危害，发生冻害和枯梢。在华北，常见秋季温暖时，树木推迟落叶而被突然袭来的寒潮冻死。树体的营养物质来不及转化贮藏，必然对翌年树木的生长和开花结果带来不利影响。

皮层和木质部进入休眠早，形成层进入休眠最迟，故初冬遇寒流形成层易受冻。地上部主枝、主干进入休眠较晚，而以根颈最晚，故易受冻害。不同年龄的树木进入休眠早晚不同，幼龄树比成年树进入休眠迟。刚进入休眠的树，处在初休眠（浅休眠）状态，耐寒力还不强，遇间断回暖会使休眠逆转，突然降温常遭冻害。

在树木栽植与养护中，应该依据树木落叶物候期的生理特点，在生长后期停止施用氮肥，不要过多灌水，应多施磷、钾肥等，促进组织成熟，增加树体的抗寒性。在大量落叶时进行树木移栽可使伤口在年前愈合，第二年早发根、早生长。在落叶期开始时，对树干涂白、包裹和根颈部培土等，可防止形成层冻害。

4. 休眠期

是树木从秋季正常落叶至翌春萌芽为止的时期。树木休眠是在进化中为适应不良环境，如低温、高温、干旱等所表现出来的一种特性。正常的休眠有冬季、旱季和夏季休眠。树木夏季休眠一般只是某些器官的活动被迫休止，而不是表现为落叶。温带、亚热带的落叶树休眠，主要是对冬季低温所形成的适应性。休眠期是相对生长期而言的一个概念。从树体外部观察，没有任何生长发育的表现，但体内仍进行着各种生命活动，如呼吸、蒸腾、芽的分化、根的吸收、养分合成和转化等，这些活动只是进行得较微弱和缓慢而已，地下部的根系在适宜的情况下可能有微小的生长。所以确切地说，休眠只是个相对概念，是生长发育暂时停顿的状态。

落叶休眠是温带树木在进化过程中对冬季低温环境形成的一种适应性。如果没有这种特性，正在生长着的幼嫩组织就会受早霜的危害，并难以越冬而死亡。根据休眠期的生态表现和生理活动特性，可分为自然休眠和被迫休眠。

（1）自然休眠　又称深休眠或熟休眠，是由树木生理过程所引起的或由树木遗传性所决定的。落叶树木进入自然休眠后，要在一定的低温条件下经过一段时间后才能结束。在未通过自然休眠时，即使给予适合树体生长的外界条件，也不能萌芽生长。

（2）被迫休眠　落叶树木在通过自然休眠后，因外界条件不适宜，使芽不能萌发而呈休眠状态。一旦条件合适，就会开始生长。

（四）常绿树的物候特点

常绿树的叶寿命相对较长，多在一年以上，没有集中明显的落叶期，每年仅脱落部分老叶并不断增生新叶，全年各个时期都有绿叶存在，使树冠保持常绿。不同树种，叶片脱落的叶龄不同，在常绿针叶树类中，松属针叶存活 2～5 年，冷杉的叶 3～10 年，紫杉叶 6～10 年，它们的老叶多在冬春之际脱落；常绿阔叶树的老叶多在萌芽展叶前后逐渐脱落。热带亚热带的常绿阔叶树木，其各器官的物候动态表现极为复杂，各种树木的物候差别很大。

在赤道附近的热带雨林中，终年有雨，树木全年可生长而无休眠期，但也有生长节奏表现。在离赤道稍远的季雨林地区，因有明显的干、湿季，多数树木在湿季生长和开花，在干季落叶，因高温干旱而被迫休眠。在热带高海拔地区的常绿阔叶树，也受低温影响而被迫休眠。

二、园林树木各器官的生长发育

（一）根系的生长

1. 树木根系的结构

一株树木所有根的总体称为根系。树木的根系通常由主根、侧根和须根组成（图 2-1-1）。

（1）主根　一般由胚根直接发育而成的根，称为主根，它形成最早，故又称为初生根。

（2）侧根　由主根发生的支根，以及支根上再生的第二或第三次支根，总称为侧根，分别称之为一级侧根、二级侧根、三级侧根等。由于侧根形成较晚，故又称次生根。

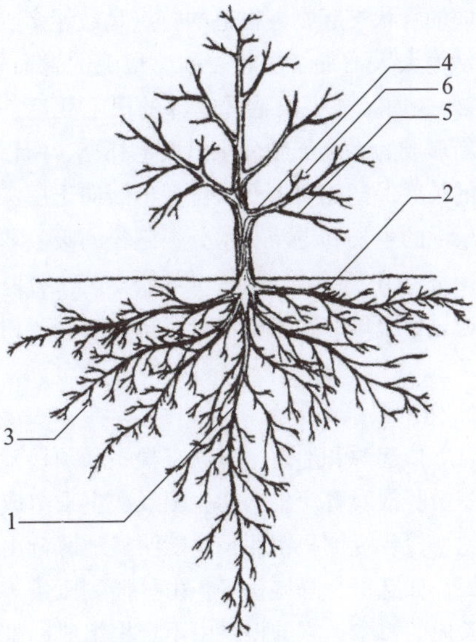

图 2-1-1　树木根系结构

1. 主根　2. 侧根　3. 须根　4. 主枝　5. 侧枝　6. 枝组

（3）骨干根　粗大的主根和各级侧根构成根系主要的骨架，叫骨干根。

（4）须根　在侧根上形成的较细根系，称为须根。按其形态及其功能又分为生长根、吸收根、过渡根和输导根。

生长根（轴根）是初生结构的根，其功能是促进根系向新的土层推进，延长和扩大根系分布范围及形成侧分支——吸收根。这类根生长较快，较粗而长（为吸收根的 2～3 倍），没有菌根，并能转变为次生结构。

吸收根也是初生结构，其主要功能是从土壤中吸收水分和矿物质，并将其转化为有机物。它具有高度的生理活性，在根系生长的最好时期，它的数目可占植株根系的 90% 或更多。一般不能变为次生结构，寿命短（15～20 d），吸收根的多少与树体营养状况关系极为密切。

过渡根是初生结构，大多数是由吸收根转变而来的，经过一定时期后自疏而死亡；少数是由生长根形成的，以后转变为次生结构，成为输导根。

输导根是次生结构，来源于生长根，随着年龄的增大而逐年加粗，变成骨干根或半骨干根。它的机能是输导水分和营养物质，并起固定作用。

（5）根毛　根毛是须根吸收根上根毛区表皮细

胞形成的管状突起物，根毛的特点是数量多、密度大，从而大大增加了吸收表面。根毛的寿命较短，一般2～3周。根尖根毛区上部的根毛死后，由伸长区新形成的表皮细胞分化出根毛补充，所以，根毛区的长度保持相对不变，位置不断向土层深处推移，根毛的生长和更新对水分、肥料的吸收非常重要，因此，在树木栽植时，尽量减少对细根的损伤，通过带土球，适当的水分平衡，有利于树木的成活。

2. 树木根系的类型

（1）依起源和形态　分为直根系和须根系。直根系是由胚根发育产生的初生根及次生根组成，主根发达，较各级侧根粗而长，能明显地区分出主根和侧根，如麻栎、马尾松等。由扦插、压条等无性繁殖长成的树木，它的根系由不定根组成，虽然没有真正的主根，但其中的一、二条不定根往往发育粗壮，外表上类似主根，具有直根系的形态，习惯上也把这种根看成直根系。

须根系的主根不发达或早期停止生长，由茎的基部形成许多粗细相似的不定根，呈丛生状态。如竹、棕榈等。

（2）依繁殖方法　分为实生根系、茎源根系和根蘖根系。实生繁殖和用实生砧嫁接的树木的根系均为实生根系。其特点是：一般主根发达，根系较深；年龄发育阶段较轻，生活力较强，对外界环境有较强的适应能力；实生根系个体间的差异要比无性繁殖树木的根系大；但在嫁接情况下，会受到地上部接穗品种的影响。

用扦插、压条繁殖所形成植株的根系，其根系来源于母体茎上的不定芽，这种根系称为茎源根系。其特点是主根不明显，根系较浅；生理年龄较老，生命力相对较弱；但个体间比较一致。

有的树种由根上不定芽形成根蘖，而后与母体分离形成单独的植株，其根系称为根蘖根系。根蘖根系的特点与茎源根系相似。

3. 根系在土壤中的分布

各类根系在土壤中生长分布的方向不同，有的水平生长，有的垂直生长，所以根据根系在土壤中生长的方向分为水平根和垂直根。

（1）水平根　这类根多数是沿着土壤表层平行方向生长。在土壤中分布深度和范围依地区、土壤、树种、繁殖方式、砧木等不同而变化。杉木、落羽杉、刺槐、梅花、桃花、连翘、榆叶梅等水平根系分布较浅，在30～40 cm的土层内，属于浅根性；油松、银杏、核桃、苹果、梨、樟树、栎树等水平根系分布较深，属于深根性。水平根的横向分布，从定植的第二年起，即超出树冠范围，甚至可为树冠的2～3倍。

根系的水平分布受土质和肥水管理的影响很大。生长在深厚肥沃的土壤中及经常进行肥水管理的树木，水平根的分布区域比较小，而分布区内的须根特别多；而在干燥瘠薄的土壤中，分布区域较大，但须根稀少。

（2）垂直根　是与土表呈垂直方向生长的根系。入土深度取决于土层厚度及理化特性。在疏松、通气良好、肥沃的土壤中，垂直根发育较强；而在地下水位高或土壤下部有不透水层的情况下，则限制根系向下发展。如土壤下层有孔隙或孔道，树木根系甚至可深达10 m以上。垂直根的深浅，因种类、砧木不同而有很大的变化，银杏、核桃、油松等具有较强的垂直根；而梅花、金银木、连翘等垂直根不发达。

垂直根将树木固定于土壤中，从较深的土层中吸收水分、营养及微量元素。它的分支弱，寿命却很长，与水平根之间有过渡类型的根。

不同的树种根系在土壤中生长的深浅程度不同，根据根系在土壤中生长的深浅又分为深根性根系和浅根性根系。

深根性根系的主根发达，深入土层，垂直向下生长，如马尾松一年生苗的主根长达20～30 cm，长大后可深达5 m以上。这种具有深根性根系的树种，称为深根性树种。

浅根性根系的主根不发达，侧根或不定根向四面扩张，长度远远超过主根，根系大部分分布在土壤表层，如刺槐的根系一般分布在30～40 cm的土壤中。这种具有浅根性根系的树种，称为浅根性树种。

根系的深浅不仅决定于树种的遗传性，同时受外界环境条件，特别是土壤条件（如土壤水分、土壤类型和质地）的影响。长期生长在河流两岸或低湿地区的树种，如柳树、枫杨等，由于在较浅的土壤中就能获得足够的水分，因而形成浅根性根系的特性；而生长在干旱地区的马尾松、栓皮栎和生长在沙漠地区的骆驼刺则要从土壤深层获取水分，因而形成深根性根系特性。同一树种生长条件不同，则根系也会发生变化，如浅根性的柳树，生长在地下水位低，土质疏松，排水、通气良好的土壤中，也可形成较深的根系。而深根系的马尾松生长在土壤较薄的荒山上，则根系分布较浅。此外，人为的活动也影响根系的深浅。实生树主根明显，根系深，而经过移植的苗木，主根被截断，发生大量的侧根；扦插和压条繁殖的苗木，无明显主根，根系浅。

因此，树木的根系常因树种、土壤状况和栽培技术不同而有差异，它的生长方式和外部形态具有较大的适应性。

4. 影响根系生长的因素

（1）树体内的有机营养　根的生长、吸收、合成等都取决于地上部分供应的有机营养。发生新根除与外界环境有关外，与地上部分供应的有机营养多少有密切关系，营养物质丰富，发新根多，发根时间长，根生长旺盛。如果开花、结果过多或叶片受到伤害时，有机营养供应不足，则根系生长明显地受到影响，这时候即使加强施肥、灌水，也难改善根系生长状况。如果及时采取疏花疏果措施，减少对有机营养的消耗或通过保叶改善叶的机能，有明显恢复和促进根系生长发育的作用。

（2）土壤温度　树木根系的活动与土壤温度有密切关系，树种不同对土温的要求也不同。一般原产北方的树种对土温要求较低，而南方树种要求土温较高。在冬季土温过低，致使根系生长缓慢与停止。土温过高也会造成根系的灼伤与死亡。

（3）土壤的含水量与通气状况　树木根系的生长与土壤的含水量和通气状况有密切关系。最适宜树木根系生长的土壤含水量占土壤最大田间持水量的60%～80%。当土壤含水量低到某一限度时，即使温度及其他因子都合适，根系生长也要受到破坏。土壤干旱时，土壤溶液浓度高，根系不能正常吸收水分反而发生外渗现象，所以施肥后要立即灌水，以便于根系吸收。在干旱条件下，根的木质化加速，并且自疏现象加重。在严重缺水时，叶片可以夺取根部的水分，这样不仅根系生长和吸收停止，而且开始死亡。但轻度的干旱对根系的发育有好处，因为在轻度干旱时，土壤通气改善，但地上部的生长受到抑制，使较多的糖类优先用于根系生长，相应地加大了营养面积，对花芽分化均有好处。

为了促进新根的发生和充分发挥根的功能，土壤中就必须有足够的氧气。不同树种根系活动对氧气的浓度要求不同。土壤含氧量还必须与CO_2的含量联系起来分析，如果土壤中CO_2含量不太高，根际周围空气的含氧量即使低到3%时，根系仍能正常活动。如果根际周围CO_2含量升高到10%或更多，则根的代谢功能立即受到破坏。

（4）土壤的肥力　树木根系总是向肥多的地方生长，土壤肥沃或在施肥条件下，根系发达，细根多又密，生长活动时间长；相反，在瘠薄的土壤中，根系生长瘦弱，细根稀少，生长时间较短。施有机肥可促进树木吸收根的生长；适当增施无机肥料，如氮肥和磷肥，能促进枝叶生长，从而也获得了促进根系生长的间接效果，但过量施用氮肥会引起枝叶徒长，反而削弱了根的生长；其他微量元素如硼、锰等对根系生长发育都有良好的影响。除此以外，根系的生长还受土壤的厚度及质地的影响。

5. 根在年周期中的活动动态

原产温带、寒带的树木根系生长所要求的温度较低，与地上部比较时，通常根部生长开始得早，结束得晚。这是因为根没有自然休眠，只要能满足所需要的条件，全年可以不断生长，但是在外界环境条件恶劣时，根被迫停止生长而进入休眠。亚热带树种如柑橘在北方栽种时则先发芽后发根，因为其根系活动要求温度高。另外，在寒冷地区春天气温高于地温，树木往往是先发芽后发根。在我国东北哈尔滨的树木一般先地上部分开始生长，而后地下的根才开始活动。因此，根系的活动与树木原产地有关外，同时与树种及春天的地温、气温高低也有密切关系。

在一年中根系活动的次数因树种而不同，油松的根系一年中有两次生长高峰，柿树在北方，根系一年中只有一次生长高峰，侧柏的根系在生长季每月差不多都有一次生长高峰。根系在年周期中生长具有以下特点。

（1）根系在年周期中没有自然休眠，其休眠是因为外界环境条件不适宜根系的生长而被迫休眠，只要条件适合，根系随时由休眠状态迅速过渡到生长状态。

（2）根系在一年中的生长状况取决于树木的种类、原产地、当年的生长结实状况以及外界环境条件（土壤温度、土层厚度、水分、通气以及土壤肥力等）。根系生长的快慢是上述因素综合作用的结果，但某个因素在某个时期可能起主导作用。有机营养与内源激素的积累是根系生长的内因，冬季低温和夏季高温、干旱是抑制根系生长的外因。

（3）在年周期中树木的地上部分与地下部分的关系是很复杂的。一般来说，发根多的时期通常在叶片大量形成以后、枝梢生长缓慢或停止时，这是由于树体内营养物质调节与平衡的结果。根系与果实发育的高峰是相反的，所以当年的结实量，也会明显影响根系生长。但在某些情况下，由于其他条件的变化也可能不出现交替生长的现象。

（4）在年周期中地上部分与地下部分开始生长的先后顺序。一般生长于温带寒地的落叶树木，根系能在较低温度下先于枝芽开始活动。而生长于亚热带树种的根系开始生长要求的温度高，在冬春较为寒冷的地区，因早春地温升高得慢，气温升高相对快，则先发芽后发根。

（5）在不同深度土层中，根系生长也有交替现象，这与温度、湿度、通气条件有关。

6. 根的生命周期

树木根系生命周期的变化与地上部有相似的特点，也经历着发生、发展与衰亡的过程。幼树根系也是以离心方式进行生长，而且生长很快，一般都超过地上部分的生长速度。树木幼年期根系领先生长的年限因树种而异。随着树龄增加，根系生长速度趋于缓慢，并逐年与地上部分的生长保持着一定的比例关系。在整个生命过程中，根系始终发生局部的自疏与更新。吸收根的死亡现象，从根系开始生长一段时间后就发生，逐渐木栓化，外表变为褐色，逐渐失去吸收功能；有的轴根演变成输导根，有的死亡。至于须根，自身也有一个小周期，从发生到形成以至死亡一般只有数年的寿命。须根的死亡，起初发生在低级次的骨干根上，其后发生在高级次的骨干根上。根系生长达到最大根幅后也发生向心更新。由于受土壤环境影响，更新不像地上部分那么规律，常出现大根季节性间歇死亡现象。更新所发生的新根，仍按上述规律生长和更新，随着树体衰老而逐渐缩小，当树木衰老，地上部濒临死亡时，根系仍能保持一段时期的活动。

（二）枝条的生长

树木每年以新梢生长来不断扩大树冠，新梢生长包括加长生长和加粗生长两个方面。一年内枝条生长达到的长度与粗度，称为年生长量；在一定时间内，枝条加长和加粗生长的快慢，称为生长势。生长量和生长势是衡量树木生长强弱和某些生命活动状况的常用指标，也是栽培措施是否得当的判断依据之一。

1. 枝的加长生长

由一个叶芽发展成为生长枝，其过程并不是匀速的生长，而是按慢—快—慢的规律生长的。新梢的生长可分为以下 3 个时期：

（1）新梢开始生长期　叶芽萌发后幼叶伸出芽外，节间伸长，幼叶分离。其特点是：叶小而嫩，含水分多；生长量小，节间短，光合作用弱；贮藏物质水解，水溶性糖分多，非蛋白氮含量多，淀粉含量少；此期生长主要依靠前一年积累贮藏的营养。因此，前一年生长状况与第二年春季生长有密切关系。

（2）新梢旺盛生长期　通常开始生长期后，随着叶片的增多很快进入旺盛生长期。此时枝条明显伸长，幼叶迅速分离，叶片增多，叶面积加大，光合作用加强；生长量加大，节间长，糖分含量低，树体内非蛋白氮含量多，新梢生长加速；从土壤中吸收大量的水分和无机盐类。所形成的叶片特征具有该种或品种的代表性。此期生长由利用贮藏营养转为利用当年的同化营养为主。故此时新梢生长的强弱与贮藏营养水平和枝梢生长情况及肥水管理条件有关。该期对水分要求严格，如水分不足，则会出现提早停止生长的现象。枝梢旺盛生长期的长短是决定枝条生长势强弱的关键。

（3）新梢缓慢生长与停止生长期　由于外界温度、湿度、光周期的变化，顶端抑制物质的积累，使顶端分生组织细胞分裂变慢或停止，细胞的增大逐渐停止，致使枝条的节间缩短，顶芽形成，枝条生长停止。随着叶片衰老，光合作用也逐渐减弱，枝内形成木栓层，并积累淀粉、半纤维素，此时蛋白质的合成加强，机械组织内的细胞壁充满木质素，枝条转为成熟，此期是利用当年制造的营养。树木新梢生长次数及强度受树种及环境条件的影响。不同的树种，枝条生长的长短也不一样，有的树种具有形成长枝和短枝的能力，如金钱松、落叶松、银杏、苹果、梨、桃等；在不良的条件下，此类树木形成的短枝更多。

2. 枝的加粗生长

枝条加粗生长比加长生长开始稍晚，停止也晚。同一棵树下部枝条加粗生长比上部稍晚，因为树干、树枝的加粗生长是形成层细胞分裂、分化、增大的结果。春天当芽萌动时，芽附近的形成层先开始活动，然后向枝条基部发展。因此，落叶树木形成层的活动稍晚于萌芽。枝条下部形成层细胞开始分裂的时期相对出现较晚。在开始加粗生长时，所需的营养物质主要靠上年的贮备。当新梢不断加长，形成层活动持续进行时，新梢生长越旺盛，增粗生长得越快，此时形成层活动强烈且延续时间长。加长生长高峰与加粗生长高峰是互相错开的。在加长旺盛生长期，加粗生长进行得较缓慢，在加长生长后1～2周才出现加粗生长高峰。往往在秋季还有一次，在秋季由于叶片积累大量光合产物，枝干明显加粗。

加粗生长和加长生长之间这种相关性，是顶芽和幼叶产生生长素和赤霉素调节营养物质的运输，并激发形成层细胞的分裂，产生加粗生长的结果。

不同树种在一生中生长高峰出现的早晚及延长期限不同，一般阳性树，其生长最快的时期多在15年前后出现，以后则逐渐减慢；而耐阴树种，其生长高峰出现较晚，多在50年以后，且延长期较长。

3. 年轮及其形成

在树干和枝条的增粗生长过程中，形成层活动随季节的周期性变化使树干横断面上出现因密度不同而形成的同心圆环，即为树木年轮。多数树木的年轮是由于形成层在春季、夏季生长不断增生，在秋季和冬季形成层增生缓慢或趋于停止而形成的。

针叶树的年轮，是由管胞大小和管胞壁厚薄不同而形成的，即春材形成的细胞大，细胞壁薄；秋材的细胞小而多、细胞壁厚，通常被挤成扁平状。阔叶树的年轮，是由于导管细胞的大小和数目不同而形成的，春材细胞大，细胞壁薄；秋材的细胞密集。所以，年轮实际上是在树木横断面上由春材和秋材形成的环带。在一定地区，多数树种的年轮为1轮，为此，可根据年轮判断树木的年龄。由于气候的异常（如干旱等）影响或树木本身的生长异常（如病虫害等），在树干横断面也会出现假年轮。但假年轮一般比正常年轮小，不能贯穿全树干，或年轮外侧轮廓不太明显，或不形成完整的闭合圈，且有部分重合。

4. 影响枝条生长的因子

新梢的生长除决定于树种和品种特性外，还受有机营养、内源激素、环境与栽培技术等条件的影响。

（1）树种和品种　不同的树种和品种由于遗传性不同，枝梢的生长强度也不同，如杨、柳、核桃、悬铃木、白蜡等基本上为长枝，没有什么短枝；而银杏、玉兰、山楂、苹果、桃、榆叶梅、连翘等有长枝和短枝之分。

（2）有机营养　树体内贮藏有机养分的多少对芽的萌发、枝梢的生长有明显影响。养分不足，新梢生长得短而细；养分多，则枝梢生长得粗壮，生长期长。树冠外围的新梢因光照条件好，生长旺盛；树冠下部和内膛的枝条因光照条件差，有机营养合成得少，所发新梢短而细。

树体的结果量对当年新梢生长也有明显的影响，结果过多，当年大部分同化物质被果实所消耗，致使枝梢生长受到限制；结果少，情况相反。

（3）内源激素　叶片除合成有机营养外，还能产生激素。树木体内五大激素都影响枝条的生长。生长素、赤霉素、细胞分裂素等多表现为刺激生长。幼嫩叶片内产生类似赤霉素的物质，能促进节间伸长。脱落酸和乙烯多表现为抑制生长，成熟叶片内产生的脱落酸有拮抗赤霉素的作用。新梢加长生长并不完全决定于赤霉素和脱落酸，生长素、细胞分裂素和乙烯都有作用。也就是说新梢加长生长，受幼叶和成熟叶片所产生的不同激素的综合影响。

枝梢顶端生长素含量高，有利于调动营养物质向上运输，合成蛋白质，并不断地形成新叶。幼叶中形成的赤霉素又可促使茎尖形成的生长素含量增加。生长素和赤霉素共同作用，可促进新梢节间生长。如摘除幼嫩叶，仍能增加节数和叶数，但节间变短而减少新梢长度。成熟叶片合成的有机营养与生长素类配合引起叶和节的分化，摘去成熟叶片，可以促进新梢加长生长，但并不增加节数和叶数。

（4）枝梢的姿势　直立的新梢生长旺而长，接近水平或下垂的枝则生长势弱，而且枝条生长得短。因为枝的姿势不同，内源激素含量也不同。直立的枝条先端和基部内乙烯的含量相差不大；将枝条拉平或扭曲时，枝条内乙烯的含量增加；乙烯的分布也改变，先端处高，基部低；背下高而背上低，所以下垂枝新梢生长缓慢。向下的芽不易萌发，背上旺芽容易萌发长成旺枝，导致优势转位。

（5）环境条件　温度的高低与变化幅度、生长季的长短、光照的强度与光周期、养分与水分的供应等环境因素对新梢生长都有影响。水分是其中主要的因素，在能够保证土壤通气良好的前提下，水多则新梢迅速生长；如果只有水分而养分不足，枝梢生长得不充实；缺水能使植物生长减慢。树木生长的早期如果受到干旱的影响，在整个生长季，伸长生长和加粗生长都会减弱。

矿质营养中的氮素对芽的萌发和枝梢伸长具有特别显著的作用，钾多则抑制生长，促进枝梢充实。气温高的地区，新梢年生长量大；气温低的地区，新梢生长量则小。不同的树种最适生长温度的范围是不同的。光照不足时，新梢长得细长，并且不充实；强光对树高度的生长有抑制作用，因为紫外线可破坏内源激素，使树体变小，但相应地增加了根系活动。一般认为，长日照能促进枝条生长，因为长日照能增加枝条生长的速度和持续的时间；而短日照则会降低生长速度和促进芽的形成。

（三）叶和叶幕的形成

1. 叶片的功能与特性

叶片是进行光合作用、制造糖类的主要器官。对常绿树来说，叶片还有贮藏养分的作用。植物体内90%左右的干物质是由叶片合成的，所以，叶片生长的好坏直接关系到树木的枝梢生长、开花与结实、花芽分化和根的生长。树木的呼吸作用与蒸腾作用也主要靠叶片进行，因叶片上具有很多气孔，气孔是吸收和蒸腾作用的出入口，树体内90%以上的水分消耗于蒸腾作用，而蒸腾作用又能降低树体内的温度，维持正常物质代谢过程。此外，叶片还能吸收矿质元素，因而在树木急需营养时，可以进行叶面喷肥。

叶片是由叶原基发育而成的。树木单叶的发育，自叶原基出现以后，经过叶片、叶柄（或托叶）的分化，直到叶片的展开和叶片停止增长为止，构成了叶片的整个生长发育过程。由幼叶开始展开到树上有一半叶片展开，这个时期为展叶期。针叶树是针叶长到针叶长度的一半为展叶期。

叶的大小和特性受多种因素的影响。植株上各部位的叶片，由于在形成过程中，受到内部营养和外界环境条件等影响，其形状、大小和特性有所差异。一般树冠内部的叶片因光照条件较差，叶片多平展，叶片宽而薄，含游离水分多，与枝条所成角度大或近水平着生，光合强度较低，在树冠郁闭情况下易枯黄早落；而树冠外围的叶片因光照充足，叶片肥厚，含束缚水多，与枝条所成角度小，较直立着生，光合能力强。

在同一个新梢上不同部位的叶片，由于形成时期的环境条件不同，叶片生长状况也不一样。一般新梢基部的叶片小，叶柄也短，常无托叶，光合效能低，其寿命也较短，叶腋中的芽也常发育不良；位于新梢中部的叶，叶片大而具有本种典型的叶形，发育完善而健壮，光合能力强，故寿命也长，叶腋内的芽发育充实良好；位于新梢近顶部的叶片渐小，光合能力较弱，由于温度降低，常常生长不充实。这种不同部位的叶片在生理机能方面所存在的差异，直接影响叶腋内腋芽的形成及其充实饱满程度与性状。不同叶龄的叶片光合能力不同，幼嫩叶由于叶绿素浓度低，光合能力弱。随叶龄的增加，叶面积扩大，生理上处于活跃状态，光合能力大大提高，直到达到一定的成熟度为止。刚停止生长的成熟叶片，光合能力最强，随叶片衰老而光合能力也逐渐降低。常绿树也是当年的新叶光合能力最强。

短梢上的叶片除基部叶发育时间短外，其上部叶片大体比较接近。短枝上的叶片成熟快，成熟叶片多；长枝上叶片成熟得慢，成熟叶片少。叶片颜色的深浅浓淡是树体生长状况的重要标志之一。叶片浓绿表示树体健壮，营养充足；叶片淡绿或发黄者则表示营养不良或已罹病虫害，红叶、黄叶的观赏变异则另当别论。

因此，研究树木叶片及其叶幕的形成，不仅关系到树木本身的生长发育状况与生物产量的多少，而且关系到树木生态效益与观赏功能的发挥。

2. 叶片的寿命

叶片的寿命，因树种而异，落叶树种的叶片寿命多为一个生长季（5～10个月），秋末即行脱落。不适宜的生产技术措施和环境条件，如过重的修剪、长时间的干旱、大量的灌水、病虫的危害、大风、水涝等，均会缩短叶片的寿命，引起早期落叶。早期落叶不仅影响其功能的发挥，同时对以后树体的发育、越冬和翌年开花结果都有很大的影响。常绿树木叶片的寿命多在一年以上，个别可达3～4年，每当冬季低温到来时和花后春梢将停止生长时，即有一部分衰老叶片脱落。能较长时间的保持良好而众多的叶片，并适当调节枝条的延伸长度，可使树体营养充足，花芽形成多，开花繁茂。在实际树木养护中，应特别注意保叶，采用各种措施，延长叶片的寿命与功能。尤其是常绿树种，保叶工作更显得重要，因为具有大量的叶片，树木本身才能更好地生长和发育，而且树木的生态效益与观赏功能才得以发挥。

3. 叶幕的形成

叶在树冠内集中分布区称为叶幕，叶幕是树冠叶面积总量的反映。园林树木的叶幕随树龄、整形、树形、栽培目的与方式不同，其叶幕形状与体积也不相同。幼年树，由于分枝尚少，树冠内部与外部都能得到光照，内膛小枝存在，叶片充满树冠，其树冠的形状和体积也就是叶幕的形状和体积。自然生长无中干的成年树，叶幕与树冠的体积并不一致，其枝叶一般集中在树冠的表面，叶幕往往仅限于树冠表面薄薄的一层，多呈弯月形叶幕；具有中干的成年树，叶幕多呈圆头形；老年树木叶幕呈钟形，具体情况依树种而异。成片栽植的树木，其叶幕顶部为平面或波浪形，为了使树冠通风透光或因上方有架空线的影响，常将树木整剪成杯形。层状整形的树木则叶幕为分层形；按圆头形整形的树木呈圆头形或半圆形叶幕；园林树木种类繁多，一般叶幕与树形有关。

落叶树木的叶幕在年周期中有明显的季节变化，其叶幕的形成规律是初期慢、中期快、后期又慢。落叶树木的叶幕从春天发叶到秋季落叶，大致能保持5～10个月的生活期；常绿树木的叶幕比较稳定，因为常绿树木叶片生存的时间长，多半可达一年以上的时间。而且老叶多在新叶形成后才脱落。叶幕形成的速度与强度，因树种和品种、环境条件及栽培技术的不同而不同。在一般情况下树势强，年龄幼的树，或以抽生长枝为主的树种、品种，长枝比例大，叶幕形成的时间较长，叶面积的高峰期出现晚；树势弱，年龄大或短枝型树种、品种，其叶幕形成的时间短，高峰期也早。

秋季花芽形成柱头和子房之后，进入相对休眠。在冬季低温休眠阶段，如遇高温则部分花芽可导致败育，败育程度与所经历高温时间有关。

（四）花芽分化与开花

1. 花芽分化的规律

（1）花芽分化的长期性　多数树木的花芽分化期是相对集中又相对分散、分期分批陆续分化形成的。这是与着生芽的新梢在不同时间分期分批停止生长，而停止生长后各类新梢所处的内外条件不一样有关。

（2）花芽分化的相对集中性和相对稳定性　花芽分化是相对集中、相对分散、分期分批陆续分化的。每种树木的花芽分化的开始期和盛期在不同的地区和不同的年份是有差别的，但不悬殊。花芽分化的相对集中性和相对稳定性与相对稳定的气候条件及物候期有密切关系。一般在新梢停止生长后和采果后（结果树）各有一个分化高峰；有些树种则在落叶后至萌芽前利用贮藏的营养及适宜的气候条件又进行分化。这些特性为我们相对稳定地养护管理花木类提供了理论依据。

（3）花芽分化临界期　树木的芽从叶芽向花芽进行形态分化之前，必须有一个分化临界期（生理分化期）。各种树木的分化临界期是不同的，如柑橘花芽分化临界期大约在果实采收前后不久。

（4）形成一个花芽所需要的时间　不同的树种形成一个花芽所需的时间不同。从生理分化到雌蕊形成所需时间因树种而异，苹果需1.5～4个月，芦柑需0.5个月，甜橙需4个月左右；枣形成一个花朵需5～8 d；月季形成一个花苞需要两周多的时间。

2. 花芽分化的类型

树木的花芽分化与气候条件有密切的关系，不同的树种花芽分化时对气候条件要求不同。根据不同树种花芽分化的季节特点，可分为以下类型：

（1）夏秋分化型　早春或春夏间开花的树木，如海棠、玉兰、桃花、榆叶梅、樱花、丁香、连翘、黄刺玫、牡丹、山楂等，花芽在前一年的夏秋（6—9月份）进行分化，有的延迟到9—10月份完成花器分化和发育的主要部分。但也有些树种，如板栗、柿等分化较晚，秋天只能分化出花原始体而看不到花器，延续时间较长。这些类型的树木要经过一段低温，花芽分化才能进一步分化和完善。有些树种的花芽即使在夏秋已完成分化，但仍需经过低温后才能提高开花质量和提早开花。冬季剪枝插瓶水养催花，必须经过一段适宜的低温后才能进行，否则达不到要求。夏秋分化型的花木，通过实施生产技术措施，还可以促使开二次花。

（2）冬春分化型　原产温暖地区的某些树种，如柑橘类，花芽分化期从12月份到第二年的1—2月份，分化时间较短且连续。

（3）一年多次分化型　在一年中能多次抽梢，每抽一次梢，就分化一次花芽并开花，分化多次，开花多次，如枣、柠檬、茉莉、月季、无花果、四季石榴、四季桂等。

（4）当年分化当年开花型　在当年新梢上形成花芽，于夏、秋开花，一年只开一次花，如木槿、紫薇、珍珠梅等。

（5）不定期开花型　此类型是草本，而在园林中当木本应用。热带和亚热带的草本果树如香蕉、菠萝等，当其达到一定的叶面积则形成花芽。一年分化一次，时间不固定，无定期。

3. 影响花芽分化的因素

（1）影响花芽分化的内部因素　掌握花芽分化的生理机制，为控制花芽分化提供理论依据，需要研究影响花芽分化的内部因素、花芽形态建成的内在条件、不同器官的相互作用等问题。

由简单的叶芽转变为复杂的花芽，是一种由量变到质变、由营养生长转向生殖生长的过程。根据生物学的一般规律和有关花芽分化的研究成果，这种转变过程需要具备以下条件：要有比形成叶芽更丰富的结构物质，包括光合产物、矿质盐类，以及由以上两类物质转化合成的各种糖类、氨基酸和蛋白质等；要有形态建成中所需要的能源、能量贮藏和转化物质，如淀粉、糖类和三磷酸腺苷（ATP）等；形态建成中的平衡调节物质，主要是内源激素，包括生长素（IAA）、赤霉素（GA）、细胞分裂素、脱落酸（ABA）和乙烯等，酶类在物质调节和转化中也不可缺少；与花芽形态建成有关的遗传物质，脱氧核糖核酸（DNA）和核糖核酸（RNA）等。它们是代谢方式和发育方向的决定者。

不同器官的相互作用与花芽分化。树木的根系、枝、叶、花、果与花芽分化均有密切的关系。

枝叶生长与花芽分化。营养繁殖的树木还是实生繁殖的树木，必须枝叶生长繁茂，生长健壮，能够制造大量的光合产物，满足根系、枝、叶、花、果等对养分的需要，才能提早形成花芽。绝大多数树木的花芽分化是在新梢生长减慢或停止时花芽分化开始。因为新梢生长停止前后的代谢方式不同，在生长停止前是营养消耗占优势，生长停止后是积累占优势。一般认为生理分化期的早晚与枝条停止生长的早晚成正相关。新梢摘心或去幼叶都有利于花芽分化，是因为新梢生长点和幼叶分别是生长素（IAA）和赤霉素（GA）的主要合成部位。生长素和赤霉素共同促进新梢生长，所以摘心和去幼叶是为了降低生长素和赤霉素的含量，抑制新梢生长，促进营养物质的积累，有利于花芽分化。

开花结果与花芽分化。开花和结果会消耗大量的营养物质，这时根和枝叶由于得不到足够营养，生长受到抑制，所以开花量会影响新梢和根系的生长，同时也影响花芽分化。

根系生长与花芽分化。根系生长与花芽分化成正比关系，吸收根多，则增加蛋白质的合成和细胞分裂素的水平，蛋白质和细胞分裂素影响花芽分化。如果根系活动弱，水分和矿物营养吸收得少，蛋白质和细胞分裂素合成受到抑制，则会影响花芽分化。只有在根系、枝叶和花果对光合产物的需要满足之后，花芽才开始分化。

（2）影响花芽分化的外部因素　外部条件可以影响内部因素的变化，并刺激有关开花的基因，然后在开花基因的控制下合成特异蛋白质，从而促进花芽分化。

光照对树木花芽形成的影响是很明显的。光对树木花芽分化的影响主要是光量、光照时间和光质等方面。

强光对新梢内生长素的合成起抑制作用，这是抑制新梢生长和向光弯曲的原因。紫外线钝化和分解生长素，从而抑制新梢生长，促进花芽形成，所以在高海拔地区，开花早，生长停止早，树体矮小。

许多树木对光周期并不敏感，其表现是迟钝的。但并不是毫无关系，只是不如一年生植物那样重要。如杏树在长日照条件下形成花芽多，在短日照条件下形成的花芽少；松树在长日照条件下形成雄花，在短日照条件下形成雌花。

温度影响树木一系列生理活动，如光合作用、根系的生长和吸收及蒸腾作用，也影响激素的水平等。高温（30 ℃以上）、低温（20 ℃以下）抑制生长素的产生，因而抑制新梢的生长，所以，温度对花芽分化是有影响的。

花芽生理分化之前适当控制水分，有利于光合产物的积累和花芽进一步分化。因为控制水分会增加植物体内氨基酸，特别是精氨酸水平，从而有利于发育。同时叶片脱落酸含量提高，从而抑制赤霉素和生长素的合成，并抑制淀粉酶的产生，促进花芽分化。

施大量的氮肥对花原基的发育有很大的影响。当树木缺氮时，影响叶的生长，因而阻止成花。对柑橘和油桐施用氮肥，可以促使诱导成花。施用硫酸铵既能促进苹果根的生长，又能促进花芽分化。

磷对成花的作用因树而异，苹果施磷肥促进成花，而樱桃、梨、李、柠檬、板栗、杜鹃花等无反应；缺铜可使苹果、梨等花芽减少；缺钙、镁可使柳杉花芽减少。

4. 树木开花

树体上正常花芽的花粉粒和胚囊发育成熟，花萼和花冠展开，这种现象称为开花。不同树木开花顺序、开花时期、异性花的开花次序以及不同部位的开花顺序等都有很大差异。

（1）开花顺序　同一地区不同树种在一年中的开花时间早晚不同，除特殊小气候环境外，各种树木每年的开花先后有一定顺序。如在北京地区常见树木的开花顺序依次是：银芽柳、毛白杨、榆、山桃、玉兰、杏、桃、绦柳、紫丁香、紫荆、核桃、牡丹、白蜡、苹果、桑、紫藤、构树、刺槐、苦楝、枣、板栗、合欢、梧桐、木槿、国槐等。

同一地区同种树木的不同品种之间，开花时间也有一定的差别，并表现出一定的顺序性。有些品种较多的观花树种，可按花期的早晚分为早花、中花和晚花3类，在园林树木栽培和应用中也可以利用其花期的差异，通过合理配植来延长和改善其美化效果。

同一树木个体上不同部位的开花早晚有所不同，同一花序上的不同部位开花早晚也可能不同。这些特性多数是有利于延长花期的，掌握这些特性也可以在园林树木栽培和应用中提高其美化效果。

（2）开花类型　树木在开花与展叶的时间顺序上也常常表现出不同的特点，常分为先花后叶型、花叶同放型和先叶后花型3种类型。在园林树木配植和应用中也应了解树木的开花类型，通过合理配植，提高总体的绿化美化效果。

先花后叶型树木在春季萌动前已完成花器分化。花芽萌动不久即开花，先开花后展叶。如银芽柳、迎春、连翘、山桃、梅、杏、李、紫荆等，有些能形成一树繁花的景观，如玉兰、山桃花等。

花叶同放型树木开花和展叶几乎同时，花器也是在萌芽前已完成分化，开花时间比前一类稍晚。多数能在短枝上形成混合芽的树种也属此类。混合芽虽先抽枝展叶而后开花，但多数短枝抽生时间短，很快见花。

先叶后花型树木多数是在当年生长的新梢上形成花器并完成分化，萌芽要求的气温高，一般于夏秋开花是树木中开花最迟的一类，有些甚至能延迟到晚秋，如木槿、紫薇、凌霄、槐、桂花、珍珠梅、荆条等。

（3）花期　花期即开花时期的延续时间，花期的长短受树种和品种、外界环境以及树体营养状况的影响而有很大差异。

在同一地区，树木花期延续时间差别很大，从1周到数月不等。早春开花的树木多在秋冬季节完成花芽分化，到春天一旦温度合适就陆续开花，一般花期相对短而开花整齐；而夏季和秋季开花的树木，花期持续时间较长。

同种树木，青壮年树比衰老树的花期长而整齐，树体营养状况好花期延续时间长。花期的长短也因天气状况而异，遇冷凉潮湿天气时花期可以延长，而遇到干旱高温天气时则花期缩短。在不同小气候条件下，开花期长短不同。如在树荫下、大树北面和楼房等建筑物背后生长的树木花期长。但由于这些原因而延长花期时，花的质量往往受影响。

（4）开花次数　多数园林树木每年只开一次花，特别是原产温带和亚热带地区的绝大多数树种，但也有些树种或栽培品种一年内有多次开花的习性，如月季、柽柳、四季桂、佛手、柠檬等，紫玉兰中也有多次开花的变异类型。

每年开花一次的树木种类，如一年出现第二次开花的现象称为再度开花、二度开花。常见再度开花的树种有桃、杏、连翘等，偶见玉兰、紫藤等。树木出现再次开花现象有两种情况，一种是花芽发育不完全或因树体营养不足，部分花芽延迟到夏初才开，这种现象常发生在老树上；另一种通常是由于气候原因导致的再度开花，如进入秋季后温度下降，但晚秋或初冬发生气温回暖，一些树木二度花开。

一般来说，树木再度开花时花的繁茂程度不如第一次开花，因为有些花芽尚未分化成熟或分化不完全，使树木花芽分化不一致，部分花芽不能开花。出现再度开花对园林树木影响不大，有时还可加以研究利用。

（五）果实的生长发育

园林树木栽培中也要栽植许多观果类树木，其目的主要是为了以果的“奇”（奇特、奇趣）、“丰”（丰收）、“巨”（果大）和“色”（果色）来提高树木的观赏和美化价值，但必须根据果实的生长发育规律，通过一定的栽培和养护措施，才能使树木充分发挥这些方面的功能。

1. 果实生长发育时间

各类树木的果实成熟时，在果实外表会表现出成熟果实的颜色和形状特征，称为果实的形态成熟期。成熟期的长短因树种和品种而不同，榆树和柳树等树种的成熟期最短，桑、杏次之。松属树木种子发育成熟需要两个完整生长季，第一年春季传粉，第二年春季才能受精，球果成熟期要跨年度。另外，成熟期的长短还受自然条件的影响，高温干燥，成熟期缩短，反之则延长；山地条件、排水好的地方果实成熟早些。而果实外表受伤或被虫蛀食后成熟期会提早。

2. 果实的生长过程

果实生长是通过果实细胞的分裂与增大而进行的，果实生长的初期以伸长生长（即纵向生长）为主，后期以横向生长为主。

果实的生长同样表现为慢快慢的 S 形曲线生长过程。有些树木的果实呈双 S 形生长过程（即有两个速生期）。园林观果树木果实多样，有些奇特果实的生长规律有待更多的观察和研究。

3. 果实的着色

果实的着色是由于叶绿素的分解，果实细胞内原有的类胡萝卜素和黄酮等色素物质绝对量和相对量增加，使果实呈现出黄色、橙色，由叶中合成的色素原输送到果实，在适宜的光照、温度和充足氧气的共同作用下，经氧化酶的作用而产生青素苷，使果实呈现出红色、紫色等鲜艳色彩的过程。

4. 落果

从果实形成到果实成熟期间常常会出现落果现象，有些树木由于果实大、果柄短，而结果量多，果实之间相互挤压，夏、秋季节的暴风雨等外力作用常会引起机械性落果。而由于非机械和外力所造成的落花落果现象统称为生理落果。生理落果机制比较复杂，诸如因授粉、受精不完全而引起的落果；因土壤水分过多造成树木根系缺氧，水分供应不足引起果柄形成离层，以及土壤缺锌也易引起生理性落果；或者由于营养不足造成的落果。

三、园林树木生长发育的整体性

树木的一部分器官对另一部分器官生长或发育的调节效果称为相关性。相关性的出现主要是由于树体内营养物质的供求关系和激素等调节物质的作用。相关性一般表现在相互抑制或相互促进两个方面，这种相互依赖又相互制约的表现也是树木有机体整体性的表现。最普遍的相关性现象，包括地上部分与地下部分、营养生长与生殖生长、各器官间的相关性等。

（一）地上部分与地下部分的相关

在树木各器官的相互关系中，根系与地上部各器官的相关关系最为明显。因为根系生命活动所需要的养分和某些特殊物质主要是由叶片光合作用生产的，这些物质沿着枝干供应给根系；同时，地上部分生长所需要的水分和矿质元素是由地下根系吸收，沿着木质部导管或管胞供应的。当然根系也具有代谢性能，能合成 20 多种氨基酸、三磷酸腺苷、磷脂、核苷酸、蛋白质、细胞分裂素等重要物质。这些物质可以参与蛋白质的合成和其他代谢，对生长开花极为重要。因为树体经常进行着这种上下运输的生理活动，所以它们之间每时每刻都在互相影响着，在正常生长过程中保持着一定的动态平衡关系。在移植树木时伤根很多，破坏了地上与地下的动态平衡。为保证成活，对树冠进行修剪，以求在较低水平上保持平衡。在对树木进行修剪时，也常常应用地上部分与地下部分的相关性，地上部分或地下部分任何一方过多地受损，都会削弱另一方，从而影响整体。由此可见，树木地上部分和地下部分是一个整体，它们之间存在着密切的关系，在生长量上保持一定的比例，称为冠根比或枝根比（*T/R*）。

树木的冠根比（*T/R*）随树种或品种、土壤条件及其他栽培措施而异，特别是土壤的质地与通气性对树木的冠根比有明显的影响。一般树木的冠根比（干重）多为（3～4）：1。冠根比还随树龄而变化，通常从幼年起随树龄的增长冠根比有所增加，至成年期后保持相对稳定状态。

地上部主干上的大骨干枝与地下部大骨干根有局部的对应关系。主干矮的树，这种对应关系更明显，即在树冠同一方，如果地上部枝叶多，则相对应的根也多。这是因为同一方向根系与枝叶间的营养交换有对应关系。

根系与枝条和果实生长都需要养分，相互之间存在着供应关系上的矛盾，但树体通过生长高峰错开，自动调节养分供应的矛盾。根系常在较低温度下比枝叶先行生长。当新梢旺盛生长时，根系生长缓慢；当新梢渐趋停长时，根的生长则逐渐达高峰；当果实生长加快时，根系生长又变缓慢；秋后秋梢停止生长和果实成熟后，根生长又常出现一个小的生长高峰。

(二)营养生长与生殖生长的相关

营养生长与生殖生长的相关主要表现在枝叶生长、果实发育和花芽分化与产量之间的相关。这是因为树木的营养器官和生殖器官虽然在生理功能上有区别，但它们形成时都需要大量的光合产物。生殖器官所需要的营养物质是营养器官供应的，所以生殖器官的正常生长发育是与营养器官的正常生长发育密切相关的。生殖器官的正常生长发育表现在花芽分化的数量和质量以及花、果的数量和质量上；而营养器官的正常生长发育表现在树体的增长状况，如树木的增高、干径的加粗、新梢的生长量以及枝叶的增加等。根据观察证明，在一定限度内，树体的增长与产量是呈正相关的。

因此，良好的营养生长是生殖器官正常发育的基础。树木营养器官的发达是开花结实丰盛、稳定的前提，但营养器官的扩大，本身也要消耗大量养分，因此常出现两类器官竞争养分的矛盾。

枝条生长过弱、过旺或停止生长晚，均会造成营养积累不足，运往生殖器官的养分少，致使果实发育不良，或造成落花落果，或影响花芽分化。一切不良的气候、土壤条件和不当的栽培措施，如干旱或长期阴雨，光照不足，施肥、灌水不当(过多、过少或时间不适宜)，修剪不合理等，都会使营养生长不良，进而影响生殖器官的生长发育。反之，开花结实过量，消耗营养过多，也会削弱营养器官的生长，使树体衰弱，影响花芽分化，形成开花结果的“大小年”现象。所以在修剪中，常在肥水管理的基础上对花芽和叶芽的去留有适当的比例，以调节养分需求矛盾。

(三)各器官间的相关

1. 根端与侧根

根的顶端生长对侧根的形成有抑制作用。切断主根先端，有利于侧根的发生和生长，切断侧生根，可多发侧生的须根。对实生苗进行多次移植，其目的就是增加须根量，有利于栽植成活。对成年树，深翻改土，切断一些具有一定粗度的根(因树而异)有利于促发吸收根，增强树势，更新复壮。

2. 顶芽与侧芽

幼年树和青年树的顶芽通常生长较旺，侧芽相对较弱，表现出明显的顶端优势。剪除顶芽，促使侧芽萌发。修剪时常用短截削弱顶端优势，以促发分枝。

3. 枝量与叶面积

在相同树种和相同砧木上，某一品种的节间长度是相对稳定的，所以就单枝来说，枝条越长，叶片着生的数量越多；从总体上看，枝量越大，相应的叶面积就越大。

4. 果实与叶面积

许多实验表明，增加叶果比可增加单果重量，但并非直线相关，而是有一定比例；否则，果数减少，单果增大一定程度，总量却会减少。树种不同，气候、土壤条件的差异，也应有相应的叶果比。

5. 枝条生长与花芽分化

二者之间存在着密切的关系。随着枝条的生长，叶片增加，叶面积加大，为花芽分化提供了制造营养物质的基础，因而有利于花芽分化。但枝条生长过旺或停止生长过晚，由于消耗营养物质过多，又会抑制花芽分化。

一般情况是水平枝的营养生长量比直立枝的营养生长量小，而且能产生较多的花芽。但葡萄和杏树例外。节数多少只能说明产生花芽的部位多少，而花芽分化的能力和质量，仍然决定于树体的营养水平和激素的平衡。

任务 2.2　调查园林树木的生命周期

任务分析

每个园林树种都有其特有的生命周期，不同的年龄阶段体现的树体特性有一定的差别，其栽培养护特点也有所不同。

任务实施

【材料用具】

照相机、围尺、卡尺、记录表、记录夹、记录笔、标签等。

【实施过程】

1. 选定调查目标

选择周边园林中具有幼年期、青年期、壮年期和衰老期的某一乔木树种。

2. 形态特征调查

调查该树种不同生命周期的形态特征。

3. 形态特征对比分析(表 2-2-1)

表 2-2-1 园林树种生命周期调查表

树木类型	胸径/cm	冠幅/cm	树高/cm	一年生枝数/个	一年生枝长度/cm	花（果）枝率/%	枯死枝率/%
幼年期							
青年期							
壮年期							
衰老期							

【注意事项】

选择有代表性的不同年龄时期的同一树种的植株，调查部位一致。

理论认知

园林树木繁殖成活后经过营养生长、开花结果、衰老更新，直至生命结束的全过程叫作树木的生命周期。在园林树木个体发育的生命周期中，不同时期（生长期、花期、果期等）其形态特征与生理特征变化明显。对外界环境和栽培管理都有一定要求，因此从园林树木栽培养护的实际需要出发，将实生树和营养繁殖树整个生命周期划分为不同的年龄时期。

一、实生树的生命周期

1. 种子期（胚胎期）

种子期指树木卵细胞受精形成合子，进一步发育形成种子，种子经过休眠（生理休眠、短期休眠）至萌发前的这一过程。胚胎期的长短因植物而异，有些植物种子成熟后，只要有适宜的条件就发芽，有些植物的种子成熟后，给予适宜的条件不能立即发芽，而必须经过一段时间的休眠后才能发芽。

2. 幼年期

从种子萌发时起，到具有开花潜能（具有形成花芽的生理条件，但不一定就开花）之前的一段时期，叫作幼年阶段。幼年期是植物地上、地下部分进行旺盛的离心生长时期。植株在高度、冠幅、根系长度、根幅等方面生长很快，体内逐渐积累起大量的营养物质，为营养生长转向生殖生长做好了形态上和内部物质上的准备。该期长短因植物种类而异。如紫薇、月季一年，但多数园林树木都要经过一定期限的幼年阶段才能开花，如梅花需要 4～5 年、银杏 15～20 年、松 5～10 年等。这一时期的栽培措施是加强土壤管理，充分供应水肥，促进营养器官健康而均衡地生长，轻修剪多留枝，使其根深叶茂，形成良好的树体结构，制造和积累大量的营养物质，为早见成效打下良好的基础。目前园林绿化中，常用多年生的大规格苗木，所以幼年期多在园林苗圃中度过，要注意应根据不同的园林绿化目的培养树形。

3. 青年期

从植株第一次开花时始到大量开花时止。此期植株尚未充分表现出该种或品种的标准性状。树冠和根系加速扩大，是离心生长最快的时期，能达到或接近最大营养面积。植株能年年开花结实，数量很少。树木以营养生长为主，逐步转入与生殖生长相平衡的过渡期。这一时期的栽培措施：应给予良好的环境条件，加强肥水管理。对于以看花、观果为目的的树木，轻剪和重肥是主要措施，目标是使树冠尽快达到预定的最大营养面积；同时，要缓和树势，促进树体生长和花芽形成，如生长过旺，可少施氮肥，多施磷肥和钾肥，必要时可使用适量的化学抑制剂。

4. 壮年期

从树木开始大量开花结实时始到结实开始衰退为止。其特点是花芽发育完全，开花结果部位扩大，数量增多，是采种最佳时期。这时结果枝生长和根系生长都达到高峰，树冠扩大，树木对不良环境的抗性增强，这一时期应加强水、肥的管理，分期追肥，要细致地进行更新修剪，使其继续旺盛生长，避免早衰。同时切断部分骨干根，促进根系更新。

5. 衰老期（老年期）

实生树经多年开花结实后，逐渐出现衰老和死亡的现象，这一衰老过程称为老化过程或衰老过程。其特点是骨干枝、骨干根大量死亡，营养枝和结果母枝越来越少，枝条纤细且生长量很小，树体平衡遭到严重破坏，树冠更新复壮能力很弱，抗逆性显著降低，木质腐朽，树皮剥落，对外界不良环境抵抗力差，易生病虫害，最后死亡。 这一时期的栽培技术措施应视目的的不同而不同。对于一般花灌木来说，可以萌芽更新，或砍伐重新栽植；而对于古树名木来说则应采取各种复壮措施。

二、营养繁殖树的生命周期

营养繁殖的树木，其繁殖体已渡过了幼年阶段，因此没有性成熟过程，如有成花诱导条件（环剥、施肥、修剪），随时就可成花，经过多年的开花结果，也要进入衰老阶段，直至死亡。所以营养繁殖树与实生树相比，寿命较短，生命力较实生苗弱，其生命周期中除没有种子期外，也可能没有幼年期或幼年阶段相对较短。因此，无性繁殖树木生命周期中的年龄时期，可以划分为幼年期、青年期、壮年期和衰老期 4 个时期。各个年龄时期的特点及其管理措施与实生树相应的时期基本相同。

项目测评

为实现本项目目标，要求学生完成表中作业，并为老师提供充分的评价证据。

<table>
<tr><th colspan="4">测评标准</th><th>测评内容</th><th>测评形式</th><th>思政元素</th></tr>
<tr><td rowspan="5">优秀标准</td><td rowspan="4">良好标准</td><td rowspan="2">合格标准</td><td>P_1</td><td>观察并记录 3～5 种园林观花树木萌芽开花物候期。</td><td>以照片和原始记录数据为主要考察依据，提交 Word 或 PPT 文件。</td><td>细心执着、科学奉献、亲近自然。</td></tr>
<tr><td>P_2</td><td>观察园林树木不同年龄时期的形态特征。</td><td>图片进行标注并说明。</td><td>与树木文化结合的人文情怀、新陈代谢的自然规律。</td></tr>
<tr><td colspan="2">M_1</td><td>调查树种新梢生长物候期并绘制随时间变化的生长曲线图。</td><td>用 Excel 做表进行提交。</td><td>生物形态与环境的关系、科学调查研究。</td></tr>
<tr><td colspan="2">M_2</td><td>讨论不同年龄时期树种栽培养护特点。</td><td>实地调查结合查阅资料进行归纳总结。</td><td>热爱自然、保护环境、自爱自律。</td></tr>
<tr><td colspan="3">D_1</td><td>整理数据，按照毕业论文格式完成园林树木物候期调查报告。</td><td>以论文形式提交，并提供参考文献。</td><td>统计分析、创新研究、成就自我。</td></tr>
</table>

课件资源

动画 园林树木的生命周期

动画 枝条生长

动画 花芽分化

动画 果实生长发育

项目 3　园林树木分类

【技能目标】能够利用植物检索表鉴定树木和编制植物检索表；能够进行园林树木的实用分类。

【知识目标】了解植物的命名方法及植物的主要分类系统，掌握各科的形态特征及植物检索表的编制；掌握园林树木实用分类方法。

【素质目标】深入了解植物分类系统发展历史，感受植物世界的丰富和神秘，培养系统学习和知识升华能力；学习达尔文、林奈等科学家对大自然的科研和探索精神。

任务 3.1　编制检索表

任务分析

查阅检索表，并结合当地常见树种进行编制检索表。植物分类检索表是鉴定植物种类的重要工具资料之一，通过查阅并制定检索表来帮助学生初步确定某一树种的科、属、种名，并能掌握树种的主要识别特征。

任务实施

【材料用具】

放大镜、镊子、解剖针、刀片、尺子和参考书。

【实施过程】

（1）实地观察 5～10 个树种的形态特征。

（2）在当地植物检索表中查找，并确定各树种的名称。

（3）总结所观察树木的不同特征和相同特征。

（4）编制定距和平行检索表。

【注意事项】

（1）区分定距检索表和平行检索表的制定格式。

（2）恰当把握树种主要的相同特征和不同特征。

理论认知

自然界的植物约有 50 万种。它们种类繁多，形态、结构、生态习性等方面各异。我们要认识、利用和改造它们，就必须对它们进行分类，并建立相应的分类系统。

一、植物的分类系统

植物自然分类系统是客观地反映出植物界的亲缘关系和由低级到高级的系统演化关系。自达尔文（1809—1882）于 1859 年发表了《物种起源》以后，各国的植物分类学家均致力于探索自然分类系统。目前我国园林树木分类系统在裸子植物这部分多根据 1978 年郑万钧编著的裸子植物分类系统（中国植物志第 7 卷）排列；被子植物多采用恩格勒（A. Engler）系统（1897）和哈钦松（J. Hutchinson）系统（1959）进行分类。

（一）恩格勒系统

这一系统是德国植物学家恩格勒（Engler）和柏兰特（Prantl）在 1892 年公布的。是植物分类学中比较完整的第一个自然分类系统。

本系统的特点如下：

（1）认为单子叶植物较双子叶植物为原始。

（2）双子叶植物纲分离瓣花和合瓣花两个亚纲，离瓣花亚纲在前。

（3）离瓣花亚纲中，按无被花、单被花、异被花的次序排序，因此柔荑花序列（无被花和单被花类）作为最原始的双子叶植物处理，放在最前面。

（4）在各类植物中又大致按子房上位→子房半下位→子房下位的次序排列。

世界上除英、法以外，大部分国家采用本系统。北京植物研究所的标本室、《中国植物志》等采用该系统。

（二）哈钦松系统

这是英国植物学家哈钦松（J. Hutchinson）于 1926 年和 1934 年在其《有花植物科志》I、II 中所建立的系统。以真花说为理论依据，认为：

（1）两性花比单性花原始；花各部分分离、多数的比连合、定数的为原始；花各部螺旋状排列的，比轮状排列的为原始等。

（2）单被花和无被花是次生的，来源于双被花类；柔荑花序类群较进化，起源于金缕梅目。

（3）被子植物是单元起源的，双子叶植物以木兰目和毛茛目为起点，从木兰目演化出一支木本植物，从毛茛目演出一支草本植物，认为这两支是平行发展的。

（4）单叶和互生是原始性状，复叶和对生为进化性状。

哈钦松系统分科比较小，较易运用和掌握，被子植物在最后修正的系统里有 411 科。目前在我国，建立较晚的标本室，如中科院昆明植物所、华南植物所、广西植物所、福建、贵州的经济植物标本室，多用哈钦松系统。南方的高等院校植物标本室也多采用哈钦松系统排列标本。

（三）郑万钧系统

郑万钧系统是我国著名植物学家郑万钧教授于 1978 年发表的裸子植物分类系统。该系统为我国学者所广泛采用，在国际上也有较大影响。

二、植物分类单位和植物命名法

（一）植物分类单位

依范围大小和等级高低，植物分类的各级单位依次是界、门、纲、目、科、属、种。按上述的等级次序，以“种”为分类的基本单位和起点，然后集合相近的种为属，集合类似的属为科，依此类推，就形成一个完整的自然分类系统，形似金字塔。每个等级内如果种繁多还可细分一个或二个次等级，如亚门、亚纲、亚目、亚科等。

现在以月季为例说明它在分类上所属的各级单位。

界：植物界

门：被子植物门

纲：双子叶植物纲

目：蔷薇目

科：蔷薇科

属：蔷薇属

种：月季

（二）植物命名法

1. 种（species）

种是物种的简称，是分类的基本单位。同种植物的个体起源于共同的祖先，具有相似的形态特征，能自然交配产生遗传性相似的后代，所有个体都有着极其近似的形态特征和生理、生态特性，在自然界又占有一定的分布区域。

为了便于不同国籍、不同语言、不同地区之间的准确交流，国际上规定以双名法（binomial nomenclature）作为植物学名的命名法。此体系是由林奈（Carl von Linne，通常用其笔名 Linnaeus）250 年前提出来的。他的《植物种志》（Species Plantarum）1735 年出版。后来植物命名的方法得到不断补充和完善，制定了很多的规则，于 1867 年正式形成了《国际植物命名法规》。以后由国际植物学会的“植物命名委员会”每 5 年修订一次，并向全世界发布。

这个体系称作林奈双名命名体系（linnaean binomial system of nomenclature），采用两个拉丁化的字（拉丁双名）来命名。第一个字代表“属”名，第一个字母应大写，多为名词；第二个字代表“种加”词，多为形容词，要小写。如银白杨的种名 *Populus alba* 是由 *Populus*（杨属）+*alba*（白色的）两个字组成。由属名和种加词组合起来构成的物种名，用斜体书写；后面附上命名人的姓氏缩写，用正体书写，其中字母 L. 通常用来指命名者是林奈（Linnaeus）。

2. 亚种（subspecies）

亚种是种内的变异类型，在形态构造上有显著的变化，在地理分布上也有一定较大范围的地带性分布区域，在种加词后加 ssp. 或 subsp.，加亚种加词和定名人。如凹叶厚朴 *Magnolia officinnalis* Rehd. et Wils. ssp. *biloba* Law（厚朴亚种）。

3. 变种（varietas）

变种也是种内的变异类型，在形态构造上有显著的变化，但没有明显的地带性分布区域，在种名后加 var. 后，再写上拉丁变种名并附命名人姓氏。如山里红 *Crataegus pinnatifida* Bge. var. *major* N. E. Br.（山楂大果变种）。

4. 变型（forma）

变型是指在形态特征上变异比较小的类型，如花色不同，毛的有无等，在种名后加 f. 后，再写上拉丁变型名并附命名人姓氏。如无刺刺槐 *Robinia pseudoacacia* L. f. *inermis* Rehd.（刺槐变型）。

5. 品种（cultivar）

“品种”不是分类单位，这类植物原来不存在于野生植物中，纯属人为创造出来的。当人工培育的植物达到一定数量成为生产资料时即被称为“品种”，在种名后加写 cv.，然后将品种名用正体字写出，或不加 cv.，而加单引号表示。如龙柏 *Sabina chinensis* cv. Kaizuca 或 *Sabina chinensis*‘Kaizuca’（圆柏品种）。

三、分类检索表

植物检索表是鉴定植物的工具，其作用是帮助识别、鉴定植物。其性质犹如查寻汉字时使用的字典。

检索表编制方法常用植物形态比较方法，按照划分科、属、种（在园艺分类上还有品种）的标准和特征，选用一对明显不同的特征，将植物分为两类，如乔木和灌木类，又从每类中再找相对的特征再区分为两类，仿此下去，最后分出科、属、种或品种，常见的植物分类检索表有定距式（级次式）和平行式两种。好的检索表在选择特征上应明显，应用起来才能方便。

1. 定距式（级次式）检索表

这是最常用的一种，每对特征写在左边一定的距离处，前有号码为1，2，3……如此继续逐项列出，逐级向右错开一字格，描写行越来越短，直到科、属或种名出现为止。使用上较为方便，每组对应性状一目了然，便于查找核对。但如编排的种类很多，势必造成偏斜而浪费篇幅。如：

1. 叶单生，螺旋状排列
  2. 球果直立，种鳞脱落，不具叶座……冷杉属
  2. 球果下垂，种鳞宿存，具突出叶座……云杉属
1. 叶2至多枚簇生在短枝上
  3. 叶2～5针一束，种鳞端加厚……松属
  3. 叶多枚簇生在短枝上，种鳞端扁平
    4. 叶冬季脱落……落叶松属
    4. 叶常绿……雪松属

2. 平行式检索表

把每一对相对特征的描写，并列在相邻两行里，每一项后面注明往下查的号码或植物名称。此数字重新列于较低的一行之首，与另一组相对性状平行排列；如此继续下去直至查出所需名称为止。本类检索表排列整齐而美观。但不及等距检索表那么一目了然。

1. 叶单生，螺旋状排列……2
1. 叶2至多枚簇生在短枝上……3
2. 球果直立，种鳞脱落，不具叶座……冷杉属
2. 球果下垂，种鳞宿存，具突出叶座……云杉属
3. 叶2～5针一束，种鳞端加厚……松属
3. 叶多枚簇生在短枝上，种鳞端扁平……4
4. 叶冬季脱落……落叶松属
4. 叶常绿……雪松属

任务 3.2　园林树木实用分类

任务分析

对校园或所在城市园林树木进行实用分类，可以按照树种的性状、观赏特性及园林应用等方面进行分类实践。

任务实施

【材料用具】

具有30～50种常见园林树木的校园、公园或小区，记录夹、记录纸、记录笔。

【实施过程】

（1）调查园林树木的生长类型并归类。

（2）调查园林树木的观赏部位并归类。

（3）调查园林树木的园林应用并归类。

【注意事项】

选择具有代表性的植株。

理论认知

一、按照园林树种的生长类型分类

（1）按园林树木的生长特性　可大致分为乔木类、灌木类和藤木类。具体见项目一的理论认知。

（2）依据树木的生长速度　可分为速生树、中速树、慢生树等。

（3）依据树木的生长习性　可分为常绿乔木、落叶乔木。

（4）依据叶片类型　可分为针叶树、阔叶树。

二、按照园林树种的观赏部位分类

按园林树木的主要观赏特性，可大致分为以下几类。

（1）赏树形类　指树冠在形状和姿态上有较高观赏价值的树木。如雪松、龙爪槐、榕树、垂柳等。

（2）赏叶类　指树木的叶色、叶形具有较高观赏价值的树木。如银杏、鹅掌楸、鸡爪槭、黄栌、红叶李、八角金盘、紫叶碧桃、紫叶小檗等。

（3）赏花类　指在花色、花形、花香等方面具有较高观赏价值的树木。如碧桃、牡丹、白玉兰、梅花、桂花、丁香等。

（4）赏果类　指在果形、果色、果个等方面具有较高观赏价值，且挂果时间长的树木。如南天竹、山楂、金银木、石榴、柿子等。

（5）赏枝干类　指枝干具有独特风姿、或奇特色彩、或具奇异附属物的树木。如白皮松、悬铃木、红瑞木、迎春等。

（6）赏根类　指根奇特裸露，具有较高观赏价值的树木。如桑科榕属植物的气生根，落羽杉、池杉等树种的屈膝根等。

三、按照园林树种的园林应用分类

按园林树木在园林绿化中的主要用途，可大致分为以下几类。

（1）独赏树类　又称孤植树类，主要表现树木的个体美，通常作为庭院和园林局部的中心景物，赏其树形或姿态，也有赏其花、果、叶色等。如银杏、雪松、榕树等。

（2）庭荫树类　栽种在庭院或公园以取其绿荫为主要目的的树种。早期多在庭院中孤植或对植，以遮蔽烈日，创造舒适、凉爽的环境。后发展到栽植于园林绿地以及风景名胜区。如梧桐、白蜡等。

（3）行道树类　是种植在道路两旁给车辆和行人遮阴并构成街景的树种。必须具有抗逆性强、耐修剪、主干直、分枝点高等特点。如悬铃木、国槐等。

（4）花灌木类　是指花、叶、果、枝或全株可供观赏的灌木。具有美化和改善环境的作用，是构成园景的主要素材，在园林植物配植中占有重要地位。如碧桃、月季、木槿等。

（5）植篱及绿雕塑类　植篱又称绿篱，在园林中主要起分隔空间、范围，衬托景物，屏障视线的作用。按材料可分为花篱、果篱、彩叶篱、刺篱等。按高度又可分为高篱 2 m 左右，如侧柏；中篱 1 m 左右，如木槿；矮篱小于 0.5 m，如黄杨。绿篱植物在园林绿化中应用广泛，所用植物品种较多。如大叶黄杨、侧柏等。

绿雕塑类又称造形类，是经人工整形、修剪，可形成各种物像的一类树木。如紫薇、枸骨等。

（6）垂直绿化类　垂直绿化是利用攀缘或悬垂植物装饰建筑物墙面、栏杆、棚架、杆柱及陡直的山坡等立体空间的一种绿化形式。垂直绿化植物主要是一些藤本植物或攀缘灌木，也可以是一些垂吊植物。如五叶地锦、金银花等。

（7）防护林类　能从空气中吸收有毒气体、阻滞尘埃、削弱噪声、防风固沙，保持水土的一类树木。如柽柳、沙枣等。

（8）木本地被类　是指用于覆盖裸露地面进行绿化的低矮、匍匐的灌木或藤木。如平枝栒子、常春藤等。

（9）室内绿化装饰类（包括木本切花类）　主要指那些耐阴性强、观赏价值高，常盆栽放于室内观赏的树木，如朱蕉、苏铁等。木本切花类主要用于室内装饰，故也归于此类，如蜡梅、银芽柳等。

四、按照园林树种对环境因子的适应能力分类

（1）依据气温因子分类　主要是依据树木最适应的气温带分类，分为热带树种、亚热带树种、温带树种及寒带树种等。在进行树木引种时，分清树种属于哪些类型是非常重要的，如不能把凤凰木、木棉等热带、亚热带树种引到温带的华北地区栽培。当然，每种树木对温度的适应能力是不一样

的，有的适应能力很强，这类植物称为广温植物，如银杏、爬山虎等，有的则对温度较敏感，适应能力弱，称为狭温植物。

在生产实践中，各地还依据树木的耐寒性分为耐寒树种、半耐寒树种、不耐寒树种等，不同地域的划分标准是不一样的。

（2）依据水分因子分类　树木对水分的要求是不一样的，据此可分为湿生、中生和旱生树种。①湿生树种，这类树种根系不发达，有些种类树干基部膨大，长出呼吸根、膝状根、支柱根等，如池杉、水松、桤木、垂柳等；②旱生树种，为了适应干旱与长期缺乏水分，植物常具发达的根系，植物表层具发达角质层、栓皮、茸毛或肉茎等，如马尾松、侧柏、木麻黄，沙漠植物极为耐旱；③中生树种，介于两者之间的大多数树种。不同树种对水分条件的适应能力不一样，有的适应幅度较大，有的则较小，如池杉也较耐旱。

（3）依据光照因子分类　可分为阳性树种（喜光树种）、阴性树种（耐阴树种）、中性树种。阳性树种如杨属、泡桐属、落叶松属、马尾松、黑松等，阴性树种如红豆杉属、八角属、桃叶珊瑚、冬青、杜鹃、六月雪等。

（4）依据空气因子分类　可分成多类。抗风树种：如海岸松、黑松、木麻黄等。抗污染类树种：如抗二氧化硫树种有银杏、白皮松、圆柏、垂柳、旱柳等；抗氟化物树种有白皮松、云杉、侧柏、圆柏、朴树、悬铃木等；还有抗氯化物、抗氢化物树种等。防尘类树种：一般叶面粗糙、多毛，分泌油脂，总叶面积大，如松属植物、构树、柳杉等。卫生保健类树种：能分泌杀菌素，净化空气，有一些分泌物对人体具保健作用，如松柏类常分泌芳香物质，还有樟树、厚皮香、臭椿等。

（5）依据土壤因子分类　依据对土壤酸碱度的适应，可分成喜酸性土树种，如杜鹃、山茶科的许多植物；耐碱性土树种，如柽柳、红树、椰子、梭梭等。依据对土壤肥力的适应力可划分出瘠土树种，如马尾松、油杉、刺槐、相思等，很多种类具根瘤与菌根。还有水土保持类树种，常根系发达，耐旱瘠，固土力强，如刺槐、紫穗槐、沙棘等。

五、依树木的主要经济用途分类

园林中有一类树木除观赏、防护等功能外，还具有经济价值，依据其主要经济用途可分为果树类、淀粉类、油料类、菜用类、药用类、香料类、纤维类、饲料类、薪炭材类、树胶类、蜜源类等。

项目测评

为实现本项目目标，要求学生完成表中作业，并为老师提供充分的评价证据。

测评标准			测评内容		测评形式	思政元素
优秀标准	良好标准	合格标准	P_1	了解植物分类系统及植物学家。	问答。	研学探索、尊重自然科学发展规律。
优秀标准	良好标准	合格标准	P_2	查阅园林树木检索表，平行检索表与定距检索表互转。	归类表格。	精进学习、尊重科学
优秀标准	良好标准	合格标准	P_3	调查园林树木的生长类型及观赏部位。调查园林树木的园林用途。	归类表格。	园林美学、园林鉴赏
优秀标准	良好标准		M_1	编制小型园林树木检索表。	查阅记录、作业。	目标管理、积极进取。
优秀标准	良好标准		M_2	总结环境因子对园林树木的影响。	作业。	园林生态与人文关系
优秀标准			D_1	熟练运用树木检索表进行校园树种鉴别。	作业。	知行合一、成就感

课件资源

动画　植物命名法

下篇　园林树木识别与应用

项目 4　园林乔木识别与应用

【技能目标】能识别北方常见园林乔木树种；能掌握各乔木树种园林应用特点并能合理配植。

【知识目标】掌握北方常见园林乔木树种的形态特征、分布习性与应用。

【素质目标】通过理实一体化沉浸式教学过程，培养学生深度观察、独立分析、解决问题的能力；通过小组项目式教学活动，培养学生团队合作与互助分享精神；通过树种生物学特性和文化寓意的学习，感受不同树种给人的精神力量。

任务 4.1　常绿乔木的识别与应用

任务分析

四季跟踪调查园林常绿乔木树种的形态特征和季相变化。通过四季跟踪识别与调查，全面掌握园林常绿乔木的形态特征。

任务实施

【材料用具】

周边各种园林常绿乔木树种。植物检索表、卷尺、游标卡尺、放大镜、解剖针、镊子、标本夹、记录本、记录笔、相机等。

【实施过程】

（1）形态观察　认真观察园林常绿乔木的树形、枝、叶、芽、花、果实等及冬季树体特征。

（2）记录　将所观察到的园林常绿乔木树种的识别要点进行详细记录，初步确定树木的种类。

（3）利用检索表等资料确认树种。

（4）教师鉴定并讲解树种的主要识别要点。

（5）总结各常绿乔木树种的观赏特点及在园林中的用途。

（6）考核评价学习效果。

【注意事项】

（1）注意观察并对比近缘种或外形相似树种的形态区别。

（2）注意了解常绿乔木树种的观赏特点及其在园林中的最佳应用。

理论认知

4.1.1　油松

【别名】短叶松、短叶马尾松、东北黑松。

【拉丁学名】*Pinus tabuliformis* Carr.

【科属】松科松属。

【形态特征】常绿乔木。树冠幼年塔形或圆锥形，中年树卵形，孤立老年树的树冠平顶，呈扁圆形或伞形等。干粗壮直立，有时也能长成弯曲多姿的树干，显得苍劲挺拔。树皮灰棕色，鳞片状开裂，裂缝红褐色。冬芽红褐色。叶 2 针一束，粗硬，长 10～15 cm，树脂道边生。球果卵形，长 4～9 cm，熟时淡黄或淡黄褐色，宿存多年；种鳞的鳞盾肥厚，横脊显著，鳞脐有刺。

【分布与习性】主产于东北、华北、西北等地。强阳性树，幼苗能在林下生长，性强健而耐寒，对土壤要求不严，不耐盐碱，为深根性树种，寿命长。油松的吸收根上有共生的菌根，因此在栽培条件上有一定的要求。

【园林应用】树干苍劲挺拔，四季常青，树冠开展，老枝斜生，枝叶婆娑，苍翠欲滴，有庄严肃静、雄伟宏博的气势，象征坚贞不屈、不畏强暴的气质。适于作丛植、纯植、群植，树形好的可作孤植。

4.1.2　樟子松

【别名】海拉尔松、蒙古赤松、西伯利亚松、黑河赤松。

【拉丁学名】*Pinus sylvestnis* var. *mongolica* Litv.

【科属】松科松属。

【形态特征】常绿乔木，树冠幼时尖塔形，老时圆或平顶。老树皮较厚有纵裂，黑褐色，常鳞片状开裂。树干上部树皮很薄，褐黄色或淡黄色，薄皮脱落。轮枝明显，一年生枝条淡黄色，大枝基部与树干上部的皮色相同。芽圆柱状椭圆形或长圆卵状不等，尖端钝或尖，黄褐色或棕黄色，表面有树脂。叶2针1束，稀有3针，刚硬扭曲，树脂道7～11条。冬季叶变为黄绿色，花期5月中旬至6月中旬；一年生小球果下垂，绿色，第三年春球果开裂，鳞脐小，疣状凸起，有短刺，易脱落，每鳞片上生2枚种子，种翅为种子的3～5倍长，种子大小不等。

【分布与习性】樟子松主要分布在中国的大兴安岭北部、海拉尔和内蒙古等地。此外河北、陕西、内蒙古、新疆等地引种栽培。耐寒性强，能忍受 −50～−40 ℃低温，极喜光，适应严寒干旱的气候，为我国松属中最耐寒的树种。

【园林应用】适于作丛植、纯植、群植。

4.1.3 黑松

【别名】白芽松。

【拉丁学名】*Pinus thunbergii* Parlatore

【科属】松科松属。

【形态特征】常绿乔木，树冠幼时呈狭圆锥形，老时呈扁平的伞状。树皮灰黑色。冬芽银白色。叶2针1束，刚强而粗，长6～12 cm，叶肉中有3个树脂管，树脂道中生。叶鞘由20多个鳞片形成。花单生，雌花生于新芽的顶端，呈紫色，雄花生于新芽的基部，呈黄色，球果卵形，长4～6 cm，鳞背稍厚，横脊显著，鳞脐微凹，有短刺，种子有薄翅。花期4月，球果至翌年秋天成熟。

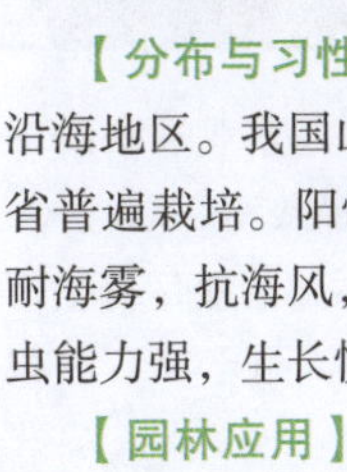

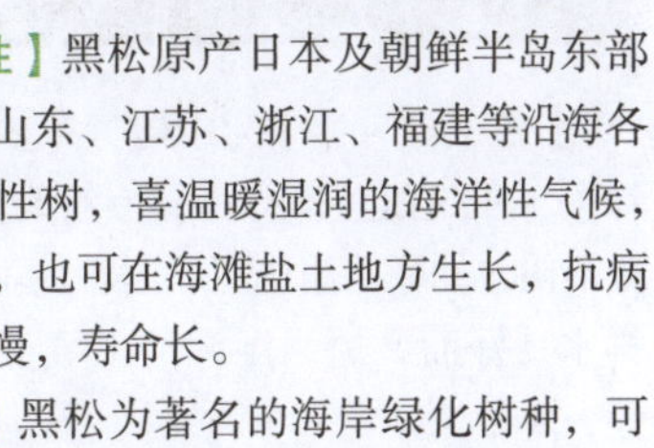

【分布与习性】黑松原产日本及朝鲜半岛东部沿海地区。我国山东、江苏、浙江、福建等沿海各省普遍栽培。阳性树，喜温暖湿润的海洋性气候，耐海雾，抗海风，也可在海滩盐土地方生长，抗病虫能力强，生长慢，寿命长。

【园林应用】黑松为著名的海岸绿化树种，可用作海滨浴场附近的风景林，本树针叶浓绿，四季常青，冠形整齐，因此也可作行道树或庭荫树。

4.1.4 白皮松

【别名】白骨松、三针松、白果松、虎皮松、蟠龙松。

【拉丁学名】*Pinus bungeana* Zucc. ex Endl.

【科属】松科松属。

【形态特征】常绿乔木。高可达 30 m。树皮淡灰绿色或粉白色，不规则鳞片状脱落。一年生枝条灰绿色，无毛；冬芽红褐色，卵圆形，无树脂。针叶 3 针 1 束，粗硬，长 5～10 cm，叶背及腹面两侧均有气孔线，先端尖，边缘有细锯齿；横切面扇状三角形或宽纺锤形；叶鞘脱落。花期 4—5 月，雄球花卵圆形或椭圆形，长约 1 cm，多数聚生于新枝基部成穗状。球果通常单生，初直立，后下垂，成熟前淡绿色，熟时淡黄褐色，卵圆形或圆锥状卵圆形，长 5～7 cm，径 4～6 cm，有短梗或几无梗；鳞盾多为菱形，横脊显著，鳞脐背生，有三角状短尖刺。种子灰褐色，近倒卵圆形，长约 1 cm，径 5～6 mm，种翅短，赤褐色，有关节易脱落，长约 5 mm；球果翌年 10—11 月成熟。

【分布与习性】为中国特产，是东亚唯一的三针松，在陕西蓝田有片林，各地多栽培。阳性树，稍耐阴，幼树略耐半阴，耐寒性不如油松，喜生于排水良好而又适当湿润的土壤上，耐干旱。深根性，寿命长。

【园林应用】白皮松是我国的珍贵特产树种，树干皮呈斑驳状的乳白色，极为醒目，衬以青翠的树冠，可谓独具奇观。宜孤植，也宜团植成林，或列植成行，或对植堂前。

4.1.5 华山松

【别名】青松、五须松。

【拉丁学名】*Pinus armandii* Franch.

【科属】松科松属。

【形态特征】常绿乔木。树高达 35 m。树冠阔圆锥形，幼树树皮灰绿色，老树树皮呈方块状固着树上。小枝平滑无毛。叶 5 针 1 束，长 8～15 cm，柔软，边缘锯齿较红松细，树脂道多为 3，中生或背面 2 个边生，腹面 1 个中生，叶鞘早落。球果圆锥状长卵形，成熟时种鳞张开，种子无翅，脱落。

【分布与习性】生于海拔 1 000～3 000 m 处，我国南北地区均有分布。阳性树，喜光，幼苗稍耐阴，喜温和凉爽、湿润气候，耐寒力强，喜排水良好，不耐盐碱土。

【园林应用】华山松高大挺拔，针叶苍翠，冠形优美，生长迅速，是优良的庭园绿化树种，可用作园景树、庭荫树、行道树及林带树。

4.1.6 红松

【别名】海松、果松、红果松、朝鲜松。

【拉丁学名】*Pinus koraiensis* S. et zucc.

【科属】松科松属。

【形态特征】树皮灰褐色，不规则长方形裂片。小枝有毛。叶 5 针 1 束，粗、硬、直，深绿色，缘有细锯齿。长 6～12 m，树脂道 3 个，叶鞘早落。球果圆锥状长卵形，黄褐色，鳞背三角形，鳞脐顶生而反卷。种子大，无翅，球果成熟时种鳞不开张或略开张。品种：斑叶红松、温顿红松（灌木）、龙爪红松。花期 6 月，球果翌年 9—10 月成熟。

【分布与习性】产于东北地区，在长白山、完达山、小兴安岭极多。阳性树，较耐阴，要求温和凉爽的气候，在土壤 pH 5.5～6.5 生长好。耐寒性强，浅根性，生长速度中等偏慢。

【园林应用】树形雄伟高大，宜作北方森林风景区材料，或配植于庭园中用作庭荫树，行道树。

4.1.7 北美乔松

【别名】美国白松、美国五针松。

【拉丁学名】*Pinus strobus* Linn.

【科属】松科松属。

【形态特征】大乔木，高可达 30 m，冠宽 10 m，小树圆锥形，大树接近圆柱形，树皮暗灰褐色，块状裂片状脱落，轮生枝，枝干不下垂，稍向上扬状，枝干大多呈 45° 角，小枝绿褐色，初时有毛，后脱落。叶 5 针 1 束，蓝绿色，叶细而柔软，球果光滑，圆柱形，下垂。种子有长翅。花期 4—5 月，果实于翌年秋季成熟。

【分布与习性】原产于美国东部地区，我国各地引进栽培。喜阳光充足的环境，稍耐阴，耐寒性强，耐干旱能力较好，对土壤要求不严格。

【园林应用】可孤植、丛植、列植于路旁、草坪边缘等地。

4.1.8 日本五针松

【别名】五钗松、日本五须松、五针松。

【拉丁学名】*Pinus parviflora* Sieb. et Zucc.

【科属】松科松属。

【形态特征】常绿乔木，树冠圆锥形；幼树树皮淡灰色，平滑，大树树皮暗灰色，裂成鳞状块片脱落；枝平展，一年生枝幼嫩时绿色，后呈黄褐色，密生淡黄色柔毛；冬芽卵圆形，无树脂。针叶 5 针 1 束，微弯曲，长 3.5～5.5 cm，叶鞘早落。球果卵圆形或卵状椭圆形，几无梗，熟时种鳞张开，鳞盾淡褐色或暗灰褐色，近斜方形，先端圆，鳞脐凹下，种子有翅，为不规则倒卵圆形。

【分布与习性】我国南北各地引种栽培。阳性树，较耐阴，喜生于深厚、排水良好的土壤，生长速度缓慢，不耐移植。

【园林应用】树形美观，可做行道树，园景树。

4.1.9 雪松

【别名】喜马拉雅松。

【拉丁学名】*Cedrus deodara*（Roxb.）G. Don.

【科属】松科雪松属。

【形态特征】常绿乔木。塔形树冠。大枝平展，小枝常下垂。叶针状，灰绿色，幼时被白粉，在长枝上互生，在短枝上簇生。雌雄异株。球果椭圆状卵形，较大，次年成熟；种鳞木质，成熟时与种子同落。花期 10—11 月，果实成熟期翌年 10 月。

【分布与习性】原产于喜马拉雅山西部，长江流域各大城市多有栽培，最北至大连。阳性树，有一定的耐阴性，幼苗期耐阴力较强，喜温凉气候，有一定的耐寒力，喜土层深厚而排水良好的土壤，忌积水，畏烟。浅根性，抗风性弱，寿命长。不耐烟尘，对 HF、SO_2 反应极为敏感，可做大气检测树种。

【园林应用】雪松树体高大，树形优美，为世界著名观赏树，常作独赏树。

4.1.10 红皮云杉

【别名】虎尾松。

【拉丁学名】*Picea koraiensis* Nakai.

【科属】松科云杉属。

【形态特征】常绿乔木，树冠尖塔形或圆锥形。枝条轮生。小枝上有明显的叶枕。叶条形四棱，先端尖，生于叶枕上，多辐射伸展，上下两面中脉突起，横切面菱形，四面有气孔线。雌雄同株。球果

圆柱形，生于枝顶，下垂，当年成熟。

【分布与习性】分布于东北大、小兴安岭、张广岭、长白山、内蒙古等地区山地。耐寒，有一定的耐阴性，喜冷凉湿润气候，浅根性，要求排水良好，喜微酸性深厚土壤。

【园林应用】树冠尖塔形，苍翠壮丽，材质优良，生长较快，可用作行道树和风景林等。

4.1.11 青杄

【别名】杄松、细叶云杉。

【拉丁学名】*Picea wilsonii* Mast.

【科属】松科云杉属。

【形态特征】常绿乔木，高达 50 m，胸径 1.3 m；树冠圆锥形，一年生小枝淡黄绿、淡黄或淡黄灰色，无毛，罕疏生短毛；以后变为灰色、暗灰色。冬芽卵圆形，无树脂，芽鳞排列紧密，小枝基部宿存的芽鳞不反卷（与同属其他植物的重要区别）。叶较细，较短，长 0.8～1.3（1.8）cm，横断面菱形或扁菱形，各有气孔线 4～6 条。球果卵状圆柱形或圆柱状长卵形，成熟前绿色，熟时黄褐色或淡褐色，长 4～8 cm，径 2.5～4.0 cm。花期 4 月，球果 10 月成熟。

【分布与习性】我国特产树种。分布于内蒙古、河北、陕西、湖北、甘肃、东北、青海等地。性强健，适应力强，耐阴性强，耐寒，喜凉爽湿润气候，在 500～1 000 mm 降水量地区均可生长，喜排水良好，适当湿润之中性或微酸性土壤，但在微碱性土中亦可生长。在自然界中有纯林，亦常与白桦、白杄、红桦、臭冷杉、山杨等混生。

【园林应用】青杄树形整齐，枝叶细密，下部枝条不脱落，是优美的园林绿化树种。北京、太原、西安等地常用作行道树或片林栽培，有较高的观赏价值。

4.1.12 白杄

【别名】麦氏云杉、毛枝云杉。

【拉丁学名】*Picea meyeri* Rehd.et Wils.

【科属】松科云杉属。

【形态特征】乔木，高约 30 m，树冠狭圆锥形。树皮灰色，呈不规则薄鳞状剥落，大枝平展，一年生枝黄褐色。叶四棱状条形，横断面菱形，弯曲，呈粉状青绿色。

【分布与习性】我国华北地区应用多，各地引种栽培。耐寒，耐阴，喜空气湿润气候，喜生于中性及微酸性土壤。为浅根性树种。

【园林应用】同青杄。

4.1.13 鱼鳞云杉

【别名】鱼鳞松。

【拉丁学名】*Picea jezoensis* var. *microsperma* (Lindl.) Cheng et L.K.Fu

【科属】松科云杉属。

【形态特征】鱼鳞云杉树干高大，圆满通直，高达 40～50 m，大枝水平开展成圆锥形树冠，树皮暗褐色，老时呈灰褐色，鳞状剥裂。一年生枝褐色、淡黄褐色或淡褐色，无毛或疏生短毛，冬芽圆锥形。叶横断面扁平或扁三角形，仅背面有两条气孔带。球果呈圆柱形或长圆形，长 4～6 cm，果鳞卵状椭圆形或菱状椭圆形。种子卵形，黑色，翅椭圆形，果期 9—10 月。

【分布与习性】产于我国东北大、小兴安岭及松花江中下游林区；俄罗斯也有分布。耐阴，耐寒力强，不耐干旱、瘠薄、盐碱。喜生于土层深厚、湿润、肥沃、排水良好的微酸性棕色森林土壤上；浅根性，抗风力弱。播种、嫁接、扦插或压条法繁殖。

【园林应用】鱼鳞云杉树形优美，冠形美观，球花也很别致，宜栽作园林绿化树种，可丛植、片植观赏，同时其材质优良，是东北林区的重要用材树种。

4.1.14 青海云杉

【别名】泡松。

【拉丁学名】*Picea crassifolia* Kom.

【科属】松科云杉属。

【形态特征】青海云杉为常绿针叶乔木，高达 20 m，树冠塔形。一年生枝淡绿色，二年生枝呈淡粉红色或褐黄色，老枝淡褐色至褐色；叶四棱状条形，顶端钝或具钝尖头，横切面四棱形。球果圆锥状，幼球果紫红色，直立；成熟时褐色。种子倒卵形，淡褐色，具翅。花期 5 月，球果 9 月成熟。

【分布与习性】分布于甘肃、宁夏、青海东部、内蒙古中部。适应性强，耐旱，耐瘠薄，可耐 −30 ℃低温。喜中性土壤，忌水涝，浅根性树种，抗风力差。

【园林应用】可作为庭园观赏树种，适于在园林中孤植、群植，同时为高山区重要森林更新树种和荒山造林树种。

4.1.15 杉松

【别名】辽东冷杉。

【拉丁学名】*Abies holoiphylla* Maxim.

【科属】松科冷杉属。

【形态特征】常绿乔木。树冠宽圆锥形，树皮灰褐色，浅重裂，一年生枝黄灰色至淡黄褐色，无毛，枝上有圆叶痕。叶条形，中脉下凹，端突尖或渐尖。球果圆柱形，生于叶腋直立，当年成熟，成熟时种子与种鳞、苞鳞同落。

【分布与习性】产于中国东北。阴性树，抗寒能力较强，喜土层肥厚的阴坡，浅根性，幼苗生长缓慢，十余年后开始变速。

【园林应用】树冠尖圆形，宜列植或成片种植。也可与云杉等混交种植。

4.1.16 臭冷杉

【别名】华北冷杉、臭松、东陵冷杉。

【拉丁学名】*Abies nephrolepis* (Trautv.) Maxim.

【科属】松科冷杉属。

【形态特征】常绿乔木，树冠尖塔形，树干通直，高度可达 30 m；幼树树皮通常平滑，灰白色，具浅纹，常有多数明显的树脂瘤，老时呈灰色，长条状块裂或不规则鳞片状裂；一年生枝淡黄褐色或淡灰褐色，密生淡褐色毛，二三年枝灰褐色或淡灰褐色，具圆形叶痕；冬芽圆球形，有树脂。叶通常排成两列，条形，先端凹缺或微裂，表面光绿色，背面具两条白色气孔带；果球单生叶腋直立，无柄，卵状圆柱形或圆柱形，熟时紫褐色，无梗，种鳞肾形或扇状肾形，种子倒卵状三角形，微扁，种翅楔形，花期 4—5 月；球果 10 月成熟。

【分布与习性】臭冷杉自然分布于华北、东北各地。阴性，喜冷湿环境，棕壤土生长好，浅根性 。

【园林应用】臭冷杉常用作风景林、用材林，是优良的庭园观赏树种。

4.1.17 日本冷杉

【拉丁学名】*Abies firma* Siebold et Zucc.

【科属】松科冷杉属。

【形态特征】常绿乔木，高达 50 m，树冠幼时为尖塔形，老树则为广卵状圆形，树皮粗糙或裂成鳞片状；小枝具纵沟及圆形平叶痕。叶条形，在幼树或徒长枝上叶长 2.5～3.5 cm，先端呈二叉状，在果枝上叶长 1.5～2 cm，先端钝或微凹。球果圆筒形，长 12～15 cm，径 5 cm，苞鳞外露，先端有长约 3 mm 的三角状尖头。

【分布与习性】原产日本，我国大连、青岛、北京、南京、杭州、庐山、台湾等地引种栽培。耐阴，喜凉爽、湿润气候，在酸性土壤长势好，不耐烟尘，生长较快。

【园林应用】树形优美，树冠参差，园林中适宜在草坪、林缘及疏林空地中成群栽植，极为葱郁优美，其木材是建筑、家具、造纸的优良材料。

4.1.18 侧柏

【拉丁学名】*Platycladus orientalis*（Linn.）Franco

【科属】柏科侧柏属。

【形态特征】常绿乔木，树皮薄，浅褐色，呈薄片状剥离。大枝斜出。小枝直展扁平，叶全为鳞片状。雌雄同株，球花单生枝顶。球果卵形，熟前绿色，肉质种鳞顶端反曲尖头，熟后木质开裂，红褐色。种子无翅。

【分布与习性】原产东北、华北，现全国各地均有栽培。喜光，有一定的耐阴力，喜温暖湿润气候，也耐旱，较耐寒，喜排水良好而湿润的深厚土壤。幼年、青年期生长较快，至成年期后变缓慢，寿命极长，可达二千年以上。抗烟尘，抗二氧化硫、氯化氢等有害气体。

【园林应用】侧柏是我国最广泛应用的园林树种之一，常栽于寺庙、陵墓地和庭院中。

4.1.19 圆柏

【别名】桧柏、刺柏。

【拉丁学名】*Juniperus chinensis* L.

【科属】柏科刺柏属。

【形态特征】常绿乔木，树冠尖塔形或圆锥形，树皮灰褐色，呈浅纵条剥离，有时扭转状。老枝扭曲状。幼树之叶全为刺形，老树之叶刺形或鳞形或二者兼有；球花雌雄异株或同株，单生短枝顶；雄球花长圆形或卵圆形；雄蕊4～8对；交互对生；雌球花有4～8对交互对生的珠鳞，或3枚轮生的珠鳞；胚珠1～6枚，生于珠鳞内面的基部；球果球形，种鳞合生，肉质，种鳞与苞鳞合生，仅苞鳞尖端分离，熟时不开裂。

龙柏，全为鳞形叶，树形圆柱状，小枝略扭曲上伸。塔柏，树冠圆柱形，枝向上直伸。

【分布与习性】原产中国东北南部及华北等地。喜光但耐阴性很强，耐寒，耐热，对土壤要求不严，深根性，侧根也很发达。

【园林应用】圆柏树形优美，老树则枝干扭曲，奇姿古态，堪为独景。多配植于庙宇、陵墓作甬道和纪念树，可群植、丛植。

4.1.20 香柏

【别名】美国侧柏。

【拉丁学名】*Thuja occidentalis* L.

【科属】柏科崖柏属。

【形态特征】树冠圆锥形。小枝平展。鳞叶先端突尖，较侧柏肥大，表面暗绿色，背面黄绿色，主枝上的叶有腺体，芳香；侧枝上的叶无腺体或很小。球花单性，雌雄同株。雄球花长卵圆形或椭圆状卵圆形，雌球花卵圆形，球果长椭圆形，种鳞较薄，革质，扁平；种子近三角状，种翅宽大，比种子长。

【分布与习性】原产北美。我国中西部各省引种栽培。阳性树，有一定耐阴力，耐寒，对土壤适应性强，生长较慢。

【园林应用】香柏在园林配植中，可作绿篱、列植、丛植，其盆景常用于岩石园。

4.1.21 日本花柏

【拉丁学名】*Chamaecyparis pisifera*（Sieb. et Zucc.）Endl

【科属】柏科扁柏属。

【形态特征】日本花柏是常绿乔木，高达 20 m，原产地高可达 50 m；树冠圆锥形，树皮深灰色或暗红褐色，稍光滑，有时成狭条纵裂脱落；近基部的大枝水平开展，小枝扁平，排成一平面；叶深绿色，2 型，鳞叶叠瓦状密生，先端钝，叶背有白色线纹，微被白粉，刺叶通常 3 叶轮生，排列疏松。雌雄同株，球花单生枝端，7—8 月开花，10—11 月果熟。球果球形，径 5～6 mm，熟时褐色。种子三角状卵形，两侧有宽翅。种鳞 5～6 对，顶部的中央微凹，内有突起的小尖头。花期 7—8 月，10—11 月果熟。

【分布与习性】原产于日本。中国东部、中部及西南地区引种栽培。中性树，喜阳光，稍耐阴。抗寒力强，可耐 −10 ℃ 低温，耐修剪。不耐干旱，不耐干燥，喜肥沃湿润土壤。

【园林应用】日本花柏四季苍翠，枝繁叶密，在园林上适宜丛植或列植，叶可修剪成球形或作绿篱。

4.1.22 红豆杉

别名：卷柏、扁柏、红豆树、观音杉。

【拉丁学名】*Taxus wallichiana* var. *Chinensis*（Pilger）Florin

【科属】红豆杉科（紫杉科）红豆杉属。

【形态特征】常绿乔木，树皮灰褐色、红褐色或暗褐色，裂成条片脱落；大枝开展，一年生枝绿色或淡黄绿色，秋季变成绿黄色或淡红褐色，二三年生枝黄褐色、淡红褐色或灰褐色；冬芽黄褐色、淡褐色或红褐色，有光泽，芽鳞三角状卵形，背部无脊或有纵脊，脱落或少数宿存于小枝的基部。叶排列成两列，条形，微弯或较直，上部微渐窄，先端常微急尖、稀急尖或渐尖，上面深绿色，有光泽，下面淡黄绿色，有两条气孔带，中脉带上有密生均匀而微小的圆形角质乳头状突起点，常与气孔带同色，稀色较浅。雄球花淡黄色。种子生于杯状红色肉质的假种皮中，间或生于近膜质盘状的种托（即未发育成肉质假种皮的珠托）之上，常呈卵圆形。

【分布与习性】为我国特有树种，产于甘肃南部、陕西南部、四川、云南东北部及东南部、贵州西部及东南部、湖北西部、湖南东北部、广西北部和安徽南部，常生于海拔 1 000 m 以上的高山上部。有喜阴、耐旱、抗寒的特点，要求土壤 pH 在 5.5～7.0。

【园林应用】红茎、红枝、绿叶、红豆使其具有观茎、观枝、观叶、观果的多重观赏价值，也是室内盆景的优良树种。

4.1.23 东北红豆杉

【别名】紫杉。

【拉丁学名】*Taxus cuspidata* Sieb. et Zucc.

【科属】红豆杉科（紫杉科）红豆杉属。

【形态特征】乔木。树皮赤褐色，片状剥离。枝条平展或斜上直立，密生；小枝基部有宿存芽鳞，一年生枝绿色，秋后呈淡红褐色。叶条形，排成不规则的二列，斜上伸展，约呈 45°角，长 1.0～2.5 cm，先端突尖；主枝上的叶螺旋状排列，侧枝上的叶不规则而近于“V”形排列。雌雄异株，种子坚果状，卵形，微扁，有 3～4 纵棱脊，赤褐色，假种皮浓红色，杯形。花期 5—6 月，种子 9—10 月成熟。

矮丛紫杉（*Taxus cuspidata* cv.Nana），别名枷罗木，半球状密纵灌木。

【分布与习性】产于吉林及辽宁东部长白山区林中。阴性树，耐寒，喜生于富含有机质的潮湿土壤上，浅根性，侧根发达，生长缓慢，寿命极长。

【园林应用】东北红豆杉树形端正，东北及华北地区的庭园树，可孤植或群植，又可作绿篱，是高纬度地区园林绿化的良好材料。盆景造型古朴典雅，枝叶紧凑而不密集，舒展而不松散。

任务 4.2 落叶乔木的识别与应用

任务分析

四季跟踪调查园林落叶乔木树种的形态特征和季相变化。通过四季跟踪识别与调查，全面掌握园林落叶乔木的形态特征。

任务实施

【材料用具】

周边各种园林落叶乔木树种。植物检索表、卷尺、游标卡尺、放大镜、解剖针、镊子、标本夹、记录本、记录笔、相机等。

【实施过程】

（1）形态观察　认真观察园林落叶乔木的树形、枝、叶、芽、花、果实等及冬季树体特征。

（2）记录　将所观察到的园林落叶乔木树种的识别要点进行详细记录，初步确定树木的种类。

（3）利用检索表等资料确认树种。

（4）教师鉴定并讲解树种的主要识别要点。

（5）总结各落叶乔木树种的观赏特点及在园林中的用途。

（6）考核评价学习效果。

【注意事项】

（1）注意观察并对比近缘种或外形相似树种的形态区别。

（2）注意调查落叶乔木树种的季相变化和最佳配植应用。

理论认知

4.2.1 落叶松

【别名】兴安落叶松。

【拉丁学名】*Larix gmelinii* Rupr.

【科属】松科落叶松属。

【形态特征】落叶乔木，高可达 35 m，树干通直。树皮纵裂成较厚的块片。小枝规则互生，分长枝与短枝 2 型。叶条形较窄，柔软，在长枝上互生，在短枝上呈轮生状，长短相近，上面中脉多少隆起，下面两侧有数条气孔线，叶内有 2 个通常边生的树脂道。雌雄同株。球果卵圆形较小，当年成熟，不脱落；种鳞革质，宿存。

【分布与习性】分布于东北大、小兴安岭和辽宁。喜光，极耐寒，耐干旱瘠薄的浅根性树种，对土壤要求不严，有一定的耐水湿能力，生长较快。易受松毛虫和尺蠖为害，不宜与松树混植，最好与阔叶树混植。

【园林应用】树冠整齐呈圆锥形，叶轻柔而潇洒，可形成美丽的片林景区。

4.2.2 长白落叶松

【别名】黄花松、黄花落叶松、朝鲜落叶松。

【拉丁学名】*Larix olgensis* Henry

【科属】松科落叶松属。

【形态特征】落叶乔木，高可达 30 m，树干通直。树皮纵裂，内皮紫红色。一年生长枝有散生长毛。叶条形，1.5～2.5 cm，球果种鳞革质，宿存。花期 5 月，种熟期 9—10 月。

【分布与习性】北部暖温带落叶阔叶林区，喜光，耐寒。

【园林应用】同落叶松。

4.2.3 华北落叶松

【拉丁学名】*Larix gmelinii* var. *principis-rupprechtii*（Mayr）Pilger

【科属】松科落叶松属。

【形态特征】落叶乔木，高达 30 m，树冠圆锥形。树皮暗灰褐色，呈不规则鳞状裂开，大枝平展，小枝下垂，一年生长枝有毛，后脱落。叶条形，长 1.5～3 cm。球果长卵形或卵圆形，长 2～4 cm，径约 2 cm，种鳞 26～45，背面光滑无毛，边缘不反曲，成熟时不张开。苞鳞短于种鳞，暗紫色；种子灰白色，有褐色斑纹，有长翅。花期 5 月，种熟期 10 月。

【分布与习性】产于河北、山西、内蒙古南部；此外，辽宁、山东、甘肃、宁夏、新疆等地区有引种栽培。强阳性树，能耐严寒，喜深厚湿润而排水良好的酸性或中性土壤。

【园林应用】树冠整齐呈圆锥形，叶轻柔，秋季变红。适合于较高海拔和较高纬度地区的配植应用。

4.2.4 日本落叶松

【拉丁学名】*Larix kaempferi*（Lamb.）Carr.

【科属】松科落叶松属。

【形态特征】为落叶针叶乔木，高达 30 m，干皮鳞片状剥落，枝平展，有长枝、短枝之分，当年生长枝淡红褐色或紫褐色，被白粉和褐色柔毛，后转灰褐色，冬芽紫褐色，近球形；叶扁平条形，短枝上叶簇生，长枝上叶螺旋状散生。为雌雄同株异花，球花于短枝顶端单生，球果小，卵圆形，种鳞薄革质，种鳞上部边缘明显向外反曲，鳞背有小疣状突起，密被腺毛。种子倒卵圆形，具膜质种翅，花期 4—5 月，果熟秋季。

【分布与习性】原产日本，1909 年前后引入山东，现河北、河南、江西以及北京、天津、西安等地均有栽培。喜光照充足、喜肥、喜水、喜温暖湿润的气候环境，抗风力差，不耐干旱，不耐积水；枝条萌芽力较强。

【园林应用】日本落叶松塔形树冠，姿态优美，小枝淡红褐色或紫褐色，叶片扁平翠绿，园林配植中可用作丛植及片林景区。

4.2.5 金钱松

【别名】金松。

【拉丁学名】*Pseudolarix amabilis*（Nelson）Rehd.

【科属】松科金钱松属。

【形态特征】落叶乔木。树干端直，树枝有长枝和短枝。在长枝上互生，在短枝上轮状簇生，长短不齐。叶条形较宽，柔软。球果卵形，当年成熟，浅红褐色；种鳞木质，熟时脱落。

【分布与习性】产于长江中下游地区。性喜光，幼时稍耐阴，喜温凉湿润气候和中性或微酸性土壤，能耐 −20 ℃的低温，抗风力强，不耐干旱、积水，生长速度中等偏快。

【园林应用】本树为世界五大公园树之一，体形高大，树干端直，入秋叶变为金黄色，极为美丽，可作行道树、孤植或丛植。国家二级重点保护植物。

4.2.6 水杉

【别名】水桫。

【拉丁学名】*Metasequoia glyptostroboides* Hu et Cheng

【科属】杉科水杉属。

【形态特征】落叶乔木。树皮灰褐色或深灰色，裂成条片状脱落；小枝对生或近对生，下垂。叶交互对生，在绿色脱落的侧生小枝上排成羽状2列，线形，柔软，几乎无柄。上面中脉凹下，下面沿中脉两侧有4～8条气孔线。雌雄同株，球果下垂，当年成熟，果蓝色，可食用，近球形或长圆状球形，微具四棱。种鳞极薄，透明；苞鳞木质，盾形，背面横菱形，有1横槽，熟时深褐色；种子倒卵形，扁平，周围有窄翅，先端有凹缺。每年2月开花，果实11月成熟。

【分布与习性】产于四川、湖北及湖南等地。阳性树，喜温暖湿润气候，最低气温 −8 ℃，具有一定的抗寒性，喜深厚肥沃而又排水良好的酸性土，不耐涝，不耐旱，生长速度较快，在一般条件下10年开始见花，15～20年成材，40～60年大量结果。

【园林应用】水杉树冠呈圆锥形，姿态优美，叶色秀丽，秋叶转棕褐色，都很美观。在园林中孤植、丛植或列植，也可成片林植。

4.2.7 银杏

【别名】白果、公孙树、鸭脚树。

【拉丁学名】*Ginkgo biloba* L.

【科属】银杏科银杏属。

【形态特征】银杏为落叶乔木，胸径可达4 m。树冠广卵形，幼树树皮近平滑，浅灰色，大树树皮灰褐色，不规则纵裂，有长枝与生长缓慢的短枝。叶片在长枝上为单叶互生，在短枝上簇生，短枝密被叶痕。叶片多呈扇形，有2叉状叶脉，顶端常2裂，基部楔形，有长柄。雌雄异株，雄球花柔荑花序下垂，雌球花有长柄，顶端有珠座，上有直生胚珠。无花被，风媒花。花期4—5月。种子核果状，具长梗，下垂，近球形；外种皮肉质，被白粉，成熟时淡黄色或橙黄色；中种皮白色，骨质，内种皮膜质。

【分布与习性】银杏为中生代孑遗的稀有树种，系我国特产，浙江天目山有野生，中国北自东北沈阳，南达广州，东起华东海拔40～1 000 m地带，西南至贵州、云南西部（腾冲）海拔2 000 m以下地带均有栽培，朝鲜、日本及欧美各国均有栽培。阳性树，寿命长，我国有3 000年以上的古树。初期生长较慢，萌蘖性强。雌株一般20年左右开始结实，500年生的大树仍能正常结实。喜适当湿润而又排水良好的深厚沙壤土，不耐积水，较耐旱，耐寒。

【园林应用】银杏树姿雄伟壮丽，叶形秀美，寿命长，又少病虫害，最适作庭荫树、行道树或独赏树。街道绿化时，应选雄株，以免种实污染行人衣物。

4.2.8 毛白杨

【拉丁学名】*Populus tomentosa* Carr.

【科属】杨柳科杨属。

【形态特征】落叶乔木，树冠宽卵形。中幼龄时树皮灰绿色，皮孔菱形；老树树皮深纵裂。一年生小枝灰绿色，幼时被白茸毛，或无毛；实心髓，切面五角形。单叶互生，三角状卵形，叶缘有锯齿或缺刻（不裂）；幼时叶背密被白茸毛，老叶背面毛脱落。雌雄异株，柔荑花序，蒴果。冬季落叶后叶痕互生，半圆形或圆形；叶迹 3；有托叶痕。顶芽卵状圆锥形，侧芽三角状卵形，贴枝或呈 30° 角张开，花芽宽卵形，芽鳞 5～7，密被灰白色茸毛。

【分布与习性】中国特产，主要分布于黄河流域，北至辽宁南部，南达江苏、浙江，西至甘肃东部，西南至云南均有分布。喜光，要求凉爽和较湿润气候，对土壤要求不严，一般在 20 年生之前高生长旺盛，而后加粗生长变快。寿命为杨属中最长的树种。

【园林应用】毛白杨树干灰白，端直，树形高大广阔，颇具雄伟气概。大型深绿色的叶片在微风吹拂时能发出欢快的响声，给人以豪爽之感。在园林绿地中很适宜作行道树或庭荫树。

4.2.9 银白杨

【拉丁学名】*Populus alba* L.

【科属】杨柳科杨属。

【形态特征】落叶乔木，叶掌状 3～5 浅裂，裂片先端钝尖；老叶背面仍有白毛。树冠宽大，广卵形或圆球形。树皮灰白色，光滑，基部常纵裂。长枝叶广卵形至三角状卵形，掌状裂，缘有粗齿或缺刻。花期 3—4 月，果期 4—5 月。

新疆杨（*Populus alba* var. *pyramidalis* Bge.），叶掌状 3～5 裂或深裂，老叶背面仍有白毛；树冠圆柱形，树皮灰绿色，老时灰白色，平滑。与银白杨的区别主要为枝直立向上，形成圆柱形树冠。主要分布在新疆，尤以南疆较多。喜光，耐干旱，耐盐碱，耐寒性不如银白杨。生长快，根系较深，萌芽性强。

【分布与习性】新疆有野生天然林分布，西北、华北、辽宁南部及西藏等地有栽培。喜光，不耐阴，抗寒性强，耐干旱，但不耐湿热。较耐瘠薄。深根性，根系发达，根萌蘖力强。正常寿命可达 90 年以上。

【园林应用】银白杨的叶片和灰白色的树干与

众不同，叶子在微风中飘动有特殊的闪烁效果，高大的树形及卵圆形的树冠亦颇美观。在园林中用作庭荫树、行道树，或于草坪孤植、丛植均宜。

4.2.10 银中杨

【拉丁学名】*Populusalba* × *P. berolinensis*

【科属】杨柳科杨属。

【形态特征】银中杨，以银白杨为母本，中东杨为父本，人工杂交选育，选择雄性无性系。树干通直，皮灰绿色，被白粉，基部常粗糙。一年生枝被白茸毛，萌发枝和长枝叶宽卵形，掌状3～5深裂，顶端渐尖，基部近心形，叶缘具不规则齿。

【分布与习性】北起黑龙江，南至华北各省区，均有引种栽培，表现良好。具速生、抗病虫能力强、耐寒、耐瘠薄等优良特性。主要抗灰斑病、青杨锈病、杨干象甲、白杨透翅蛾。抗寒性优于新疆杨。

【园林应用】适宜城乡绿化，树形美观既是营造速生丰产林的优良树种，也是城乡绿化的常用树种，常用于行道树。

4.2.11 胡杨

【别名】胡桐。

【拉丁学名】*Populus euphratica* Oliv.

【科属】杨柳科杨属。

【形态特征】落叶乔木，树皮灰褐色，呈不规则纵裂沟纹。长枝和幼苗、幼树上的叶线状披针形或狭披针形，全缘，顶端渐尖，基部楔形；短枝上的叶卵状菱形、圆形至肾形，先端具2～4对楔形粗齿，基部截形，稀近心形或宽楔形；雌雄异株，蒴果长椭圆形，2裂，初被短茸毛，后光滑。花期5月，果期6—7月。

【分布与习性】胡杨分布在北纬30°～50°的亚洲中西部、北非和欧洲西部干旱性荒漠地区。在我国主要分布在新疆、甘肃、内蒙古、青海和宁夏等地。喜光，喜土壤湿润，耐大气干旱，耐高温，也较耐寒；适生于10 ℃以上积温2 000～4 500 ℃之间的暖温带荒漠气候。能够忍耐极端最高温45 ℃和极端最低温 −40 ℃的袭击。

【园林应用】沙荒地、盐碱地的重要绿化树种，是沙漠地区绿洲的主要树种。

4.2.12 加拿大杨

【别名】加杨、欧美杨。

【拉丁学名】*Populus*×*canadensis* Moench.

【科属】杨柳科杨属。

【形态特征】乔木，高达30 m，树冠开展呈卵圆形。树皮灰褐色，粗糙，纵裂。小枝在叶柄下具3条棱脊，冬芽先端不贴紧枝条。叶近正三角形，

长 7～10 cm；叶基部截形，先端渐尖，边缘半透明，具钝齿；叶柄长且扁平，顶端有时具 1～2 腺体。花期 4 月，果熟期 5 月。

【分布与习性】原产欧、亚、美各洲。19 世纪中叶引入我国，喜温暖湿润气候，耐瘠薄及微碱性土壤。

【园林应用】加拿大杨夏季绿荫浓密，很适合作行道树、庭荫树及防护林用。同时，也是工矿区绿化及“四旁”绿化的好树种。

4.2.13 旱柳

【别名】柳树、河柳、江柳、立柳、直柳。

【拉丁学名】*Salix matsudana* Koidz.

【科属】杨柳科柳属。

【形态特征】落叶乔木，高达 20 m。树冠倒卵形。大枝斜展，枝细长，直立或斜展，嫩枝有毛后脱落，淡黄色或绿色。髓心切面呈圆形。叶披针形或条状披针形，先端渐长尖，长 5～10 cm，叶柄短，2～4 mm，基部窄圆或楔形，无毛，下面略显白色，细锯齿，嫩叶有丝毛后脱落。冬季叶落后叶痕互生，有托叶痕；叶迹 3。无顶芽，侧芽单生，芽鳞 1，帽状，黄褐色或带紫色；叶芽卵形，花芽长椭圆形。花期 4 月；果熟期 4—5 月。

龙须柳（f. *tortuosa*），又叫龙爪柳，枝条扭曲向上，易衰老，寿命短。

【分布与习性】中国分布甚广，三北地区及长江流域各省均有分布，黄河流域为中心，是我国北方地区最常见的树种。喜光，不耐阴，喜水湿，耐干旱。对土壤要求不严。生长快，达 50～70 年，萌芽力强，根系发达，主根深，侧根和须根广布于各土层中。

【园林应用】柳树枝叶柔软嫩绿，树冠丰满多姿，给人以亲切优美之感。为重要的园林和绿化树种，但由于柳絮繁多、飘扬时间长，故以种植雄株为宜。

4.2.14 垂柳

【别名】垂枝柳、倒挂柳。

【拉丁学名】*Salix babylonica* L.

【科属】杨柳科柳属。

【形态特征】落叶乔木，树冠倒广卵形。小枝细长下垂，淡褐色、淡褐黄色或带紫色，无毛。芽线形，先端急尖。叶狭披针形至线状披针形，长 9～16 cm，先端渐长尖，缘有细锯齿，表面绿色，背面蓝灰绿色；叶柄长约 1 cm；托叶扩镰形，早落。雌雄异株。花期 3—4 月；蒴果，果熟期 4—5 月。

美国变色龙柳，近年由美国引进，夏季长长的枝条垂地，秋季叶片鹅黄，冬季树干由绿色变金黄，嫩枝由绛红逐步变为鲜红，很是艳丽。

【分布与习性】全国各地均有分布或栽培，主要分布于长江流域及以南各省，华北和东北也有分布，是平原水边常见树种。喜光，较耐寒，特耐水湿，喜温暖湿润气候及潮湿深厚的土壤。根系发达，生长迅速，30 年后渐趋衰老。

【园林应用】垂柳枝条细长，柔软下垂，随风飘，姿态优美潇洒，植于河岸及湖池边最为理想，柔条依依拂水，别有风致，自古即为重要的庭院观赏树。也可用作行道树、庭荫树、固岸护堤树及平原造林树种。

4.2.15　金丝柳

【别名】金丝垂柳、金枝白柳、金枝垂白柳。

【拉丁学名】*Salix* × *aureo-pendula* CL.

【科属】杨柳科柳属。

【形态特征】落叶乔木，树形高大，树高 22.5 m，树冠呈圆形。枝条悬垂，呈金黄色。叶片狭小，呈亮绿色。

【分布与习性】喜光，适应性强，喜温暖湿润气候，喜潮湿土壤。金丝垂柳生长迅速，是速生树种。

【园林应用】金丝垂柳因枝条呈金黄色而得名，适合种植于河岸、池边、湖畔、路旁、庭院等处，也可作为行道树和湖泊固堤树种。

4.2.16　枫杨

【别名】麻柳、蜈蚣柳。

【拉丁学名】*Pterocarya stenoptera* C. DC.

【科属】胡桃科枫杨属。

【形态特征】落叶乔木，树皮老时深纵裂。裸芽，叶多为偶数，或稀奇数羽状复叶，小叶 10～16 枚（稀 6～25 枚），无小叶柄，对生或稀近对生，长椭圆形至长椭圆状披针形，顶端常钝圆或稀急尖，基部歪斜，边缘有向内弯的细锯齿，上面被有细小的浅色疣状凸起，叶轴有翼。坚果具两翅。花期 4—5 月，果成熟期 8—9 月。

【分布与习性】广布于华北、华中、华南和西南各省，在长江流域和淮河流域最为常见。喜光，喜温暖湿润气候，较耐寒，耐水湿，对土壤要求不严。

【园林应用】树冠宽广，枝叶茂密，生长快，适应性强，在江淮流域多作为庭荫树或行道树。又因枫杨根系发达，较耐水湿，常作水边护岸固堤及防风林树种。

4.2.17　核桃

【别名】胡桃。

【拉丁学名】*Juglans regia* L.

【科属】胡桃科胡桃属。

【形态特征】树皮灰白色，老时深纵裂。小枝无毛。复叶互生，小叶5～9，椭圆形、倒卵状椭圆形，长6～14 cm，基部盾圆或偏斜，全缘，幼树或萌芽枝上之叶有锯齿，侧脉常在15对以下，表面光滑，背面脉腋有簇毛。雄花为柔荑花序，雌花顶生成穗状花序。核果球形；果核近球形，先端盾，有2脊及不规则浅刻纹。

【分布与习性】原产中国新疆及阿富汗、伊朗一带。各地广泛栽培，品种很多。喜光，喜温暖凉爽气候，耐干冷，不耐湿热。喜深厚、肥沃、湿润而排水良好的微酸性至微碱性土壤。深根性，有粗大的肉质直根，故怕水淹。

【园林应用】胡桃树冠庞大雄伟，枝叶茂密，绿荫覆地，加上灰白洁净的树干也很宜人，是良好的庭院树种。孤植、丛植于草地或园中隙地都很合适，也可成林栽植于风景疗养区等。

4.2.18 核桃楸

【别名】胡桃楸、楸子。

【拉丁学名】*Juglans mandshurica* Maxim.

【科属】胡桃科胡桃属。

【形态特征】落叶乔木。树皮灰色，浅纵裂。小枝有毛。叶互生，奇数羽状复叶，小叶9～17，叶缘有锯齿，小叶几无柄。核果卵形，顶端尖，有腺毛；果核长卵形，具8条纵脊。

【分布与习性】主产中国东北东部山区，多散生于沟谷两岸及山麓。强阳性，不耐庇荫，耐寒性强。喜湿润、深厚、肥沃而排水良好的土壤。根系庞大，深根性，能抗风，有萌蘖性。生长速度中等。

【园林应用】胡桃楸树干通直，树冠宽卵形，枝叶茂密，可作庭荫树，孤植、丛植于草坪，或列植路边均可。

4.2.19 白桦

【别名】桦树、桦木、桦皮树。

【拉丁学名】*Betula platyphylla* Sukats.

【科属】桦木科桦木属。

【形态特征】落叶乔木，树皮白色，纸状分层剥离，皮孔黄色。树冠卵圆形，小枝细，红褐色，无毛，外被白色蜡层。单叶互生，叶三角状卵形或菱状卵形，基部广楔形，叶缘有不规则重锯齿，侧脉5～8对。雄花为下垂柔荑花序，果序单生，圆柱形。坚果小而扁，膜质翅与果等宽或较果稍宽。

【分布与习性】产于东北大、小兴安岭、长白山及华北高山地区。强阳性，耐严寒，喜酸性土，耐瘠薄，适应性强。深根性，生长速度中等，寿命较短，萌芽力强，天然更新良好。

【园林应用】白桦枝叶扶疏，姿态优美，尤其是树干修直，洁白雅致，十分引人注目。孤植、丛植于庭园、公园的草坪、池畔、湖滨或列植于道旁均可。

4.2.20 岳桦

【拉丁学名】*Betula ermanii* Cham.

【科属】桦木科桦木属。

【形态特征】落叶乔木，树皮灰白色，成层、大片剥裂。枝条红褐色，无毛；幼枝暗绿色，密被长柔毛，稍有树脂腺体；芽鳞密被白色茸毛。叶三角状卵形，宽卵形或卵形，顶端锐尖、渐尖，有时呈短尾状，基部圆形、截形、宽楔形或微心形，边缘具规则或不规则的锐尖重锯齿，上面疏被毛，下面几无毛，密被腺点，侧脉 8～12 对，两面沿脉均密被长柔毛。果序单生，直立，矩圆形。小坚果倒卵形或长卵形，膜质翅宽为果的 1/2 或 1/3。

【分布与习性】产于长白山和大、小兴安岭。生于海拔 1 000～1 700 m 的山坡林中，长白山有纯林。苏联堪察加半岛、朝鲜、日本也有分布 。

【园林应用】可作片林或丛植。

4.2.21 黑桦

【别名】臭桦、棘皮桦。

【拉丁学名】*Betula dahurica* Pall.

【科属】桦木科桦木属。

【形态特征】落叶乔木，树皮黑褐色，龟裂；枝条红褐色或暗褐色，光亮，无毛；小枝红褐色，疏被长柔毛，密生树脂腺体。叶厚纸质，通常为长卵形，间有宽卵形、卵形、菱状卵形或椭圆形，顶端锐尖或渐尖，基部近圆形、宽楔形或楔形，边缘具不规则的锐尖重锯齿，上面无毛，下面密生腺点，沿脉疏被长柔毛，脉腋间具簇生的髯毛，侧脉 6～8 对。果序矩圆状圆柱形，单生，直立或微下垂；果苞长背面无毛，边缘具纤毛，基部宽楔形，上部 3 裂，中裂片矩圆形或披针形，顶端钝，侧裂片卵形或宽卵形，斜展，横展至下弯，比中裂片宽，与之等长或稍短。小坚果宽椭圆形，两面无毛，膜质翅宽约为果的 1/2。

【分布与习性】产于黑龙江、辽宁北部、吉林东部、河北、山西、内蒙古。生于海拔 400～1 300 m 干燥、土层较厚的阳坡、山顶石岩上、潮湿阳坡、针叶林或杂木林下。

【园林应用】可作片林或丛植。

4.2.22 日本桤木

【别名】赤杨、拟赤杨、水冬瓜。

【拉丁学名】*Alnus japonica*（Thunb.）Steud.

【科属】桦木科桤木属。

【形态特征】树皮鳞状开裂。单叶互生，叶长椭圆形，长 3～10 cm，先端渐尖，基部楔形，缘有细尖单锯齿。雄花序为柔荑花序。果序球果状，坚果小而扁，两侧有窄翅。

【分布与习性】产于中国东北南部及山东、江苏、安徽等省。喜光，耐水湿，生长快，萌芽性强。

【园林应用】适于低湿地、河岸、湖畔绿化用，能起护岸、固土及改良土壤等作用。

4.2.23 千金榆

【别名】穗子榆。

【拉丁学名】*Carpinus cordata* Bl.

【科属】桦木科鹅耳枥属。

【形态特征】落叶乔木，塔状树冠。高达 18 m，冠幅可达 12 m。树皮灰色，小枝棕色或橘黄色，具沟槽，初时疏被长柔毛，后变无毛。单叶互生，叶椭圆形，厚纸质，羽状脉，顶端渐尖，具刺尖，基部斜心形，边缘具不规则的刺毛状重锯齿，上面疏被长柔毛或无毛，下面沿脉疏被短柔毛，侧脉 15～20 对。花单性同株，无花瓣；雄柔荑花序生于短侧枝之顶，花单生于苞腋内，无萼；雌柔荑花序生于具叶的长枝之顶，每一苞片内有花 2 朵，苞片和小苞片后来发育成叶状。果序下垂，长 5～12 cm，果苞宽卵状矩圆形，无毛，外侧的基部无裂片，内侧的基部具一矩圆形内折的裂片，全部遮盖着小坚果，中裂片外侧内折，其边缘的上部具疏齿，内侧的边缘具明显的锯齿，顶端锐尖。

【分布与习性】产于东北、华北、河南、陕西、甘肃。生于海拔 500～2 500 m 的较湿润、肥沃的阴山坡或山谷杂木林中。喜光。适应多种土壤，对土壤 pH 无特别要求。最喜排水好的湿润土壤。耐旱、耐热。

【园林应用】冠形优美，枝叶非常紧密，夏季叶色突出，秋色美丽，落叶迟。适宜城市环境，可用作行道树和庭院树种。

4.2.24 板栗

【别名】栗、中国板栗。

【拉丁学名】*Castanea mollissima* Bl.

【科属】山毛榉科栗属。

【形态特征】落叶乔木。小枝有灰色茸毛，无顶芽。单叶互生，叶椭圆形至椭圆状披针形；先端渐尖，基部圆形或广楔形，缘齿尖芒状，背面常有灰白色柔毛。雌雄同株，雄花为直立柔荑花序，雌花单独或数朵生于总苞内。坚果 1～3 个包裹于球形总苞内，熟时开裂，总苞密被长针刺。

【分布与习性】中国特产树种，栽培历史悠久，以华北和长江流域栽培较集中，其中河北省是著名产区。喜光，北方品种较耐寒，南方品种则喜温暖而不怕炎热。对土壤要求不严，喜微酸性或中性土壤，幼年生长较慢，以后加快，实生苗一般 5～7 年开始结果。深根性根系发达，根萌蘖力强。寿命长，可达 200～300 年。

【园林应用】板栗树冠圆广，枝茂叶大，在公园草坪及坡地孤植或群植均适宜；也可用作山区绿化造林和水土保持树种。是绿化结合生产的良好树种。

4.2.25 蒙古栎

【别名】柞栎。

【拉丁学名】*Quercus mongolica* Fisch.

【科属】山毛榉科栎属。

【形态特征】落叶乔木，树皮灰褐色，纵裂。幼枝紫褐色，有棱，无毛。叶长 7～20 cm，缘具深波状缺刻，侧脉 8～15 对；叶背无毛或仅背脉上有毛；叶柄有毛。雄花序生于新枝下部，长 5～7 cm，花序轴近无毛，坚果卵形；总苞浅碗状，鳞片呈瘤状，果脐微突起。花期 4—5 月，果期 9 月。

【分布与习性】主要分布于东北、内蒙古、华北、西北各地。喜光，耐寒性强，喜凉爽气候，耐干旱、瘠薄，喜中性至酸性土壤。多生于向阳干燥的山坡。生长速度中等偏慢，树皮厚，抗火性强。

【园林应用】是北方荒山造林树种之一。叶可养柞蚕。因树形饱满，叶形奇特，近几年广泛应用于园林绿化上，主要用作孤植或片林种植。

4.2.26 辽东栎

【拉丁学名】*Quercus liaotungensis* Koidz

【科属】山毛榉科栎属。

【形态特征】落叶乔木。树皮暗灰色，深纵裂。幼枝无毛，灰绿色。叶 5～14 cm，缘有波状疏齿，侧脉 5～7 对。坚果卵形，总苞碗状，鳞片背部不呈瘤状突起。

【分布与习性】产于东北东部及南部至黄河流域各省。喜光，耐寒，抗旱性特强。

【园林应用】同蒙古栎。

4.2.27 榆树

【别名】白榆、家榆、榆钱树、春榆、粘榔树。

【拉丁学名】*Ulmus pumila* L.

【科属】榆科榆属。

【形态特征】落叶乔木，树皮暗灰色，纵裂，粗糙。小枝细长，排成2列状。单叶互生；叶卵状长椭圆形，长2～6 cm，先端尖，基部歪斜，缘有不规则单锯齿，羽状脉。早春叶前开花，簇生于去年生老枝上。翅果近圆形，种子位于翅果中部。

金叶榆（cv. Jinye），叶片金黄色，色泽艳丽，质感好；叶卵圆形，比普通白榆叶片稍短。

垂枝榆（cv. Tenue），特点为枝梢不向上伸展，生出后转向地心生长，因而无直立主干，均高接于乔木型榆树上，枝条下垂后全株呈伞形。

（上两图为金叶榆，下两图为垂枝榆）

【分布与习性】产于东北、华北、西北及华东等地。喜光，耐寒，不耐水湿，能耐干旱瘠薄和盐碱土。生长较快，寿命可达百年以上。萌芽力强，耐修剪。主根深，侧根发达，抗风、保土力强。

【园林应用】榆树树干通直，树形高大，绿荫较浓，适应性强，生长快，作行道树、庭荫树、防护林及四旁绿化均可，也可用作绿篱，盆景。

4.2.28 榔榆

【别名】小叶榆、秋榆。

【拉丁学名】*Ulmus parvifolia* Jacq

【科属】榆科榆属。

【形态特征】落叶乔木，树冠广圆形，树干基部有时呈板状根，树皮灰色或灰褐，裂成不规则鳞状薄片剥落，露出红褐色内皮，近平滑，微凹凸不平；当年生枝密被短柔毛，深褐色；冬芽卵圆形，红褐色，无毛。叶质地厚，披针状卵形或窄椭圆形，稀卵形或倒卵形，叶基部偏斜，楔形或一边圆，叶面深绿色，有光泽，中脉凹陷处有疏柔毛，侧脉部凹陷，叶背色较浅。叶缘有整齐而钝的单锯齿，稀重锯齿（如萌发枝的叶），聚伞花序，翅果椭圆形或卵状椭圆形，两侧的翅比果核窄，果核部分位于翅果的中上部，果期8—10月。

【分布与习性】我国各地均有分布。日本、朝鲜也有分布。喜光，耐干旱，适应各种土壤，但以气候温暖、土壤肥沃、排水良好的中性土壤佳。

【园林应用】榔榆树皮斑驳，干略弯，小枝婉垂，叶色秋季变红，常孤植成景，适宜种植于池畔、亭榭附近，也可配于山石之间，也可作工厂绿化、四旁绿化的观赏树种。

4.2.29 大果榆

【别名】黄榆、山榆、毛榆。

【拉丁学名】*Ulmus macrocarpa* Hance

【科属】榆科榆属。

【形态特征】落叶乔木，高达10 m。小枝淡黄褐色，有时具2（4）条木栓质翅，有毛。叶倒卵形或椭圆形，长5～9 cm，先端突尖，基部歪斜，具不规则重锯齿，质地粗厚，有短硬毛。翅果大，径2.5～3.5 cm，具黄褐色长毛。

【分布与习性】主产中国东北及华北地区。喜光，抗寒，耐干旱瘠薄，稍耐盐碱。深根性，侧根发达；萌蘖性强，生长速度较慢，寿命长。

【园林应用】大果榆树体高大，冠大荫浓，常群植于草坪、山坡或密植作树篱，列植于公路及人行道，也是防风固沙、水土保持和盐碱地造林的重要树种。

4.2.30 小叶朴

【别名】黑弹朴。

【拉丁学名】*Celtis bungeana* Bl.

【科属】榆科朴属。

【形态特征】落叶乔木，高达 15 m，树皮灰褐色，平滑。树冠倒广卵形至扁球形。单叶互生，叶片卵形或卵状椭圆形，先端渐尖，叶缘中部以上具锯齿，核果近球形，熟时紫黑色。花期于 6 月，果期在 10 月。

【分布与习性】产于东北南部、华北，经长江流域至西南、西北各地。稍耐阴，耐寒；喜深厚、湿润的中性黏质土壤。深根性，萌蘖力强，生长较慢。

【园林应用】可孤植、丛植作庭荫树，亦可列植作行道树，又是厂区绿化树种。

4.2.31 桑树

【别名】家桑、蚕桑。

【拉丁学名】*Morus alba* L.

【科属】桑科桑属。

【形态特征】落叶乔木，树皮灰褐色。单叶互生。叶卵形或卵圆形，先端尖，基部圆形或心形，锯齿粗钝，幼树之叶有时分裂，表面光滑，有光泽，背面脉腋处有簇毛。雌雄异株，小瘦果包藏于肉质花被内，集成圆柱形聚花果——桑葚，熟时红色、紫黑色或近白色。

龙桑（cv. Pendula），枝条均呈龙游状扭曲。

【分布与习性】原产中国中部，现南北各地广泛栽培，尤以长江中下游分布多。喜光，喜温暖，适应性强，耐寒，耐干旱瘠薄和水湿，在微酸性、中性、石灰质和轻盐碱土壤上均能生长。深根性，根系发达，萌芽力强，耐修剪，易更新，生长快，抗风力强，寿命中等。

（上两行为桑树，下行为龙桑）

【园林应用】本种树冠宽阔，枝叶茂密，秋季叶色变黄，颇为美观，且能抗烟尘及有害气体，适于城市、工矿区及农村四旁绿化。我国古代人民有在房前屋后栽种桑树和梓树的传统，所以常用桑梓代表故乡。

4.2.32 构树

【别名】构桃树、构乳树、楮树、谷浆树。

【拉丁学名】*Broussonetia papyrifera*（L.）Vent.

【科属】桑科构属。

【形态特征】落叶乔木，树冠开张，卵形至广卵形；树皮平滑，浅灰色或灰褐色，不易裂，具紫色斑块。一年生枝灰绿色，密生灰白色刚毛。髓心海绵状，白色。全株含乳汁。单叶互生，有时近对生，叶卵圆至阔卵形，先端尖，基部圆形或近心形，边缘有粗齿，3～5 深裂（幼枝上的叶更为明显），两面有厚柔毛；叶柄长 3～5 cm，密生茸毛。果球形，熟时橙红色或鲜红色。花期 4—5 月，果期 7—9 月。

【分布与习性】构树分布于中国黄河、长江和珠江流域。强阳性树种，适应性特强，耐旱、耐瘠、耐修剪、抗污染性强。根系浅，侧根分布很广，生长快，萌芽力和分蘖力强。

【园林应用】构树枝叶茂密，适合用作矿区及荒山坡地绿化，也可选作庭荫树及防护林用。

4.2.33 玉兰

【别名】白玉兰、望春花、玉兰花。

【拉丁学名】*Yulania denudata*（Desr.）D. L. Fu

【科属】木兰科玉兰属。

【形态特征】落叶乔木，树高一般 2～5 m。幼枝及芽均有毛。叶倒卵状长椭圆形，长 10～15 cm，先端突尖而短钝，基部广楔形或近圆形，幼时背面有毛。花纯白色，花萼花瓣相似，共 9 片。先叶开放，花期 10 d 左右。

【分布与习性】原产中国中部山野中，现国内外庭院常见栽培。喜光，稍耐阴，颇耐寒，北京地区背风向阳处能露地越冬，喜肥沃适当湿润而排水良好的弱酸性土壤。根肉质，畏水淹。生长速度较慢。

【园林应用】玉兰花大、洁白而芳香，是我国著名的早春花木，宜列植堂前、点缀中庭。如配植于纪念性建筑物前有“玉洁冰清，品格高贵”之意，也可植于草坪或针叶树前，能形成春光明媚的景象，给人以青春活力。

4.2.34 二乔玉兰

【别名】朱砂玉兰、紫砂玉兰。

【拉丁学名】*Yulania* × *soulangeana*（Soul.-Bod.）D. L. Fu

【科属】木兰科玉兰属。

【形态特征】二乔玉兰，为玉兰和木兰的杂交种；小枝紫褐色；单叶互生，有时呈螺旋状，宽倒卵形至倒卵形，先端圆宽，平截或微凹，具短突尖，中部以下渐狭楔形，全缘。表面有光泽，背面叶脉上有柔毛，淡绿色。叶基部有托叶或附属物，托叶有两种，枝端芽末的托叶贴生于幼茎上与叶柄分离，呈覆瓦状；叶部托叶散生，瓦刀状，黏着叶柄基部两侧，幼枝上残存环状托叶痕，花枝开展，花大，单生枝顶，钟状，花外面淡紫色，里面白色，花大而芳香，花瓣 6，外面呈淡紫红色，内面白色，萼片 3，花瓣状，稍短。聚合果圆筒状，红色至淡红褐色，果成熟后裂开，种子具鲜红色肉质状外种皮。花芽窄卵形，密被灰黄绿色长绢毛；花期 4 月，果期 9 月。

【分布与习性】华北、华中及江苏、陕西、四川、云南等均栽培。性喜阳光和温暖湿润的气候。对温度很敏感，能在 −20 ℃条件下安全越冬。肉质根不耐积水，低洼地与地下水位高的地区都不宜种植。

【园林应用】二乔玉兰是早春色、香俱全的观花树种，宜配植于庭院室前，或丛植于草地边缘。

4.2.35　厚朴

【别名】厚皮、重皮、赤朴、烈朴、川朴、紫油厚朴。

【拉丁学名】*Houpoea officinalis*（Rehder & E. H. Wilson）N. H. Xia & C. Y. Wu

【科属】木兰科厚朴属。

【形态特征】落叶乔木，高达 20 m；树皮厚，褐色，不开裂；冬芽大，4～5 cm，有黄褐色茸毛。叶簇生于枝端。花顶生，白色，有芳香，径 14～20 cm，萼片与花瓣一共 9～12 枚或更多。叶倒卵状椭圆形，叶大，长 30～45 cm，宽 9～20 cm，叶表光滑，叶背初时有毛，后有白粉，网状脉上密生柔毛，侧脉 30 对以上，叶柄粗，托叶痕达叶柄中部以上。聚合果圆柱状。花期 5 月，先叶后花。

凹叶厚朴［*Magnolia officinalis* subsp.*biloba*（Rehd. et Wils.）Cheng et Law］，落叶乔木，小枝粗壮，幼时有绢毛。树皮较厚朴薄。叶先端凹缺成 2 钝圆浅裂是与厚朴唯一明显的区别特征，花叶同放。花期 5—6 月，果期 8—10 月。

【分布与习性】分布于长江流域和陕西、甘肃南部。喜光，但能耐侧方庇荫，喜生于空气湿润、气候温暖之处，不耐严寒酷暑。喜湿润而排水良好的酸性土壤。

【园林应用】厚朴叶大荫浓，可作庭荫树栽培。

4.2.36　天女花

【别名】小花木兰、天女木兰。

【拉丁学名】*Oyama sieboldii*（K. Koch）N. H. Xia & C. Y. Wu

【科属】木兰科天女花属。

【形态特征】落叶小乔木。枝细长无毛，小枝及芽有柔毛。叶宽椭圆形或倒卵状长圆形，叶背有白粉；叶柄幼时有丝状毛。花单生，花瓣 6，白色，径 7～10 cm；花萼 3，浅粉红色，反卷；花柄细长，4～8 cm。花期 6 月。

【分布与习性】分布于辽宁凤凰山及草河口区北大

磘子山及安徽的黄山。喜凉爽湿润气候和肥沃土壤。

【园林应用】天女花花柄长，盛开时随风飘荡、芬芳扑鼻，有如天女散花。

4.2.37 广玉兰

【别名】洋玉兰、荷花玉兰。

【拉丁学名】*Magnolia grandiflora* Linn.

【科属】木兰科木兰属。

【形态特征】常绿乔木，树皮淡褐色或灰色，薄鳞片状开裂；小枝粗壮，具横隔的髓心；小枝、芽、叶下面、叶柄均密被褐色或灰褐色短茸毛（幼树的叶下面无毛）。叶厚革质，椭圆形，长圆状椭圆形或倒卵状椭圆形，先端钝或短钝尖，基部楔形，叶面深绿色，有光泽。花白色，有芳香，直径15～20 cm，花被片厚肉质。聚合果圆柱状长圆形或卵圆形，密被褐色或淡灰黄色茸毛，蓇葖背裂，背面圆，顶端外侧具长喙，种子近卵圆形或卵形。花期5—6月，果期9—10月。

【分布与习性】原产美洲和我国长江流域及其以南地区，北京、兰州等地有引种。广玉兰生长喜光，而幼时稍耐阴。喜温湿气候，有一定抗寒能力。适生于干燥、肥沃、湿润与排水良好微酸性或中性土壤，在碱性土种植易发生黄化，忌积水、排水不良。对烟尘及二氧化碳气体有较强抗性，病虫害少。根系深广，抗风力强。特别是播种苗树干挺拔，树势雄伟，适应性强。

【园林应用】树姿雄伟壮丽，叶阔荫浓，花似荷花，芳香馥郁，可孤植、对植或丛植、群植配植，也可作行道树供观赏，花含芳香油。耐烟抗风，对二氧化硫等有毒气体有较强抗性，可用于净化空气，保护环境。

4.2.38 鹅掌楸

【别名】马褂木。

【拉丁学名】*Liriodendron chinensis*（Hemsl.）Sarg

【科属】木兰科鹅掌楸属。

【形态特征】落叶乔木，树冠圆锥形。叶互生，形如马褂，叶片的顶部平截，犹如马褂的下摆；叶片的两侧平滑或略微弯曲，好像马褂的两腰；叶片的两侧端向外突出，仿佛是马褂伸出的两只袖子。花黄绿色，聚合果长7～9 cm，翅状小坚果，花期5—6月，果熟期10月。鹅掌楸为古老的孑遗植物，第四纪冰期后仅残存鹅掌楸和北美鹅掌楸两种。我国园林中栽培的多为鹅掌楸和杂交鹅掌楸。

杂种鹅掌楸（*Liriodendron chinense*（Hemsl.）Sarg. × *L. tulipifera* L.）为本属仅有的两个自然种鹅掌楸和北美鹅掌楸的杂交种，较亲本有明显的杂种优势，生长较强健。生长在华北以南。

【分布与习性】产于长江流域。性喜光及温和湿润气候，有一定的耐寒性，可经受 −15 ℃低温而完全不受伤害。喜深厚肥沃、适湿而排水良好的酸性或微酸性土壤，忌低湿水涝。生长速度快。

【园林应用】树形端正，叶形奇特，是优美的庭荫树和行道树，花淡黄绿色，美而不艳，最宜植于园林中的安静休息区的草坪上，秋叶呈黄色，很美丽，可独植或群植。

4.2.39 杜仲

【拉丁学名】*Eucommia ulmoides* Oliver l. C.

【科属】杜仲科杜仲属。

【形态特征】落叶乔木，树皮灰褐色，粗糙，内含橡胶，折断拉开有多数细丝。嫩枝有黄褐色毛，不久变秃净，老枝有明显的皮孔。芽体卵圆形，外面发亮，红褐色，有鳞片6～8片，边缘有微毛。叶椭圆形、卵形或矩圆形，薄革质，基部圆形或阔楔形，先端渐尖，边缘有锯齿。花生于当年枝基部，雄花无花被，雌花单生。翅果扁平，长椭圆形，先端2裂，基部楔形，周围具薄翅；坚果线形。早春开花，秋后果实成熟。

【分布与习性】分布于陕西、甘肃、河南、湖北、四川、云南、贵州、湖南及浙江等地，现各地广泛栽种。在自然状态下，生长于海拔300～500 m的低山、谷地或低坡的疏林里，对土壤的选择并不严格，在瘠薄的红土或岩石峭壁均能生长。

【园林应用】树皮药用，树皮分泌的硬橡胶供工业原料及绝缘材料。适于作庭荫树和行道树。

4.2.40 法桐

【别名】三球悬铃木。

【拉丁学名】*Platanus orientalis* L.

【科属】悬铃木科悬铃木属。

【形态特征】落叶大乔木，树冠阔钟形，树皮灰褐色至灰白色，呈薄片状剥离，一年生枝之字形曲折，灰绿色或褐色，节部膨大；单叶互生，有星状毛。叶掌状5～7裂，深裂达中部；叶基部阔楔形或截形，叶缘有齿牙，掌状脉；托叶圆领状。花序头状，黄绿色。多数坚果聚合成球形，3～6个球1串，宿存花柱长，呈刺毛状。冬季落叶后叶痕互生，圆环形；具环状托叶痕；叶迹5～6。无顶芽，侧芽单生，芽鳞1，帽状；柄下芽。花期4—5月；果9—10月成熟。

【分布与习性】原产欧洲，印度及小亚细亚也有分布，我国亦有栽培。喜阳光充足，喜温暖湿润气候，略耐寒，较能耐湿及耐干。生长迅速，寿命长，适生于微酸性或中性、排水良好的土壤，微碱性土壤虽能生长，但易发生黄化。根系分布较浅，台风时易受害而倒斜。

【园林应用】树形雄伟端正，叶大荫浓，树冠广阔，干皮光洁，繁殖容易，生长迅速，具有极强的抗烟、抗尘能力，有“行道树之王”的美称。

4.2.41 英桐

【别名】二球悬铃木。

【拉丁学名】*Platanus acerifolia*（Ait.）Willd.

【科属】悬铃木科悬铃木属。

【形态特征】落叶乔木，高可达20 m左右。树冠阔卵形，树皮光滑，大片块状脱落，枝条开展，幼枝密生褐色茸毛。叶阔卵形，上下两面嫩时有灰黄色毛被，下面的毛被更厚而密，后秃净，仅在背脉腋内有毛；基部截形或微心形，上部掌状5裂，有时7裂或3裂；中央裂片阔三角形，宽度与长度约相等；裂片全缘或有1～2个粗大锯齿；掌状脉3条，稀为5条，常离基部数毫米，或为基出；叶柄密生黄褐色毛被；托叶基部鞘状，上部开裂。花单性，雌雄同株，排成紧密球形的头状花序，雌雄花序同形，生于不同的花枝上，雌花花柱伸长，突出头状花序外。果枝有头状果序1～2个，稀为3个，常下垂；头状果序直径约2.5 cm，宿存花柱刺状。

本种为美国梧桐（一球悬铃木）*P. occidentalis* L.和法国梧桐（三球悬铃木）*P. orientalis* L.的杂交种，1640年在英国伦敦育成，后由伦敦引种到世界各大城市，广泛栽培，用作行道树和庭园绿化树。20世纪初，法国人引种在上海法租界内，1928年，为迎接孙中山奉安大典，从上海法国租界引进南京，故人们常称其为“法国梧桐”。现东北、华中及华南均有引种。

【分布与习性】世界各地多有栽培，中国各地栽培的也多为本种。阳性树，喜温暖气候，有一定的抗寒力，在北京可露地栽植，对土壤的适应能力极强，能耐干旱、瘠薄。萌芽力强，耐重剪。

【园林应用】同法桐。

4.2.42 美桐

【别名】一球悬铃木。

【拉丁学名】*Platanus occidentalis* L.

【科属】悬铃木科悬铃木属。

【形态特征】大乔木，树高可达 40 m 左右。树冠圆形或卵圆形。叶 3～5 浅裂，中裂片宽大于长。

球状果序常单生，稀 2 个串生，与悬铃木的主要区别为 5 浅裂，中央裂片宽大于长。

【分布与习性】原产北美东南部，中国有少量栽培。耐寒力比法桐稍差。

【园林应用】可作庭荫树和行道树。

4.2.43 花楸树

【拉丁学名】*Sorbus pohuashanensis*（Hance）Hedl.

【科属】蔷薇科花楸属。

【形态特征】落叶乔木，高达 8 m；小枝粗壮，圆柱形，灰褐色，具灰白色细小皮孔，嫩枝具茸毛，逐渐脱落，老时无毛；冬芽长大，长圆卵形，先端渐尖，具数枚红褐色鳞片，外面密被灰白色茸毛。奇数羽状复叶互生，小叶片 5～7 对，基部和顶部的小叶片常稍小，卵状披针形或椭圆披针形，先端急尖或短渐尖，基部偏斜圆形，边缘有细锐锯

齿，基部或中部以下近全缘；托叶草质，宿存，宽卵形，有粗锐锯齿。复伞房花序具多数密集花朵，萼筒钟状，花瓣宽卵形或近圆形，白色。果实近球形，红色或橘红色，具宿存闭合萼片。花期 6 月，果期 9—10 月。

【分布与习性】产黑龙江、吉林、辽宁、内蒙古、河北、山西、甘肃、山东。常生于山坡或山谷杂木林内，海拔 900～2 500 m。

【园林应用】木材可做家具，花叶美丽，入秋红果累累，有观赏价值。果可制酱、酿酒及入药。

4.2.44　水榆花楸

【别名】凉子木。

【拉丁学名】*Sorbus alnifolia* (Sieb.et Zucc) K.Koch var. alnifdia

【科属】蔷薇科花楸属。

【形态特征】落叶乔木。树皮光滑，灰色；小枝圆柱形，具灰白色皮孔，幼时微具柔毛，二年生枝暗红褐色，老枝暗灰褐色，无毛；冬芽卵形，先端急尖，外具数枚暗红褐色无毛鳞片。单叶互生，叶卵形至椭圆状卵形，先端锐尖，基部圆形，缘有不规则尖锐重锯齿。复伞房花序，白色。梨果卵形，红色或黄色。花期 5 月，果期 8—9 月。

【分布与习性】东北至长江中下游及陕、甘南部。耐阴，耐寒。喜湿润、微酸性或中性土。

【园林应用】本种树形圆锥形，秋天叶先变黄后转红，又结果累累，颇为美观，可作园林风景树栽植。

4.2.45　西府海棠

【别名】海红、子母海棠、小果海棠。

【拉丁学名】*Malus* × *micromalus* Makino

【科属】蔷薇科苹果属。

【形态特征】落叶乔木，高可达 8 m；小枝圆柱形，直立，幼时红褐色，被短柔毛，老时暗褐色，无毛；叶片椭圆形至长椭圆形，先端渐尖或圆钝，基部宽楔形或近圆形，边缘有紧贴的细锯齿，有时部分全缘；叶柄 1.5～3 cm，托叶膜质，披针形，全缘。花序近伞形，被稀疏柔毛；花直径 4～5 cm；花瓣卵形，基部具短爪，初开放时粉红色至红色；雄蕊的长度为花瓣的一半，萼裂片宿存；果梗细长，先端较肥厚。花期 4—5 月，果期 9 月。

【分布与习性】原产我国，现辽宁、河北、山西、山东、陕西、甘肃、云南等地均有栽培。喜光，耐寒，耐干旱，忌水湿，对土质和水分要求不高，最适生于肥沃、疏松又排水良好的沙质壤土。

【园林应用】西府海棠树态峭立，花色艳丽，果实鲜美诱人，孤植、列植、丛植均可。

4.2.46 海棠花

【别名】海棠。

【拉丁学名】*Malus spectabilis*（Ait.）Borkh.

【科属】蔷薇科苹果属。

【形态特征】落叶乔木，高可达 8 m；小枝粗壮，圆柱形，幼时具短柔毛，逐渐脱落，老时红褐色或紫褐色，无毛；冬芽卵形，先端渐尖，微被柔毛，紫褐色，有数枚外露鳞片。叶片椭圆形至长椭圆形，先端短渐尖或圆钝，基部宽楔形或近圆形，边缘有紧贴细锯齿，有时部分近于全缘，幼嫩时上下两面具稀疏短柔毛，以后脱落，老叶无毛；托叶膜质，窄披针形，先端渐尖，全缘，内面具长柔毛。花序近伞形，有花 4～6 朵；花直径 4～5 cm；萼筒外面无毛或有白色茸毛；萼片三角卵形，先端急尖，全缘，比萼筒稍短；花瓣卵形，基部有短爪，白色，在芽中呈粉红色。果实近球形，直径 2 cm，黄色，萼片宿存，基部不下陷，梗洼隆起；果梗细长，先端肥厚，长 3～4 cm。花期 4—5 月，果期 8—9 月。

【分布与习性】产于河北、山东、陕西、江苏、浙江、云南。平原或山地，海拔 50～2 000 m。我国著名观赏树种，华北、华东各地习见栽培。

【园林应用】海棠花美果艳，常栽作庭院观赏树。

4.2.47 垂丝海棠

【拉丁学名】*Malus halliana*（Voss.）Koehne.

【科属】蔷薇科苹果属。

【形态特征】落叶小乔木，树冠广卵形。树皮灰褐色、光滑。枝开张，幼枝褐色，有疏生短柔毛，后变为赤褐色。叶互生，椭圆形至长椭圆形，先端略为渐尖，基部楔形，边缘有平钝锯齿，表面深绿色而有光泽，背面灰绿色并有短柔毛，叶柄细长，基部有两个披针形托叶。花 5～7 朵簇生，伞总状花序，未开时红色，开后渐变为粉红色，多为半重瓣，也有单瓣花，萼片 5 枚，三角状卵形。花瓣 5 片，倒卵形，雄蕊 20～25 枚，花药黄色，4—5 月开放。梨果球状，黄绿色，果实先端肥厚，内含种子 4～10 粒。

【分布与习性】原产我国西南、中南、华东等地，云南、甘肃、陕西、山东、山西、河北、辽宁等地有栽培。性喜阳光，不耐阴，也不甚耐寒，喜温暖湿润环境，适生于阳光充足、背风之处，土壤要求不严，微酸或微碱性土壤均可成长，但以土层深厚、疏松、肥沃、排水良好略带黏质的生长更好。

【园林应用】花色艳丽，绰约多姿，妩媚动人，孤植、列植、丛植均可。

4.2.48 山丁子

【别名】山定子、林荆子。

【拉丁学名】*Malus baccata*（Linn.）Borkh.

【科属】蔷薇科苹果属。

【形态特征】落叶小乔木或灌木。树干灰褐色，光滑，不易开裂；小枝细弱，新梢黄褐色，无毛，嫩梢绿色微带红褐。单叶互生，叶片椭圆形，先端渐尖，基部楔形至圆形，叶缘锯齿细尖；伞形总状花序，花瓣倒卵形，白色或淡红色；果实近球形，直径 0.8～1 cm，红或黄色，果柄长为果实的 3～4 倍。种皮褐色或近黑色，微小。冬芽卵形，外被数枚覆瓦状鳞片。花期 4 月，果熟期 9 月。

【分布与习性】原产于东北、华北、西北及内蒙古东部地区山区，现西南地区也有野生分布。喜光，耐寒性极强（有些类型能抗 －50 ℃的低温），耐旱，耐瘠薄，不耐盐，怕水湿；深根性，寿命长。

【园林应用】春季观花，秋季观果，常栽作庭院观赏树。

4.2.49 山楂

【别名】山里果、山里红、酸里红。

【拉丁学名】*Crataegus pinnatifida* Bge.

【科属】蔷薇科山楂属。

【形态特征】落叶小乔木，树皮灰褐色，浅纵裂。常具短枝。一年生枝黄褐色，无毛。二年生枝灰绿色，枝密生，有细刺，幼枝有柔毛。单叶互生，叶三角状卵形至菱状卵形，羽状裂。伞房花序，白色。核果梨果状，红色，有白色皮孔。髓切面圆形。叶痕扁三角形或新月形；叶迹 3。顶芽近球形，红褐色，无毛；侧芽开展。花期 5—6 月，果期 9—10 月。

大果山楂（var. *major* N.E.Br.），又名山里红，果实较大，叶浅裂，作果树栽培。

【分布与习性】产于东北、华北等地。喜光，稍耐阴，耐寒，适应能力强，抗洪涝能力超强，根系发达，萌蘖性强。

【园林应用】树冠整齐，花繁叶茂，果实鲜红可爱，是观花、观果和园林结合生产的良好树种。可作庭荫树和园路树。

4.2.50 山桃

【别名】京桃。

【拉丁学名】*Prunus davidiana*（Carr.）C. de. Vos ex Henry

【科属】蔷薇科李属。

【形态特征】落叶小乔木，高达 10 m，干皮紫褐色，有光泽，小枝红褐色，无毛。常具横向环纹，老时纸质剥落。叶狭卵状披针形，长 6~10 cm。锯齿细尖，稀有腺体，花淡粉红色或白色，果近球形，径 3 cm 左右，肉薄而干燥。花期 3—4 月，果期 7—8 月。

【分布与习性】主要分布于我国黄河流域、内蒙古及东北南部，西北也有，多生于向阳的石灰岩山地。喜光，耐寒，耐干旱、瘠薄，怕涝，一般土质都能生长，对自然环境适应性很强。播种繁殖。

【园林应用】耐寒和抗旱性强，是退耕还林、荒山造林的良好树种，在园林绿化中可做片林观赏。

4.2.51 碧桃

【别名】粉红碧桃、千叶桃花。

【拉丁学名】*Prunus persica* L. var. *duplex* Rehd

【科属】蔷薇科李属。

【形态特征】落叶小乔木，高可达 8 m，小枝红褐色或绿色，表面光滑；叶椭圆状披针形，长 7～15 cm，先端渐尖，叶缘具粗锯齿，叶基部有腺体；花单生或两朵生于叶腋，重瓣，色彩鲜艳丰富，花型多。先开花后展叶，华东地区花期是 3—4 月。冬芽上具白色柔毛。芽并生，中间多为叶芽，两侧为花芽。

碧桃是桃树的一个变种，属于观赏桃花类的半重瓣及重瓣品种的统称，常见的品种有红花绿叶碧桃、红花红叶碧桃、白红双色洒金碧桃等多个变种。

【分布与习性】碧桃原产中国，世界各国均已引种栽培。喜光、耐旱，要求土壤肥沃、排水良好。耐寒能力不如桃，在北京背风处可以越冬。

【园林应用】碧桃树姿婀娜，花朵妩媚，是北方园林中早春不可缺少的观赏树种，孤植、群植于湖滨、溪流均较适宜。

4.2.52 紫叶李

【别名】红叶李。

【拉丁学名】*Prunus cerasfera* cv. Atropurpurea Jacq.

【科属】蔷薇科李属。

【形态特征】落叶小乔木。高达 8 m，枝干为紫灰色，嫩芽淡红褐色。叶常年紫红，单叶互生，叶卵圆形或长圆状披针形，叶子光滑无毛，叶缘具尖锐重锯齿。花蕊短于花瓣，花瓣为单瓣。核果扁球形，腹缝线上微见沟纹，无梗洼，熟时黄、红或紫色，光亮或微被白粉，花叶同放，花期 3—4 月，果常早落。

【分布与习性】原产中亚及中国新疆天山一带，现栽培分布于北京以及山西、陕西、河南、江苏、山东、辽宁等省的各大城市。喜光也稍耐阴，抗寒，适应性强，以温暖湿润的气候环境和排水良好的沙质壤土最为有利。怕盐碱和涝洼。浅根性，萌蘖性强，对有害气体有一定的抗性。

【园林应用】紫叶李枝广展，红褐色而光滑，叶自春至秋呈红色，尤以春季最为鲜艳，宜于建筑物前及园路旁或草坪角隅处栽植。

4.2.53 紫叶矮樱

【拉丁学名】*Prunus×cistena*

【科属】蔷薇科李属。

【形态特征】为落叶灌木或小乔木，是紫叶李和矮樱的杂交种。株高 1.8～2.5 m，冠幅 1.5～2.8 m，枝条幼时紫褐色，老枝有皮孔。单叶互生，叶长卵形或卵状长椭圆形，长 4～8 cm，先端渐尖，叶紫红色或深紫红色，叶缘有不整齐的细钝齿。花单生，中等偏小，淡粉红色，花瓣 5 片，微香，花期 4—5 月。

【分布与习性】适应性强，在排水良好，肥沃的沙土、沙壤土、轻度黏土上生长良好。性喜光，耐寒能力较强，在辽宁、吉林南部，小气候好的建筑物前避风处，冬季可以安全越冬。抗病力强，耐修剪，半阴条件仍可保持紫红色。

【园林应用】紫叶矮樱在整个生长季节内其叶片呈紫红色，亮丽别致，树形紧凑，叶片稠密，整株色感表现好，是城市园林绿化优良的彩叶配植树种。在盆栽应用方面，可制成中型和微型盆景。

4.2.54 杏

【别名】杏子。

【拉丁学名】*Prunus armeniaca* L.

【科属】蔷薇科李属。

【形态特征】树大，树冠开展，叶阔卵形或圆卵形，深绿色，边缘有钝锯齿；近叶柄顶端有二腺体；淡粉色花单生或2～3个同生。短枝每节上生一个或两个果实，果圆形或长圆形，稍扁，果皮多为金黄色，向阳部有红晕和斑点；暗黄色果肉，味甜多汁；核面平滑没有斑孔，核缘厚而有沟纹。

陕梅杏，别名重瓣杏、光叶重瓣花杏。树冠丛状形，树姿直立。多年生枝灰褐色。一年生枝粗壮，紫红色。叶片圆形，基部宽楔形，先端急尖，叶缘单锯齿。重瓣花，每朵花花瓣70余枚，花萼紫红色，花瓣粉红色，花冠直径4.5 cm。3月下旬至4月上旬花芽萌动，4月中下旬开花，花期10 d。

陕梅杏是辽宁省果树研究所1983年在陕西省眉县发现，系杏的实生变异品种。抗寒，耐干旱，适应性强。花多而大，开放时十分壮观，与辽梅杏同栽，树形花期互补，构成北方的“梅花”群。

【分布与习性】除南部沿海及台湾省外，我国大多数省区皆有。为阳性树种，适应性强，深根性，喜光，耐旱，抗寒，抗风，寿命可达百年以上，为低山丘陵地带的主要栽培果树。

【园林应用】杏树是观花、观果的观赏树种，同时也是防风固沙、水土保持的生态先锋树种。

4.2.55 梅

【拉丁学名】*Prunus mume* Siebold & Zucc.

【科属】蔷薇科李属。

【形态特征】落叶乔木，树干褐紫色，小枝多为绿色，叶广卵形或近卵形。花1～2朵，具短梗，淡粉或白色，有芳香，在冬季或早春叶前开花。果卵球形，被柔毛，果肉粘核。花期12月至翌年3月，果期4—6月。

【分布与习性】野生于西南山区，栽培的梅树在黄河以南地区可露地越冬，华北以北只见盆栽。喜阳光，性喜温暖而略潮湿的气候，有一定的耐寒力，对土壤要求不严。怕积水，忌在风口栽植。寿命达数百年至上千年。

【园林应用】梅为中国传统的果树和名花，树姿古朴，花色素雅、花态秀丽、果实丰盛，可孤植、丛植及群植，或与松、竹配植为“岁寒三友”。

4.2.56 东京樱花

【别名】日本樱花、樱花。

【拉丁学名】*Prunus yedoensis*（Matsum.）Yu et Li

【科属】蔷薇科李属。

【形态特征】落叶乔木，树皮暗褐色，平滑。小枝常栗褐色，幼时有毛。单叶互生，叶卵状椭圆形至倒卵形，先端渐尖或骤尾尖。叶柄上有腺点。总状花序，花梗长2 cm，花白色或浅粉色。核果卵球形。花期4月，果期5月。园艺品种很多。

【分布与习性】原产于日本，中国多有栽培，尤以华北及长江流域各城市为多。喜光，较耐寒，在北京可露地越冬。生长较快但树龄较短。用嫁接法繁殖。砧木用樱桃、山樱花、尾叶樱及桃、杏等的实生苗。栽培管理较简单。

【园林应用】春天开花时繁花如雪，宜植于山坡、庭院、建筑物前及园路旁。

4.2.57 樱花

【别名】山樱花、青肤樱。

【拉丁学名】*Prunus serrulata*（Lindl.）G. Don ex London

【科属】蔷薇科李属。

【形态特征】乔木，树皮灰褐色或灰黑色。小枝灰白色或淡褐色，无毛。冬芽卵圆形，无毛。叶片卵状椭圆形或倒卵椭圆形，先端渐尖，基部圆形，边有渐尖单锯齿及重锯齿，齿尖有小腺体；叶柄无毛，先端有1～3圆形腺体；托叶线形，边有腺齿，早落。花序伞房总状或近伞形，有花2～3朵；萼筒管状，萼片三角披针形；花瓣白色，稀粉红色，倒卵形，先端下凹。核果球形或卵球形，紫黑色。花期4—5月，果期6—7月。樱花在日本栽培历史悠久，园艺品种众多。主要由本种及其变种与其他种类杂交培育而成。

日本晚樱［var. *lannesiana*（Carr.）Makino］，高约 10 m，树皮淡灰色。叶倒卵形，缘具长芒状齿；花单或重瓣、下垂，粉红或近白色，芳香，2～5 朵聚生，花期 4 月。

【分布与习性】产于黑龙江、河北、山东、江苏、浙江、安徽、江西、湖南、贵州。生于山谷林中或栽培，海拔 500～1 500 m。日本、朝鲜也有分布。

【园林应用】春天开花时繁花如雪，宜植于山坡、庭院、建筑物前及园路旁。

4.2.58　稠李

【别名】臭李子。

【拉丁学名】*Padus avium* Miller

【科属】蔷薇科稠李属。

【形态特征】落叶乔木，高达 15 m。树皮黑褐色，浅纵裂。小枝紫褐色，有棱，幼枝灰绿色，近无毛，叶椭圆形或倒卵形，基部扩楔形或圆形，先端渐尖，边缘有钝锯齿，叶柄近端有两个腺体。花白色，组成总状花序，呈下垂状，有花 10～20 朵，花部无毛，略有异味。核果近球形，黑色。花期 4 月，与叶同时开放；果 9 月成熟。

【分布与习性】分布于东北、内蒙古、河北、河南、山西、陕西、甘肃等地。喜光也耐阴，耐寒性较强，喜湿润土壤，在河岸沙壤土上生长良好。用播种法繁殖。

【园林应用】稠李花序长而美丽，秋叶变黄红色，果成熟时亮黑色，是良好的观花、观叶、观果的树种。

4.2.59　紫叶稠李

【别名】加拿大红樱。

【拉丁学名】*Padus Virginiana* Canada red

【科属】蔷薇科稠李属。

【形态特征】落叶小乔木，高 8～10 m。小枝平滑，短枝开花，单叶，互生，先端阔大成椭圆形，叶宽相当于叶长的 2/3，初生叶为绿色，进入 5 月后随着温度升高，逐渐转为紫红绿色至紫红色，秋天变成红色，成为变色树种。花序长 4～6 cm，花白色，花期 4—5 月，果实紫红色光亮。

【分布与习性】原产于北美洲，是一种速生植物。喜光，喜温暖、湿润的气候环境，在湿润、肥沃疏松而排水良好的沙质壤土长势好。

【园林应用】可孤植、丛植、群植，又可片植，或植成大型彩篱及大型的花坛模纹，又可作为城市道路二级行道树，以及小区绿化的风景树使用。

4.2.60　刺槐

【别名】洋槐。

【拉丁学名】*Robinia pseudoacacia* L.

【科属】豆科刺槐属。

【形态特征】落叶乔木，高 10～20 m。树皮灰黑褐色，纵裂；小枝灰褐色，无毛或幼时具微柔毛，枝具托叶刺；奇数羽状复叶，互生。小叶椭圆形至卵状长圆形，先端圆或微凹，具小刺尖，全缘，表面绿色，被微柔毛，背面灰绿色被短毛。总状花序，白色蝶形花，芳香。荚果扁平，线状长圆形，褐色，光滑。花果期 5—9 月。

香花槐（cv. Idaho），原产于西班牙，总状花序，花红色，芳香，在北方 5 月和 7 月开花，在南方开 3～4 次花。叶繁枝茂，树冠开阔，树干笔直，树态苍劲挺拔，观赏价值极佳。

【分布与习性】原产于北美，现欧、亚各国广泛栽培。为强阳性树，较耐干旱瘠薄，对土壤适应性很强，畏积水，浅根性，侧根发达，萌蘖性强，寿命较短。

【园林应用】刺槐树冠高大，叶色鲜绿，花、叶绿白相映，素雅芳香，可作片林、庭荫树及行道树，同时是工矿区绿化及荒山荒地绿化的先锋树种。

4.2.61 国槐

【别名】槐树、家槐。

【拉丁学名】*Sophora japonica* L.

【科属】豆科槐属。

【形态特征】落叶乔木，树高可达 25 m；树皮纵裂；小枝绿色，皮孔明显。奇数羽状复叶，小叶卵状披针形，叶端尖，叶背有白粉及柔毛。圆锥花序顶生，浅黄绿色。荚果念珠状，熟后不开裂，经冬不落。冬季落叶后叶痕互生，V 形或三角形，有托叶痕，叶迹 3。无顶芽，侧芽为柄下芽，半隐藏于叶痕内，极小，被褐色粗毛。花期 6—8 月，果期 9—10 月。

龙爪槐（cv. Pendula），树冠如伞，状态优美，枝和小枝均下垂，并向不同方向弯曲盘旋，形似龙爪。

蝴蝶槐（f. *oligophylla*），小叶 3～5 簇生，顶生小叶常 3 裂，侧生小叶下部常有大裂片，叶背有毛。

金枝国槐（cv. Golden Stem）又称黄金槐，发芽早，幼芽及嫩叶淡黄色，每年 11 月至第二年 5 月，其枝干为金黄色。

金叶国槐（cv. Golden Leaf），春季萌发的新叶及后期长出的新叶，在生长期的前 4 个月，均为金黄，在生长后期及树冠下部见光少的老叶，呈现淡绿色，所以其树冠在 8 月前为全黄，在 8 月后上半部为金黄色，下半部为淡绿色。

（左上为龙爪槐，右上为蝴蝶槐，左下为金叶国槐，中下、右下为金枝国槐）

【分布与习性】原产于中国北部。北自辽宁，南至广东、台湾，东自山东，西至甘肃均有分布。喜光，略耐阴，喜干冷气候，喜深厚、排水良好的沙质土壤。生长速度中等，根系发达，为深根性树种，萌芽力强，寿命极长。

【园林应用】国槐树冠宽广，枝叶繁茂，寿命长而又耐城市环境，是良好的行道树和庭荫树。是夏季重要的蜜源植物。

4.2.62 合欢

【别名】马缨花、绒花树。

【拉丁学名】*Albizia julibrissin* Durazz.

【科属】豆科合欢属。

【形态特征】落叶乔木。树高可达 16 m；小枝无毛；2 回偶数羽状复叶，小叶镰刀状长圆形，两侧常不对称，中脉在一边，总叶柄下有腺体。头状花序，多数排成伞房状，花黄绿色，不显，花丝粉红色，观赏性强。荚果扁条形。花期 6—7 月，果 9—10 月成熟。

【分布与习性】产于亚洲及非洲，广泛分布于我国东北南部至华南地区。适应性强，喜光，但树干皮薄怕暴晒。耐寒性略差，耐干旱、瘠薄，但不耐水涝，生长迅速，枝条开展，树冠常偏斜，分枝点较低。

【园林应用】合欢树姿优美，叶形雅致，盛夏绒花满树，有色有香，能形成轻柔舒畅的气氛，宜作庭荫树、行道树，植于林缘、草坪、山坡等地。

4.2.63 山皂荚

【拉丁学名】*Gleditsia japonica*（A.Juss.）Miq.

【科属】豆科皂荚属

【形态特征】落叶乔木，高可达 14 m。树皮糙而不裂，干及枝上有分枝的刺。枝无顶芽，侧芽叠生。枝刺扁。偶数羽状复叶。穗状花序。荚果薄而扭曲。花期 5—6 月，果期 6—10 月。

【分布与习性】分布极广，自中国北部至南部以及西南等地均有分布。喜光而稍耐阴，喜温暖湿润气候及深厚肥沃适当湿润的土壤，对土壤要求不

严。深根性，播种后 7～8 年可开花。

【园林应用】树冠广宽，叶密荫浓，宜作庭荫树及四旁绿化或造林用。

4.2.64 皂荚

【别名】鸡栖子、皂角、大皂荚、长皂荚、悬刀、长皂角、大皂角、乌犀。

【拉丁学名】*Gleditsia sinensis* Lam.

【科属】豆科皂荚属。

【形态特征】落叶乔木，枝灰色至深褐色；刺粗壮，圆柱形，常分枝，多呈圆锥状。偶数羽状复叶互生，小叶 6～18 枚，纸质，卵状披针形至长圆形，先端急尖或渐尖，顶端圆钝，具小尖头，基部圆形或楔形，有时稍歪斜，边缘具细锯齿，上面被短柔毛，下面中脉上稍被柔毛；网脉明显，在两面凸起；总状花序腋生或顶生，花杂性，黄白色，荚果带状，劲直或扭曲，种子多颗，长圆形或椭圆形，棕色，光亮。花期 4—5 月，果熟期 10 月。

【分布与习性】原产于中国长江流域，现我国北部至南部及西南均有分布。性喜光而稍耐阴，喜温暖湿润气候及深厚肥沃适当湿润土壤，但对土壤要求不严，在石灰质及盐碱甚至黏土或沙土均能正常生长。皂荚寿命很长，可达六七百年。属于深根性树种。

【园林应用】皂荚冠大荫浓，寿命较长，非常适宜作庭荫树及四旁绿化树种。

4.2.65 臭檀吴茱萸

【别名】臭檀吴萸、臭檀。

【拉丁学名】*Evodia daniellii*（Benn.）Hemsl.

【科属】芸香科吴茱萸属。

【形态特征】落叶乔木。树皮暗灰色，平滑，老时横裂。奇数羽状复叶对生，小叶 5～11，柄短，有毛；小叶卵形至长圆状卵形，基部圆形或阔楔形，先端渐尖，边缘有钝锯齿，凹处有黄色腺点。聚伞状圆锥花序顶生，雌雄异株，花序大小不一，花轴与花梗被短茸毛；花小形，通常 5 数，白色；雄花的花瓣内被疏毛，花丝中部以下被长柔毛，

退化子房圆柱形，顶端 4～5 裂，密被毛；雌花花瓣里面密被长柔毛，具退化雄蕊 4～5，无花药，子房球形。蓇葖果紫红色或红褐色，果皮布有透明腺点，分果瓣长 6～7 mm，先端有尖喙，每分果瓣有种子 2 粒。种子卵圆形，黑色，有光泽，花期 6—7 月，果期 9 月。

【分布与习性】分布于我国河北、山西、陕西、甘肃、山东、河南、湖北等省，朝鲜、日本也有分布。阳性树种，深根性，喜生于山崖或山坡上。

【园林应用】树冠宽阔，可作庭园观赏树种。

4.2.66 黄檗

【别名】元柏、檗木、檗皮、黄菠萝。

【拉丁学名】*Phellodendron amurense* Rupr.

【科属】芸香科黄檗属。

【形态特征】落叶乔木，树皮厚，浅灰色，网状深纵裂，木栓质发达，内皮鲜黄色。奇数羽状复叶，小叶 5～13，卵状椭圆形至卵状披针形，叶基

稍不对称，叶表光滑，叶背中脉基部有毛。顶生圆锥花序，花小，黄绿色。核果。

【分布与习性】产于中国东北小兴安岭南坡、长白山区及河北省北部。性喜光，不耐阴，喜湿润、排水良好的中性或微酸性壤土。深根性，主根发达，抗风力强。

【园林应用】树冠宽阔，秋季叶变黄色，故可植为庭荫树或成片栽植。在自然风景区中可与红松、兴安落叶松、花曲柳等混交。

4.2.67 臭椿

【别名】椿树、木砻树。

【拉丁学名】*Ailanthus altissima*（Mill.）Swingle

【科属】苦木科臭椿属。

【形态特征】落叶乔木，树高可达 30 m，树冠呈扁球形或伞形。树皮灰白色或灰黑色，平滑，稍有浅裂纹。枝条粗壮，髓心海绵质，淡褐色。奇数羽状复叶，互生，小叶近基部具少数粗齿，卵状披针形，叶总柄基部膨大，齿端有 1 腺点，有臭味。

雌雄同株或雌雄异株。圆锥花序顶生，花小，杂性，白绿色，花瓣 5～6，雄蕊 10。种子位于翅果中央。叶落后叶痕盾形或肾形；无托叶痕；叶迹 7～13，常 9，排成 V 形。无顶芽；侧芽球形，黄褐色或褐色，被黄色茸毛或无毛；芽鳞 2～4。

千头椿（*Ailanthus altissima*‘Qiantou’），枝条直立生长，分支角度小于 45°，枝干密集，无明显中心干。

【分布与习性】分布于东北南部，华北、西北至长江流域各地均有分布。喜光，适应性强，对烟尘与二氧化硫的抗性较强，能耐干旱及盐碱。不耐水湿，喜排水良好的沙壤土。 根系发达，为深根性树种。萌蘖性强，生长较快。

【园林应用】臭椿树干通直而高大，树冠圆整如半球状，颇为壮观，叶大荫浓，秋季红果满树，虽叶及开花时微臭，但并不严重，仍是一种很好的观赏树、庭荫树和行道树。欧洲称之为天堂树。

4.2.68 香椿

【别名】香椿铃、香铃子、香椿子。

【拉丁学名】*Toona sinensis*（A.Juss.）Roem.

【科属】楝科香椿属。

【形态特征】落叶乔木，树皮条片状剥落。复聚伞花序，白色。偶数羽状复叶，稀奇数羽状复叶，小叶 10～20 枚。长椭圆形至广披针形，先端长渐尖，基部不对称，全缘或具不明显钝锯齿。蒴果，狭椭圆形或近卵形，成熟后呈红褐色，果皮革质，开裂成钟形。种子椭圆形，上有木质长翅。6 月开花，10—11 月果实成熟。

【分布与习性】原产于中国中部，现辽宁南部、华北至东南和西南各地均有分布。喜光，不耐庇荫，适生于深厚、肥沃、湿润的沙质壤土上。较耐水湿，有一定的耐寒力，深根性，萌芽、萌蘖力强。生长速度中等偏快。

【园林应用】香椿为我国人民熟知和喜爱的特产树种，栽培历史悠久，是华北、华中和西南等地重要的用材及四旁绿化树种。枝叶茂密，树干耸直，树冠庞大，嫩叶红艳，是良好的行道树和庭荫树。

4.2.69 黄栌

【拉丁学名】*Cotinus coggygria* Scop.

【科属】漆树科黄栌属。

【形态特征】小乔木或灌木。单叶互生，倒卵形，先端圆形或微凹，基部圆形或阔楔形，全缘，叶柄长 1～4 cm。圆锥花序顶生花杂性，不孕花的细长花梗紫绿色羽毛状，宿存，核果肾形。花期 4—5 月，果熟期 6—7 月。

紫叶黄栌，叶紫色，花序有暗紫色毛。

【分布与习性】产于中国西南、华北和浙江等地。喜光，也耐半阴，耐干旱瘠薄和碱性土壤，较强抗二氧化硫能力，喜深厚、肥沃而排水良好的沙壤土，不耐水湿。根系发达，萌蘖性强，长势快。

【园林应用】黄栌为重要的观赏红叶树种，叶片秋季变红，鲜艳夺目，初夏花后有淡紫色羽毛状的花梗宿存树梢很久，在园林中适宜丛植于草坪、土丘或山坡。

4.2.70 火炬树

【别名】火炬漆、加拿大盐肤木。

【拉丁学名】*Rhus typhina* Nutt.

【科属】漆树科盐肤木属。

【形态特征】落叶小乔木，分枝少，小枝粗壮并密被褐色茸毛，柄下芽。奇数羽状复叶，小叶19～23（11～31），长椭圆状至披针形，缘有锯齿，先端长，渐尖，基部圆形或广楔形，缘有整齐锯齿；叶表面绿色，背面粉白，均密被柔毛，老时脱落。圆锥花序顶生、密生茸毛，花淡绿色，雌花序及果穗鲜红色，形同火炬。花期6—7月，果期9—11月。

【分布与习性】原产于北美，常在开阔的沙土或砾质土上生长。中国各地引种栽培。阳性树种，耐寒，耐干旱瘠薄，耐水湿，耐盐碱，水平根系发达，萌蘖性强，适应性极强，生长速度快，一年可成林。

【园林应用】火炬树果穗红艳似火炬，夏、秋缀于枝头，秋叶鲜红色，是优良的秋景树种。宜丛植于坡地、公园角落，也是固堤、固沙、保持水土的好树种。

4.2.71　丝棉木

【别名】明开夜合、白杜、桃叶卫矛。

【拉丁学名】*Euonymus maackii* Rupr

【科属】卫矛科卫矛属。

【形态特征】小乔木，高达6 m。叶卵状椭圆形、卵圆形或窄椭圆形，先端长渐尖，基部阔楔形或近圆形，边缘具细锯齿，有时极深而锐利；叶柄通常细长，常为叶片的1/4～1/3，但有时较短。聚伞花序3花至多花，花序梗略扁，长1～2 cm，黄绿色；雄蕊花丝细长，花药紫红色。蒴果倒圆心状，4浅裂，成熟后果皮粉红色；种子长椭圆状，棕黄色，假种皮橙红色，全包种子，成熟后顶端常有小口。花期5—6月，果期9月。

【分布与习性】北起黑龙江，南到长江南岸各省区，西至甘肃，除陕西、西南和两广未见野生外，其他各省区均有，但长江以南常见栽培。喜光、耐寒、耐旱、稍耐阴，也耐水湿，对土壤要求不严，深根性树种，根萌蘖力强，生长较慢。

【园林应用】丝棉木枝叶秀丽，红果密集，可长久悬挂枝头，到了秋季，红绿相映煞是美丽，是园林绿地的优美观赏树种。宜植于林缘、草坪、路旁、湖边及溪畔，也可用做防护林或工厂绿化树种。

4.2.72　元宝枫

【别名】平基槭、色树、元宝树、枫香树。

【拉丁学名】*Acer truncatum* Bunge

【科属】槭树科槭树属。

【形态特征】元宝枫干皮灰黄色，浅纵裂，小枝灰黄色（一年生枝嫩绿色），光滑无毛；单叶对生，掌状5～7裂，裂片全缘，基部常截形，稀心形。伞房花序，翅果扁平，张开约成直角，翅长度等于或略长于果核。叶痕对生，C形，叶痕间有连接线；无托叶痕；叶迹3。具顶芽；芽卵形，芽鳞2～3对，棕色或淡褐色。

【分布与习性】主产于黄河中、下游各省，东北南部及江苏北部。安徽南部也有分布。弱阳性，

耐半阴，喜生于阴坡及山谷，喜温凉气候及肥沃、湿润而排水良好的土壤，有一定的耐寒力，但不耐涝。萌蘖性强，深根性，有抗风雪能力。

【园林应用】本种冠大荫浓，树姿优美，叶形秀丽，嫩叶红色，秋季叶又变成橙黄色或红色，是北方重要的秋色叶树种。华北各省广泛栽作庭荫树和行道树。

4.2.73　五角枫

【别名】锦槭、色木、丫角枫、五角槭。

【拉丁学名】*Acer pictum* subsp. *Mono*（Maxim.）H. Ohashi

【科属】槭树科槭树属。

【形态特征】落叶乔木，高 20 m，冬芽紫褐色，有短柄。单叶对生，基部心形或浅心形，通常 5 裂，裂深达叶片中部，有时 3 裂或 7 裂，裂片卵状三角形，顶部渐尖或长尖，全缘，表面绿色，无毛，背面淡绿色，基部脉腋有簇毛。花多数，伞房花序。翅果开展成钝角，花期在 5 月，果期 9 月。

【分布与习性】广布于东北、华北及长江流域各省，是我国槭树科中分布最广的一种。弱阳性，稍耐阴，喜温凉湿润气候，对土壤要求不严，生长速度中等，深根性，很少病虫害。

【园林应用】本种树形优美，叶、果秀丽，入秋叶色变为红色或黄色，宜作山地及庭园绿化树种，与其他秋色树种或常绿树配植，彼此衬托掩映，可增加秋景色彩。也可用作庭荫树、行道树或防护林。

4.2.74　复叶槭

【别名】梣叶槭、糖槭。

【拉丁学名】*Acer negundo* L.

【科属】槭树科槭树属。

【形态特征】落叶乔木，树高达 10 m。小枝绿色，有白粉。奇数羽状复叶对生，小叶 3～5 枚，卵形或椭圆状披针形，缘有不规则缺刻。翅果狭长，张开呈锐角。

金叶复叶槭、粉叶复叶槭、花叶复叶槭，其中金叶复叶槭的抗寒能力最强。在我国东北沈阳地区、江浙、华南地区均可种植，喜透气性良好的土壤，孤植群植均可。

（上为金叶复叶槭，左下为花叶复叶槭，右下为粉叶复叶槭）

【分布与习性】原产于北美东南部，中国东北、华北、内蒙古、新疆及华东一带都有栽培。喜光，喜冷凉气候，耐干冷，喜深厚、肥沃、湿润土壤，稍耐水湿，在中国东北地区生长良好。生长较快，寿命较短。

【园林应用】本种枝叶茂密，入秋叶色金黄，颇为美观，宜作庭荫树、行道树及防护树种。在北方也常作四旁绿化树种。

4.2.75 茶条槭

【别名】茶条、华北茶条槭。

【拉丁学名】*Acer tataricum* subsp. *Ginnala* (Maximowicz) Wesmael

【科属】槭树科槭树属。

【形态特征】落叶小乔木，树皮灰褐色。幼枝绿色或紫褐色，老枝灰黄色。单叶对生，纸质，卵形或长卵状椭圆形，常3裂，中裂片特大，基部圆形或近心形，边缘为不整齐疏重锯齿，近基部全缘，叶柄细长；花杂性同株，顶生伞房花序，多花；小坚果扁平，长圆形，具细脉纹，幼时有毛；翅长约2 cm，有时呈紫红色，果翅张开成锐角或近平行。花期5—6月，果熟期9月。

【分布与习性】产于东北、内蒙古、华北及长江中下游各省。弱阳性，耐半阴，耐寒，在深厚而排水良好的沙质壤土下生长好，在烈日下树皮易受灼害，萌蘖性强，深根性。

【园林应用】茶条槭树干直而洁净，花有清香，夏季果翅红色美丽，秋季叶色红艳，宜植于庭园观赏，尤其适合作为秋色树种点缀园林及山景，也可修剪成绿篱和整形树。

4.2.76 鸡爪槭

【别名】鸡爪枫。

【拉丁学名】*Acer palmatum* Thunb

【科属】槭树科槭树属。

【形态特征】落叶小乔木，树冠伞形，树皮深灰色，平滑。小枝细，当年生枝淡紫绿色；多年生枝淡灰紫色或深紫。叶对生，纸质，掌状7~9裂，基部截形呈心脏形。裂片先端尾状，边缘有不整齐锐齿或重锐齿，深达叶片直径的1/2或1/3；嫩叶密生柔毛，老叶平滑无毛。花紫色，杂性，伞房花序，4月开放。翅果张开呈钝角，向上弯曲，10月成熟。

羽毛枫（*Acer palmatum* cv. Dissecrum），又名紫红叶鸡爪。羽毛枫为落叶灌木，新枝紫红色，成熟枝暗红色。早春发芽时，嫩叶艳红，密生白色软毛，叶片舒展后渐脱落，叶色亦由艳丽转淡紫色甚至泛暗绿色。

【分布与习性】长江流域各省，北至山东，南达浙江。抗寒性较强，耐酸碱，能忍受较干旱的气候条件，喜疏阴，在富含腐殖质的土壤长势好。

【园林应用】鸡爪槭叶形美观，入秋后转为鲜红色，为优良的观叶树种。宜丛植于草坪或植于土丘、溪边、池畔和路隅、墙边、亭廊、山石旁。

4.2.77 三花槭

【别名】拧筋槭、拧筋子。

【拉丁学名】*Acer triflorum* Komarov

【科属】槭树科槭树属。

【形态特征】树皮灰褐色，薄片状剥裂。小枝灰褐色，有圆形点状皮孔。叶为三出复叶，小叶纸质，长圆卵形或长圆披针形，稀长圆倒卵形，表面绿色，背面黄绿色，脉上有白色长毛，叶柄细瘦，

淡紫色。伞房花序，花杂性，黄绿色，雄花与两性花异株，花梗有褐色柔毛。小坚果凸起，近于球形，翅黄褐色，张开呈锐角或近于直角。花期4—5月，果期9月。

【分布与习性】分布于我国东北三省及朝鲜北部。耐寒，喜光，稍喜阴，喜湿润肥沃土壤。

【园林应用】三花槭入秋后叶色变红，为点缀庭园的良好观叶树种。

4.2.78 文冠果

【别名】文冠木、文官果、土木瓜、木瓜、温旦。

【拉丁学名】*Xanthoceras sorbifolia* Bunge

【科属】无患子科文冠果属。

【形态特征】落叶小乔木或灌木。奇数羽状复叶互生，小叶9～19，长椭圆形至披针形，先端尖，基部楔形，缘有锯齿，无柄，多对生。总状花序，多为两性花，分孕花和不孕花，生于枝顶花序的中上部为孕花，多能结实；腋生花序和顶生花序的下部花多为不孕花，不能结实。花白色，基部有斑晕，花5瓣，美丽而具香气；花盘5裂，裂片背面有一橙色角状附属物；雄蕊8枚。蒴果椭球形，具木质厚壁，瓣裂。

【分布与习性】原产于中国北部。喜光，也耐半阴，耐干旱，不耐涝，耐瘠薄、耐盐碱，抗寒能力强，深根性，主根发达，萌蘖力强，生长快。

【园林应用】文冠果花大而花朵密，春天白花满树，花期可持续20多d，且有秀丽光洁的绿叶相衬，更显美观。是难得的观花小乔木，也适于大面积绿化造林。

4.2.79 栾树

【别名】大夫树、灯笼树。

【拉丁学名】*Koelreuteria paniculata* Laxm.

【科属】无患子科栾树属。

【形态特征】落叶乔木，树冠近球形。树皮灰褐色，细纵裂。奇数羽状复叶互生，有时呈不完全的2回羽状复叶，长40 cm，小叶7～15，卵形或卵状椭圆形，缘有不规则粗齿。圆锥花序，花黄色。蒴果三角状卵形，顶端尖，成熟时红褐色。或橘红色。花期6—7月，果期9月。

【分布与习性】产于中国北部及中部。以华北最为常见。喜光，耐半阴，耐寒，耐干旱、瘠薄，喜生于石灰质土壤，也能耐盐渍及短期水涝。深根性，萌蘖力强。生长速度中等。

【园林应用】本种树形端正，枝叶茂密而美丽，春季嫩叶多为红色，入秋叶色变黄，夏季开花，满树金黄，十分美丽，是理想的绿化、观赏树种。宜作庭荫树、行道树及园景树。

4.2.80 乌苏里鼠李

【别名】老鸹眼。

【拉丁学名】*Rhamnus ussuriensis* J. Vass.

【科属】鼠李科鼠李属。

【形态特征】落叶小乔木，多分枝，枝端常具刺。单叶互生或近对生，倒卵状椭圆形至卵状椭圆形，先端锐尖，缘有粗圆齿。花 3～5 朵簇生叶腋。核果球形熟时紫黑色。花期 5 月，果熟期 7—9 月。

【分布与习性】产于东北、内蒙古及华北等地。多生于山坡、沟旁或杂木林中。适应性强，耐寒，耐阴，耐干旱、瘠薄，无须特殊管理。

【园林应用】本种枝叶茂密，入秋有累累黑果，可植于庭园观赏。

4.2.81 枣树

【拉丁学名】*Ziziphus jujuba* Mill.

【科属】鼠李科枣属。

【形态特征】落叶乔木，高 10 m。树皮灰褐色，条裂。枝有长枝、短枝与脱落性小枝之分。长枝红褐色，呈“之”字形弯曲，光滑，有托叶刺或不明显，脱落性小枝较纤细，无芽，簇生于短枝上，秋后与叶俱落。叶卵形至卵状长椭圆形，先端钝尖，边缘有细锯齿，近革质，有光泽，三出脉。聚伞花序腋生，花淡黄色或微带绿色。核果卵形至长圆形熟时暗红色，果核坚硬，两端尖。花期在

5—6 月，果期 8—9 月。

【产地与分布】在中国分布很广，以黄河中、下游、华北平原栽培最普遍。强阳性，抗旱，耐贫瘠土壤，能抗风沙。根系发达，深而广，根萌蘖力强，树生长慢。

【园林应用】园林结合生产宜丛植、片植，也可植为庭荫树。

4.2.82 糠椴

【别名】辽椴、大叶椴、菩提树。

【拉丁学名】*Tilia mandschurica* Rupr.et Maxim.

【科属】椴树科椴树属。

【形态特征】落叶乔木，树冠广卵形。树皮暗灰色，有浅纵裂。当年生枝黄绿色，密生灰白色星状毛。单叶互生，广卵形，基部歪心形，叶缘锯齿粗而有突出尖头，表面有光泽，背面密生灰色星状毛。聚伞花序下垂，有苞片与花柄下部相连。核果球形，密被黄褐色星状毛。

【分布与习性】产于东北、内蒙古及河北、山东等省。喜光，也耐阴，耐寒性强，喜冷凉气候及深厚、肥沃而湿润的土壤。适宜于山沟、山坡或平原生长。

【园林应用】本种树冠整齐，枝叶茂密，遮阴效果好，花黄色而芳香，是北方优良的庭荫树及行道树，但目前城市绿地及园林中应用较少。

4.2.83 紫椴

【别名】阿穆尔椴、籽椴、小叶椴、椴树。

【拉丁学名】*Tilia amurensis* Rupr.

【科属】椴树科椴树属。

【形态特征】落叶乔木。小枝黄褐色或红褐色，呈“之”字形，皮孔微凸起，明显。叶阔卵形或近圆形，长 3.5～8 cm，宽 3.5～7.5 cm，生于萌枝上者更大，基部心形，先端尾状尖，边缘具整齐的粗尖锯齿，齿先端向内弯曲，偶具 1～3 裂片，表面暗绿色，无毛，背面淡绿色，仅脉腋处簇生褐色毛；叶具柄，无毛。聚伞花序，花序分枝无毛，苞片倒披针形或匙形，无毛具短柄；萼片两面被疏短毛，里面较密；花瓣黄白色，无毛。果球形或椭圆形，被褐色短毛。种子褐色，倒卵形。花期 6—7 月，果熟 9 月。

【分布与习性】为中国原产树种，分布于中国东北、山东、河北、山西等省区；朝鲜、俄罗斯远东地区也有。东北地区的长白山、小兴安岭等地的垂直分布可达海拔 1 100 m 以上。喜光也稍耐阴。深根性树种；喜温凉、湿润气候，对土壤要求比较严格，喜肥、喜排水良好的湿润土壤；不耐水湿和沼泽地；耐寒，萌蘖性强，抗烟尘、抗毒性强，虫害少。

【园林应用】可植为庭荫树及行道树等。

4.2.84 紫薇

【别名】痒痒花、痒痒树、紫金花、紫兰花、蚊子花、百日红、无皮树。

【拉丁学名】*Lagerstroemia indica* L.

【科属】千屈菜科紫薇属。

【形态特征】落叶灌木或小乔木，高可达 7 m；树皮平滑，灰色或灰褐色；枝干多扭曲，小枝纤细，具 4 棱，略成翅状。叶互生或有时对生，纸质，椭圆形、阔矩圆形或倒卵形，顶端短尖或钝形，有时微凹，基部阔楔形或近圆形，无毛或下面沿中脉有微柔毛，侧脉 3～7 对，小脉不明显；无柄或叶柄很短。顶生圆锥花序，花淡红色或紫色、白色；花瓣 6，皱缩，具长爪。蒴果椭圆状球形或阔椭圆形，幼时绿色至黄色，成熟时或干燥时呈紫黑色，室背开裂；种子有翅。花期 6—9 月，果期 9—12 月。

【分布与习性】我国广东、广西、湖南、福建、江西、浙江、江苏、湖北、河南、河北、山东、安徽、陕西、四川、云南、贵州及吉林均有生长或栽培；半阴生，喜生于肥沃湿润的土壤上，也能耐旱，不论钙质土或酸性土都生长良好。

【园林应用】花色鲜艳美丽，花期长，寿命长，树龄有达 200 年的，现热带地区已广泛栽培为庭园观赏树，有时也作盆景。

4.2.85 石榴

【别名】安石榴、若榴、丹若、金罂、金庞、涂林、天浆。

【拉丁学名】*Punica granatum* Linn.

【科属】石榴科石榴属。

【形态特征】石榴是落叶灌木或小乔木，在热带为常绿树。树干呈灰褐色，上有瘤状突起。树冠丛状自然圆头形。树根黄褐色。嫩枝有棱，多呈方形。小枝柔韧，不易折断，具小刺。旺树多刺，老树少刺。芽色随季节而变化，有紫、绿、橙三色。叶对生或簇生，呈长披针形至长圆形，或椭圆状披针形，表面有光泽，背面中脉凸起；有短叶柄。花两性，花瓣倒卵形，与萼片同数而互生，覆瓦状排列。花有单瓣、重瓣之分。重瓣品种雌雄蕊多瓣化而不孕，花瓣多达数十枚；花多红色，也有白色和黄、粉红、玛瑙等色。浆果，每室内有多数籽粒；外种皮肉质，呈鲜红、淡红或白色，多汁，甜而带酸，即为可食用的部分；内种皮为角质。石榴花期 5—6 月，果期 9—10 月。

【分布与习性】石榴原产于伊朗、阿富汗等国家。今在伊朗、阿富汗、阿塞拜疆和格鲁吉亚共和国的海拔 300～1 000 m 的山上，以及我国陕西、安徽、山东、江苏、河南、四川、云南及新疆等地较多。京、津一带在小气候条件好的地方尚可地栽。

【园林应用】石榴既可观花又可观果。石榴花可栽种于高原山地、市镇乡村的房舍前后，还可应用于海滨城市的公园、花园等园林绿地。

4.2.86 刺楸

【别名】鸟不宿、钉木树、丁桐皮。

【拉丁学名】*Kalopanax septemlobus*（Thunb.）Koidz.

【科属】五加科刺楸属。

【形态特征】落叶乔木，高可达 10 m。干、枝具皮刺。叶纸质，近圆形，单叶互生，掌状 5～7 裂，裂片三角状卵圆形至狭长椭圆形，先端长尖，边缘具细锯齿，基部截形至心脏形，上面深绿色，无毛，下面淡绿色，幼时疏生短柔毛，边缘有细锯齿，放射状主脉 5～7 条，两面均明显，叶柄较叶片长。伞形花序聚生成顶生圆锥花序，花小。核果近球形。

【分布与习性】我国东北、华北及长江流域、华南、西南均有分布。喜光，对气候适应性较强，喜土层深厚湿润的酸性土和中性土。多生于山地疏林中。生长快。

【园林应用】本种叶大干直，树形颇为壮观并富有野趣。宜植于自然风景区，或在园林中孤植或作庭荫树，又是低山地区重要的造林树种。

4.2.87 灯台树

【别名】瑞木、女儿木、六角树。

【拉丁学名】*Cornus controversa* Hemsl.

【科属】山茱萸科山茱萸属。

【形态特征】落叶乔木，树枝层层平展，形如灯台，枝暗紫红色。单叶互生全缘，簇生于枝梢，叶端突渐尖，基部圆形，侧脉 6～8 对，弧形。伞房状聚伞花序生于新枝顶端，白色。核果近球形，花期在 5—6 月，果期 9—10 月。

【分布与习性】产于长江流域及西南各省。性喜阳光，稍耐阴，喜温暖湿润气候，有一定的耐寒性，喜肥沃湿润而排水良好的土壤。

【园林应用】树形整齐，大侧枝呈层状生长宛如灯台，形成美丽的树姿，圆锥状树冠。宜独植于庭园草坪观赏，也可植为庭荫树及行道树。

4.2.88 毛梾

【别名】车梁木。

【拉丁学名】*Cornus walteri* Wanger.

【科属】山茱萸科山茱萸属。

【形态特征】落叶乔木。单叶对生，椭圆形，长 4～9 cm，宽 3～5 cm，叶全缘叶端渐尖，基部

广楔形，侧脉 4～5 对。伞房状聚伞花序顶生，花小，直径 10 mm，白色，有香气，花期 5 月。果球形，直径 6～7 mm，黑色，果期 9—10 月。

【分布与习性】分布于黄河流域及附近地区。性喜阳光，耐旱，耐寒。在自然界常散生于向阳山坡及岩石缝间。

【园林应用】本种枝叶茂密，白花可观赏，在园林中可栽作行道树。

4.2.89 四照花

【别名】山荔枝。

【拉丁学名】*Cornus kousa* subsp. *Chinensis*（Osborn）Q. Y. Xiang

【科属】山茱萸科四照花属。

【形态特征】落叶小乔木。高达 9 m。枝细，绿色，后变褐色，光滑，嫩枝被白色短茸毛。叶纸质，对生，卵形或卵状椭圆形，表面浓绿色，疏生白柔毛，叶背粉绿色，有白柔毛，并在脉腋簇生，侧脉弧形。头状花序近球形，白色的总苞片 4 枚，花瓣状，卵形或卵状披针形，花期 5—6 月；核果为球形的聚合果，肉质，9—10 月成熟后变为紫红色，俗称“鸡素果”。

【分布与习性】产于长江流域各省及河南、陕西、甘肃等地。喜光，稍耐阴，喜温暖湿润气候，有一定的耐寒力，喜湿润而排水良好的沙质壤土。常用分蘖及扦插法繁殖。也可用种子繁殖，种子有隔年萌发的现象。

【园林应用】四照花树形整齐，初夏开花，白色总苞覆盖全树，秋季红果满树，是一种美丽的庭园观花观果树种。配植时可孤植或列植，也可用常绿树为背景而丛植于草坪、路边或林缘等。

4.2.90 玉玲花

【拉丁学名】*Styrax obassia* Sieb.et Zucc.

【科属】野茉莉科（安息香科）玉玲花属。

【形态特征】小乔木，皮剥裂。枝栗褐色，稍呈“之”字形弯曲。小枝下部的叶较小而对生，上部叶大，互生，叶片椭圆形至广倒卵形。总状花序顶生或腋生，具 10 余朵花。花下垂，花冠白色。果实卵形或球状卵形。花期在 5—6 月，果期 8 月。

【分布与习性】吉林、辽宁、山东、浙江、安徽、江西及湖北等省。朝鲜、日本也有分布。喜光，喜温暖湿润气候、稍耐寒。

【园林应用】花芳香美丽，可在庭园、公园内孤植、丛植。

4.2.91 暴马丁香

【别名】暴马子、白丁香、荷花丁香、阿穆尔丁香。

【拉丁学名】*Syringa reticulata* subsp. *Amurensis*（Ruprecht）P. S. Green & M. C. Chang

【科属】木犀科丁香属。

【形态特征】落叶小乔木，树皮紫灰色或紫灰黑色，粗糙，具细裂纹，常不开裂；枝条带紫色，有光泽，皮孔灰白色。单叶对生，叶片多卵形或广卵形，厚纸质至革质，先端突尖或短渐尖，基部通常圆形，上面绿色，下面淡绿色，两面无毛，全缘。圆锥花序大而稀疏，常侧生；花冠白色，花冠筒短；蒴果长椭圆形，先端常钝，外具疣状突起，2 室，每室具 2 枚种子；种子周围有翅。花期 6—7 月；果期 9—10 月。

【分布与习性】分布于东北、华北、西北东部。喜光，喜温暖湿润气候，耐严寒，对土壤要求不严。

【园林应用】公园、庭院及行道较好的绿化观赏树种，我国西部的佛教圣树。

4.2.92 美国红梣

【别名】洋白蜡、毛白蜡。

【拉丁学名】*Fraxinus pennsylvanica* Marsh.

【科属】木犀科白蜡树属。

【形态特征】落叶乔木，树皮灰黑色，树冠圆锥形。小枝有毛或无毛。奇数羽状复叶，小叶 5～9 枚，卵状长椭圆形至披针形，顶生小叶与侧生小叶几等大，先端渐尖或急尖，基部阔楔形，叶缘具不明显钝锯齿或近全缘，下面疏被绢毛。圆锥花序腋生于二年生枝，花密集，雄花与两性花异株，与叶同时开放；有花萼，无花瓣。翅果狭倒披针形，果翅下延达果体 1/2 以上。花期 4 月，果期 8—10 月。

金枝白蜡，枝条全年金黄色，叶浅黄色。

【分布与习性】原产于美国东部和中部。我国可在北至黑龙江及内蒙古南部，南至云南、广西、广东北部的区域内生长。喜光，耐寒，耐低湿，耐干旱。

【园林应用】树干通直，树形端庄，枝叶繁茂，秋叶橙黄，是优良的行道树、孤植树和庭荫树。

4.2.93 白蜡树

【别名】青榔木、白荆树。

【拉丁学名】*Fraxinus chinensis* Roxb.

【科属】木犀科白蜡树属。

【形态特征】落叶乔木，树冠卵圆形，树皮黄褐色。小枝光滑无毛。奇数羽状复叶，对生，小叶 5～9 枚，通常 7 枚，卵圆形或卵状披针形，长 3～10 cm，先端渐尖，基部狭，不对称，缘有齿及波状齿，表面无毛，背面沿脉有短柔毛。圆锥花序侧生或顶生于当年生枝上，大而疏松；椭圆花序顶生及侧生，下垂，夏季开花。花萼钟状；无花瓣。翅果倒披针形，长 3～4 cm。花期 3—5 月；果 10 月成熟。

【分布与习性】我国北至东北中南部，南至广东，西至甘肃均有分布。喜光、稍耐阴，喜湿耐涝，对土壤要求不严，抗烟尘，对 SO_2、Cl_2 有较强抗性。萌蘖力强，耐修剪，生产快，寿命长。

【园林应用】树干通直，树形端庄，枝叶繁茂，秋叶橙黄，是优良的行道树、孤植树和庭荫树。

4.2.94 水曲柳

【拉丁学名】*Fraxinus mandshurica* Rupr.

【科属】木犀科白蜡属。

【形态特征】树干通直，树皮灰褐色，浅纵裂。小枝略呈四棱形。奇数羽状复叶对生，小叶7～13枚，叶轴有沟槽，具极窄的翼；与小叶连接处密生褐色茸毛。叶椭圆状披针形或卵状披针形，锯齿细尖，先端长渐尖。花序侧生二年生小枝上。翅果稍扭曲，长圆状披针形，长2～3.5 cm，宽5～7 mm，先端钝圆或微凹。

【分布与习性】分布于东北、华北，以小兴安岭最多。喜光，幼时稍能耐阴，耐寒，喜潮湿但不耐水涝，喜肥，稍耐盐碱。主根浅，侧根发达，萌蘖性强，生长较快，寿命较长。

【园林应用】水曲柳适宜风景林、庭荫树、行道树，同时是经济价值高的优良用材树种。

4.2.95 毛泡桐

【别名】紫花桐、冈桐、日本泡桐。

【拉丁学名】*Paulownia tomentosa*（Thunb.）Steud.

【科属】玄参科泡桐属。

【形态特征】落叶乔木，高达20 m，树皮褐灰色；有白色斑点。小枝有明显皮孔，幼时常具黏质短腺毛。单叶对生，大而有长柄，叶柄常有黏性腺毛，叶全缘或具3～5浅裂；聚伞圆锥花序的侧枝不发达，花萼浅钟状，密被星状茸毛，花冠漏斗状钟形，外面淡紫色，有毛，内面白色，有紫色条纹；蒴果卵圆形，先端锐尖，外果皮革质；花期5—6月，果期8—9月。

【分布与习性】辽宁南部、河北、河南、山东、江苏、安徽、湖北、江西等地常栽培。强阳性树种，不耐庇阴，根系近肉质，怕积水而较耐干旱。不耐盐碱，喜肥。根系发达，分布较深，自花不孕或同株异花不孕。

【园林应用】毛泡桐树干端直，树冠宽大，叶大荫浓，花大而美，宜作行道树、庭荫树，也是重要的速生用材树种，四旁绿化，结合生产的优良树种。

4.2.96 白花泡桐

【别名】大果泡桐。

【拉丁学名】*Paulownia fortunei*（Seem.）Hemsl.

【科属】玄参科泡桐属。

【形态特征】落叶乔木，高可达 27 m，树冠宽阔，广卵形或圆形。树皮灰褐色，平滑，有突起的皮孔，老时纵裂。幼枝、叶、花序各部和幼果均被黄褐色星状茸毛，但叶柄、叶片上面和花梗渐变无毛。小枝粗壮，中空。单叶对生，有时三叶轮生。叶大，卵形或长椭圆形，基部心脏形，顶端长渐尖或锐尖头，其凸尖长达 2 cm，全缘或微呈波状。圆锥状聚伞花序，大型，3—4 月先叶开花，花冠乳白色，内有紫斑，有香气。蒴果长圆有尖，较大，果熟期 9—10 月，种子小而薄，有翅。种子连翅长 6～10 mm。

【分布与习性】长江流域以南各省，东起江苏、浙江、台湾，西南至四川、云南，南至广东、广西；东部在海拔 120～240 m，西南至 2 000 m。山东、河南及陕西均有引种栽培。为强阳性树种，喜温凉气候。不耐庇荫，不耐寒，不耐水涝，不宜在黏重土壤生长。

【园林应用】白花泡桐树冠宽阔、叶大荫浓，先叶而放的花朵色彩绚丽，满树白花，宜作庭荫树和行道树，也可用于厂区绿化。

4.2.97 梓树

【别名】梓、水桐、河楸、臭梧桐、黄花楸、水桐楸、木角豆。

【拉丁学名】*Catalpa ovata* G. Don.

【科属】紫葳科梓树属。

【形态特征】落叶乔木。树冠倒卵形或椭圆形，树皮褐色或黄灰色。单叶对生或 3 枚轮生，叶广卵形或近圆形，长 10～30 cm，通常 3～5 浅裂，叶有毛，背面基部脉腋有紫斑。圆锥花序顶生。蒴果细长如筷。

【分布与习性】分布很广，东北、华北、华南等地均有，以黄河中下游为分布中心。喜光，稍耐阴，适生于温带地区，颇耐寒，喜深厚、肥沃、湿润土壤，不耐干旱瘠薄，能耐轻盐碱土。

【园林应用】梓树树冠宽大，可作行道树、庭荫树及村旁、宅旁绿化材料。

4.2.98 黄金树

【别名】白花梓树。

【拉丁学名】*Catalpa speciosa*（Barney）Engelm

【科属】紫葳科梓树属。

【形态特征】乔木，树冠伞状。叶卵心形至卵状长圆形，顶端长渐尖，基部截形至浅心形，上面亮绿色，无毛，下面密被短柔毛。圆锥花序顶生，有少数花，花萼 2 裂，裂片 2，舟状，无毛。花冠白色，喉部有 2 黄色条纹及紫色细斑点，裂片开展。蒴果圆柱形，黑色，种子椭圆形，两端有极细的白色丝状毛。花期 5—6 月，果期 8—9 月。

【分布与习性】原产于美国中部至东部。我国台湾、福建、广东、广西、江苏、浙江、河北、河南、山东、山西、陕西、新疆、云南等地均有栽培。本种仅能在深肥平原土壤生长迅速。

【园林应用】本种花洁白，宜在平原优质土壤上应用。

4.2.99 楸树

【别名】梓桐、金丝楸、旱楸蒜台、水桐。

【拉丁学名】*Catalpa bungei* C. A. Mey.

【科属】紫葳科梓树属。

【形态特征】小乔木，叶三角状卵形或卵状长圆形，顶端长渐尖，基部截形，阔楔形或心形，有时基部具有1～2牙齿，叶面深绿色，叶背无毛；叶柄长2～8 cm。顶生伞房状总状花序，有花2～12朵。花萼蕾时圆球形，2唇开裂，顶端有2尖齿。花冠淡红色，内面具有2黄色条纹及暗紫色斑点。蒴果线形，长25～45 cm，宽约6 mm。种子狭长椭圆形，长约1 cm，宽约2 cm，两端生长毛。花期5—6月，果期6—10月。

【分布与习性】产于河北、河南、山东、山西、陕西、甘肃、江苏、浙江、湖南。在广西、贵州、云南栽培。性喜肥土，生长迅速，用根蘖繁殖。

【园林应用】树干通直，木材坚硬，为良好的建筑用材，可栽培作观赏树、行道树。

项目测评

为实现本项目目标，要求学生完成表中作业，并为老师提供充分的评价证据。

<table>
<tr><th colspan="4">测评标准</th><th>测评内容</th><th>测评形式</th><th>思政元素</th></tr>
<tr><td rowspan="6">优秀标准</td><td rowspan="5">良好标准</td><td rowspan="3">合格标准</td><td>P_1</td><td>理解园林乔木树种的种类及特点。</td><td>口答或笔答。</td><td>物种多样性、观察体验、包容心和爱心。</td></tr>
<tr><td>P_2</td><td>采集50种乔木树种的叶、花、果等器官，并准确标注名称。</td><td>实物或照片。</td><td>精细认真、科学合理。</td></tr>
<tr><td>P_3</td><td>准确描述50种乔木树种的园林用途。</td><td>口答或笔答。</td><td>树种文化、品格和精神。</td></tr>
<tr><td rowspan="2"></td><td>M_1</td><td>准确描述60种园林乔木在树形、树皮、枝芽、叶、花、果等方面具有的典型识别特征。</td><td>口答或笔答。</td><td>科学鉴别能力、工匠精神。</td></tr>
<tr><td>M_2</td><td>根据树形、树皮、枝芽、叶、花、果的典型特征，准确识别60种乔木树种。</td><td>实物、标本或图片展示或笔答。</td><td>辩证法和方法论的结合、知行合一。</td></tr>
<tr><td colspan="2"></td><td>D_1</td><td>综合阐述（归纳）80种乔木树种的典型观赏特性、生态习性及园林应用。</td><td>笔答或PPT提交。</td><td>科学发展观、系统观、全局观。</td></tr>
</table>

课件资源

项目 5　园林灌木识别与应用

【技能目标】能识别北方常见园林灌木树种；能掌握各灌木树种园林应用特点并能合理配植。

【知识目标】掌握北方常见园林灌木树种的形态特征、分布习性与应用。

【素质目标】触类旁通，积少成多，感受知识积累从量变到质变的成就感；学习树木适应环境，并能展现自然美的人文精神。

任务 5.1　常绿灌木的识别与应用

任务分析

四季跟踪调查园林灌木树种的形态特征和季相变化。通过四季跟踪识别与调查，全面掌握园林灌木的形态特征。

任务实施

【材料用具】

周边各种园林常绿灌木树种。植物检索表、卷尺、游标卡尺、放大镜、解剖针、镊子、标本夹、记录本、记录笔、相机等。

【实施过程】

（1）形态观察　认真观察园林常绿灌木的树形、枝、叶、芽、花、果实等及冬季树体特征。

（2）记录　将所观察到的园林常绿灌木树种的识别要点进行详细记录，初步确定树木的种类。

（3）利用检索表等资料确认树种。

（4）教师鉴定并讲解树种的主要识别要点。

（5）总结各灌木树种的观赏特点及在园林中的用途。

（6）考核评价学习效果。

【注意事项】

（1）注意观察并对比近缘种或外形相似树种的形态区别。

（2）注意了解常绿灌木树种的观赏特点及其在园林中的最佳应用。

理论认知

5.1.1　叉子圆柏

【别名】砂地柏、新疆圆柏。

【拉丁学名】*Juniperus sabina* L.

【科属】柏科刺柏属。

【形态特征】常绿匍匐灌木，高不足 1 m，枝斜前伸展，小枝细，近圆柱形，径约 1 mm，幼枝多刺叶，刺叶无明显中脉，长 3～7 mm。老树多鳞叶，鳞叶斜方形交互对生，先端微钝或急尖，腺体椭圆形，位于叶背中部，多为雌雄异株，球果褐色，近圆形，着生于小枝枝顶，径 6～7 mm，熟时暗褐紫色，被白粉，内有种子 2～3 粒，最多 5 粒，种子卵圆形，稍扁，具棱脊，有树脂槽。花期 4—5 月，球果需要 2 年成熟。

【分布与习性】原产于中国。主要分布于新疆、青海、甘肃、内蒙古和陕西等省、自治区。喜光也耐阴，耐旱、抗寒、适应性强，对土壤要求不严，但忌积水。

【园林应用】本种耐干旱，又极耐寒冷，栽培容易，管理简单，树姿美丽，冬夏常青，固沙保土效果明显，是良好的地被植物，可密集栽植替代草坪。

5.1.2 铺地柏

【别名】爬地柏、矮桧、匍地柏、偃柏。

【拉丁学名】*Juniperus procumbens*（Endlicher）Siebold ex Miquel

【科属】柏科刺柏属。

【形态特征】常绿匍匐小灌木，高达 75 cm，冠幅 2 m 余。枝干贴近地面伸展，小枝密生。叶均为刺形叶，先端尖锐，3 叶交互轮生，表面有 2 条白色气孔线，下面基部有 2 白色斑点，叶基下延生长，叶长 6～8 mm；球果球形，内含种子 2～3 粒。

【分布与习性】原产日本。在黄河流域至长江流域广泛栽培。喜光，稍耐阴，适生于滨海湿润气候，对土质要求不严，喜石灰质的肥沃土壤，忌低湿地点，耐寒力、萌生力均较强。

【园林应用】本种匍地生长，四季常绿，在园林中可配植于岩石园或草坪角隅，又为缓土坡的良好地被植物。匍匐枝悬垂倒挂，古雅别致，也可盆栽观赏。

5.1.3 西伯利亚刺柏

【别名】山桧、矮桧、西伯利亚杜松。

【拉丁学名】*Juniperus sibirica* Burgsd.

【科属】柏科刺柏属。

【形态特征】常绿匍匐灌木，高 30～70 cm；枝皮灰色，小枝密，粗壮，径约 2 mm。刺叶三叶轮生，斜伸，通常稍呈镰状弯曲，披针形或椭圆状披针形，先端急尖或上部渐窄成锐尖头，长 7～10 mm，宽 1～1.5 mm，上面稍凹，中间有 1 条较绿色边带为宽的白粉带，间或中、下部有微明显的绿色中脉，下面具棱脊。球果圆球形或近球形，径 5～7 mm，熟时褐黑色，被白粉，通常有 3 粒种子，间或 1～2 粒；种子卵圆形，顶端尖，有棱角，长约 5 mm。

【分布与习性】产于东北大兴安岭及小兴安岭、长白山、新疆阿尔泰山、西藏定日等地。生于砾石山地或疏林下。阳性树种，耐寒，耐干燥而瘠薄土壤，抗风力强。

【园林应用】西伯利亚刺柏为高山水土保持树种，又可作为观赏树种，尤其是盆景观赏树种。

5.1.4 兴安圆柏

【别名】兴安桧。

【拉丁学名】*Juniperus davurica* Pall.

【科属】柏科刺柏属。

【形态特征】常绿匍匐灌木；树皮紫褐色，裂为薄片脱落。叶2型，刺叶常着生于壮龄和老龄植株上，交叉对生，排列疏松，条状披针形，长3～6 mm，先端渐尖，上面凹陷，有白粉带，下面拱圆，有钝脊，近基部有腺体；鳞叶交叉对生，排列紧密，菱状卵形或斜方形，长1～3 mm，先端急尖或钝，叶背中部有椭圆或矩圆形腺体。雄球花卵圆形。雌球花着生于向下弯曲的小枝顶端，球果常呈不规则扁球形，长4～6 mm，径6～8 mm，成熟时暗褐色至蓝紫色，被白粉，有种子1～4粒；种子卵圆形。花期6月，果期翌年8月。

【分布与习性】产于黑龙江大兴安岭海拔400～1 400 m地带。喜生于多石山地或山峰岩缝中，或生于沙丘。耐寒性甚强，也耐瘠薄。

【园林应用】为保土固沙树种。也可于庭园栽植。

5.1.5 偃松

【别名】爬松、矮松、千叠松。

【拉丁学名】*Pinus pumila*（Pall.）Regel

【科属】松科松属。

【形态特征】常绿灌木，高达3～6 m，树干通常伏卧状，基部多分枝；树皮灰褐色，裂成片状脱落；一年生枝褐色，密被柔毛，二三年生枝暗红褐色；冬芽红褐色，圆锥状卵圆形，先端尖，微被树脂。针叶5针一束，较细短，硬直而微弯，长4～6 cm；横切面近梯形，树脂道通常2个；叶鞘早落。雄球花椭圆形，黄色，长约1 cm；雌球花及小球果单生或2～3个集生，卵圆形，紫色或红紫色。球果直立，圆锥状卵圆形或卵圆形，成熟时淡紫褐色或红褐色，长3～4.5 cm；成熟后种鳞不张开或微张开；种鳞近宽菱形，鳞盾宽三角形，鳞脐明显，紫黑色，先端具突尖，微反曲；种子暗褐色，三角形倒卵圆形，无翅，仅周围有微隆起的棱脊。花期6—7月，球果翌年9月成熟。

【分布与习性】产于我国东北大兴安岭、小兴安岭、长白山。喜阴湿，耐寒，耐贫瘠土壤。

【园林应用】树形奇特，枝叶繁茂，具有观赏价值，常用于岩石园。

5.1.6 黄杨

【别名】小叶黄杨。

【拉丁学名】*Buxus Sinica*（Rehd. et Wils.）Cheng

【科属】黄杨科黄杨属。

【形态特征】常绿灌木或小乔木，高达1～7 m；树皮鳞片状剥落。小枝较疏散，具四棱，灰白色，小枝及冬芽外鳞均有短柔毛。叶革质，倒卵形、倒卵状椭圆形至广卵形，先端圆钝或微凹，基部楔形，仅表面有侧脉，背面中脉基部及叶柄有毛。花簇生叶腋或枝端，黄绿色；苞片宽卵圆形，背部被柔毛。蒴果卵圆形，花柱宿存。花期3—4月，果熟期7月。

【分布与习性】产于我国河南、陕西、甘肃、江苏、安徽、浙江、江西、广东、广西、湖北、四川、贵州等地区。较耐阴，畏强光，较耐寒，较耐碱；浅根性，生长极慢，寿命长，耐修剪；抗烟尘，对多种有毒气体抗性强。

【园林应用】虽然枝叶较疏散，但青翠可爱，常孤植、丛植栽培于庭院观赏或做绿篱，也可修剪成各种造型布置花坛，同时也是盆栽或制作盆景的好材料。

5.1.7 朝鲜黄杨

【拉丁学名】*Buxus sinica* var. Insularis（Nakai）M. Cheng

【科属】黄杨科黄杨属。

【形态特征】常绿灌木。枝条紧密，小枝近四棱形，灰色，嫩枝绿色或褐色。叶椭圆形，卵圆形或长椭圆形，革质，全缘，先端微凹，基部楔形，叶面深绿，背面淡绿色。叶柄，叶背中脉密生毛。花簇生于叶腋或顶生。蒴果3室，每室具两粒黑色有光泽的种子。花期4月，果熟期7—8月。

【分布与习性】性喜光，稍耐阴，可耐 −35 ℃的低温，喜温气候和湿润肥沃的土地，生长缓慢，萌芽力强，耐修剪。浅根性，须根发达，整个生长季节均可移植。

【园林应用】朝鲜黄杨为良好的盆景和绿篱树种，可修剪造型，供造园观赏。

5.1.8 锦熟黄杨

【别名】窄叶黄杨。

【拉丁学名】*Buxus sempervirens* L.

【科属】黄杨科黄杨属。

【形态特征】常绿灌木或小乔木，高可达6 m。

小枝近四棱形，黄绿色，具条纹，近于无毛。叶革质，长卵形或卵状长圆形，长 1.5～2 cm，宽 1～1.2 cm，顶端圆形，基部楔形，叶面暗绿色光亮，叶背苍白色。总状花序腋生。雄花萼片 4 枚；雄蕊 4 枚；不育雌蕊棒状，雌花萼片 6 枚，排列 2 轮；花柱 3 枚。蒴果球形，3 瓣室背开裂。种子黑色，光亮。花期 4 月，果期 7 月。

有金边、斑叶、金尖、垂枝、长叶等栽培变种。

【分布与习性】产于我国华南。耐阴性树种，不宜阳光直射，喜温暖湿润气候，较耐寒，耐干旱，忌低洼积水，生长很慢，耐修剪。

【园林应用】本种枝叶茂密而浓绿，经冬不凋，又耐修剪，观赏价值甚高。宜于庭园作绿篱或在花坛边缘种植，也可以在草坪孤植、丛植及在路边列植。点缀山石，或作盆栽、盆景，用于室内绿化。

5.1.9 大叶黄杨

【别名】冬青卫矛、正木。

【拉丁学名】*Euonymus japonicus* Thunb.

【科属】卫矛科卫矛属。

【形态特征】常绿灌木或小乔木，高达 5 m；小枝近四棱形。叶片革质，表面有光泽，倒卵形或狭椭圆形，长 3～6 cm，宽 2～3 cm，顶端尖或钝，基部楔形，边缘有细锯齿；叶柄长 6～12 mm。花腋生，5～12 朵排列成密集的聚伞花序，花绿白色，4 数。蒴果近球形，有 4 浅沟，直径约 1 cm；假种皮橘红色，种子棕色。花期 6—7 月，果熟期 9—10 月。

金边大叶黄杨（cv. Ovatus Aureus），叶缘金黄色。

金心大叶黄杨（cv. Aureus），叶中脉附近金黄色，有时叶柄及枝端也变为黄色。

银边大叶黄杨（cv. Albo-marginatus），叶缘有窄白条边。

银斑大叶黄杨（cv. Latifolius Albo-marginatus），叶阔椭圆形，银边甚宽。

斑叶大叶黄杨（cv. Duc d'Anjou），叶较大，深绿色，有灰色和黄色斑。

【分布与习性】产于我国中部及北部各省，栽培甚普遍。喜光，较耐阴。喜温暖湿润气候，较耐寒。要求肥沃疏松的土壤，耐整形修剪。

【园林应用】大叶黄杨叶色光亮，嫩叶鲜绿，极耐修剪，为庭院中常见绿化树种。也可盆植观赏。

5.1.10 越橘

【别名】红豆、牙疙瘩。

【拉丁学名】*Vaccinium vitis-idaea* L.

【科属】杜鹃花科越橘属。

【形态特征】常绿矮生半灌木，地下茎长，匍匐，地上茎高 10 cm 左右，直立，有白微柔毛。叶革质，椭圆形或倒卵形，长 1～2 cm，宽 8～10 mm，顶端圆，常微缺，基部楔形，边缘有细睫毛，上部具微波状锯齿。花 2～8 朵成短总状花序；小苞片 2，卵形，脱落；花萼短，钟状，4 裂，无毛；花冠钟状，白色或水红色，直径 5 mm，4 裂；雄蕊 8。浆果球形，直径约 7 mm，红色。

【分布与习性】产于新疆、内蒙古、东北等地，常生于亚寒带针叶林下。性耐寒。

【园林应用】越橘在园林中可作地被或盆栽、盆景材料。叶可供药用。浆果可食。

5.1.11 照山白

【别名】照白杜鹃。

【拉丁学名】*Rhododendron micranthum* Turcz.

【科属】杜鹃花科杜鹃花属。

【形态特征】常绿灌木，高达 2 m。小枝被褐色鳞片及柔毛。单叶互生，革质，狭卵圆形或椭圆状披针形，边缘有疏浅齿或不明显，上面绿色，下面密生褐色腺鳞，先端尖，基部楔形。花密生成总状花序；花冠钟形白色，5 裂。蒴果长圆形，成熟后褐色，外面有鳞片。花期 5—6 月，果期 7—9 月。

【分布与习性】分布于辽宁、河北、山东、河南、四川、湖北、陕西等地。华北、东北平原与西北地区可栽培。野生于山坡、山沟石缝。喜阴，耐干旱、耐寒、耐瘠薄，适应性强，喜酸性土壤。

【园林应用】枝条较细，且花小色白，可植于庭院、公园供观赏。

5.1.12 杜香

【别名】绊脚丝、狭叶杜香、细叶杜香。

【拉丁学名】*Ledum palustre* L.

【科属】杜鹃花科杜香属。

【形态特征】分枝细密，老枝灰褐色，幼枝密生黄褐色茸毛。叶互生，矩圆状披针形，长 2~7 cm，具强烈香气；伞房花序生于去年生枝顶，花白色，径 1~1.5 cm，花期 6—7 月；蒴果卵形，7—8 月果熟。

【分布与习性】产于中国黑龙江、吉林、辽宁、内蒙古，朝鲜半岛、日本、俄罗斯、北欧。喜凉爽湿润气候，耐寒性强，适生富含腐殖质、湿润而肥沃的微酸性土壤。

【园林应用】杜香耐阴喜湿，适宜用做疏林下的地被植物，也可用于水体四周的绿化。

任务 5.2 落叶灌木的识别与应用

任务分析

四季跟踪调查园林灌木树种的形态特征和季相变化。通过四季跟踪识别与调查，全面掌握园林灌木的形态特征。

任务实施

【材料用具】

周边各种园林落叶灌木树种。卷尺、游标卡尺、放大镜、解剖针、镊子、标本夹、记录夹、记录纸、记录笔。

【实施过程】

（1）形态观察　认真观察园林落叶灌木的树形、枝、叶、芽、花、果实等及冬季落叶后的树形、树皮、枝芽和附属物的特征。

（2）记录　将所观察到的园林落叶灌木的识别要点进行详细记录。

（3）考核　组织小组内部考核及教师抽考。

理论认知

5.2.1 木贼麻黄

【别名】山麻黄。

【拉丁学名】*Ephedra equisetina* Bunge

【科属】麻黄科麻黄属。

【形态特征】直立或斜生小灌木，高达 1 m 余，木质茎明显；小枝细，对生或轮生，灰绿色或蓝绿色，径约 1 mm；节间短，长约 2 cm，纵横纹不明显。叶膜质鞘状，带红紫色，大部合生，仅端部分离，裂片 2，长约 2 mm。花序腋生，雄球花无梗，单生或 3~4 集生节上，雌球花常 2 个对生节上，苞片 3 对，最上一对大部合生，雌花 1~2 朵，珠被管长 2 mm，弯曲。雌球花熟时，苞片变红色、肉质，呈长卵圆形，长约 7 mm；种子圆形，不露出，上部有棱。花期 4—5 月，种子 7—8 月成熟。

【分布与习性】产于内蒙古、河北、山西、陕西、四川西部、青海、新疆等地。性强健耐寒，喜生于干旱的山地及沟岸边。

【园林应用】可作干旱地绿化用。

5.2.2 银芽柳

【别名】棉花柳、银柳。

【拉丁学名】*Salix leucopithecia* Kimura

【科属】杨柳科柳属。

【形态特征】落叶灌木。枝条绿褐色，具红晕。冬芽红紫色，有光泽。叶互生，长椭圆形，缘具细锯齿，表面微皱，深绿色，背面密被白毛，半革质。雄花序圆柱状，早春叶前开放，初开时芽鳞舒展，苞被于花序基部，红色而有光泽，盛开时花序密被银白色绢毛。花期12月至翌年2月。

【分布与习性】原产于我国的东北地区、朝鲜半岛、日本，中国上海、杭州、南京一带有栽培。喜光，喜湿润土地，较耐寒，北京可露地越冬。适宜在土层深厚、疏松肥沃的土壤中生长。

【园林应用】银芽柳在园林中常植于湖滨、池畔、河岸、堤防绿化。花序美观，水养时间久，是春节的重要切花材料，常经切枝染色后瓶插观赏。

5.2.3 鹅耳枥

【别名】穗子榆。

【拉丁学名】*Carpinus turczaninowii* Hance

【科属】桦木科鹅耳枥属。

【形态特征】落叶小乔木或灌木，高达5 m；树皮暗灰褐色，浅纵裂；小枝被短柔毛。叶卵形或卵状椭圆形，长2.5～5 cm，宽1.5～3.5 cm，顶端锐尖或渐尖，基部近圆形或宽楔形，边缘具规则或不规则的重锯齿，背面沿脉通常疏被长柔毛；叶柄长4～10 mm，疏被短柔毛。果序长3～5 cm；果苞变异较大，长6～20 mm，宽4～10 mm，内侧的基部具一个内折的卵形小裂片。小坚果宽卵形，长约3 mm。花期4—5月。坚果，果序下垂，长2～6 cm，果期8—9月。

【分布与习性】产于辽宁南部、山西、河北、河南、山东、陕西、甘肃。生于海拔500～2 000 m的山坡或山谷林中，山顶及贫瘠山坡也能生长。稍耐阴，喜肥沃湿润土壤，也耐干旱瘠薄。

【园林应用】鹅耳枥叶形秀丽，果穗奇特，枝叶茂密，为著名园林观赏植物。

5.2.4 榛

【别名】榛子、平榛。

【拉丁学名】*Corylus heterophylla* Fisch. ex Trantv.

【科属】桦木科榛属。

【形态特征】落叶灌木或小乔木，高1～7 m。叶互生；阔卵形至宽倒卵形，长5～13 cm，宽4～7 cm，先端近截形而有锐尖头，基部圆形或心形，边缘有不规则重锯齿，背面脉上有短柔毛；叶柄长1～2 cm，密生细毛；托叶小，早落。花单性，雌雄同株，先叶开放；雄花成柔荑花序，长5～10 cm，每苞有副苞2个，鲜紫褐色，雄蕊8；雌花2～6个簇生枝端，开花时包在鳞芽内，仅有花柱外露，花柱2个，红色。小坚果近球形，径0.7～1.5 cm，淡褐色，总苞叶状或钟状，由1～2个苞片形成，边缘浅裂，裂片几全缘，有毛。花期4—5月，果期9—10月。

【分布与习性】分布于中国东北、华北、西北的山地。多生于向阳山坡及林缘。性喜光，耐寒，耐旱，也耐水湿，喜肥沃之酸性土壤，萌芽力强。

【园林应用】北方地区山区绿化树种，也可作庭园绿化用树，是著名的小坚果树种。

5.2.5 毛榛

【别名】胡榛子、小榛树、火榛子。

【拉丁学名】*Corylus mandshurica* Maxim.

【科属】桦木科榛属。

【形态特征】灌木，高2～4 m，丛生，多分枝。树皮灰褐色或暗灰色，龟裂。幼枝黄褐色，密被长柔毛。叶宽卵形或矩圆状倒卵形，长3～11 cm，宽2～9 cm，先端具5～9（11）骤尖的裂片，中央的裂片常呈短尾状，基部心形，边缘具不规则的重锯齿。雌雄同株。雄花柔荑花序2～4枚生于叶腋；雌花序头状，2～4枚生于枝顶或叶腋。坚果单生或2～6枚簇生；果苞管状，外被黄色刚毛及白色短柔毛。坚果近球形，长约12 mm。

【分布与习性】广布于我国的东北、华北。属耐阴的中生灌木。

【园林应用】叶可做饲料，木材坚硬、耐腐，可做伞柄、手杖等。果可食。

5.2.6 柘

【别名】柘树、柘刺、柘桑、黄桑、灰桑。

【拉丁学名】*Maclura tricuspidata* Carriere.

【科属】桑科橙桑属。

【形态特征】落叶灌木或小乔木，高达8 m，树皮淡灰色，成不规则的薄片状剥落；幼枝有细毛，后脱落，有硬刺，刺长5～30 mm。叶卵形或倒卵形，长3～12 cm，宽3～7 cm，全缘或3裂。花排列成头状花序，单生或成对腋生。聚花果近球形，红色。花期6月，果期9—10月。

【分布与习性】分布于河北南部、华东、中南、西南等省区。喜光，亦耐阴，耐寒，耐干旱瘠薄，喜钙土，多生于山脊的石缝中，适生性很强。根系发达，生长较慢。

【园林应用】柘树叶秀果丽，适应性强，可在公园的边角、背阴处、街头绿地作庭荫树或刺篱。繁殖容易、经济用途广泛，是风景区绿化、荒滩保持水土的先锋树种。

5.2.7 牡丹

【拉丁学名】*Paeonia suffruticosa* Andr.

【科属】芍药科芍药属。

【形态特征】落叶小灌木。生长缓慢，株型小，株高多在0.5～2 m。根肉质，粗而长，少分枝和须根，中心木质化，长度一般在0.5～0.8 m，极少数根长度可达2 m。老茎灰褐色，当年生枝黄褐色。2回3出羽状复叶互生，小叶阔卵形至卵状长椭圆形，先端3～5裂，基部全缘，叶背有白粉，平滑无毛。花单生枝顶，花径大型，花色有红、黄、白、粉、紫及复色，有单瓣、复瓣、重瓣和台阁性花。花萼有5片。蓇葖果成熟时开裂。花期5月，果熟期8—9月。

【分布与习性】原产中国西部及北部。喜温暖而不酷热的气候，较耐寒，喜光，在弱阴下生长最好。深根性，根肉质，喜深厚肥沃、排水良好、略带湿润的沙质壤土，最忌黏土及积水，较耐碱。栽培管理好时，寿命可达百年以上。

【园林应用】牡丹花大美丽，香色俱佳，雍容华贵，富丽端庄，而且品种繁多，有“国色天香”“花中之王”的美誉，长期以来被人们当作富贵吉祥、繁荣兴旺的象征。牡丹以洛阳、菏泽牡丹最负盛名。园林中常作专类花园及重点美化用，可植于花台、花池观赏，也可盆栽作室内观赏或作切花瓶插。

5.2.8 紫斑牡丹

【拉丁学名】*Paeonia rockii*（S. G. Haw & Lauener）T. Hong & J. J. Li

【科属】芍药科芍药属。

【形态特征】落叶灌木，小枝圆柱形。叶互生，通常为 2 回 3 出复叶，顶生小叶宽卵形，通常不裂，稀 3 裂至中部，侧生小叶长卵形或卵形，不裂或 2～4 浅裂。花单生枝端，花从单瓣、半重瓣到重瓣，花色有红、紫、白、粉、黑、蓝、黄和复色，花型有单瓣型、菊花型、蔷薇型、荷花型、皇冠型、托桂型、绣球型等。花瓣内面基部具有深紫色斑块。蓇葖果。花期 5 月，果熟期 8—9 月。

【分布与习性】分布于我国陕西、甘肃和河南西部，大部分品种在黑龙江省可露地栽培。适宜低温和干旱气候，怕水涝，对土壤要求不严。

【园林应用】同牡丹。

5.2.9 小檗

【别名】秦岭小檗、日本小檗、狗奶子。

【拉丁学名】*Berberis thunbergii* DC.

【科属】小檗科小檗属。

【形态特征】落叶小灌木，高 2～3 m。小枝多红褐色，有沟槽，具短小针刺，刺不分叉。单叶互生，倒卵形或匙形，长 0.5～2 cm，全缘，表面暗绿，光滑无毛，背面灰绿，有白粉，两面叶脉不显，入秋叶色变红，腋生伞形花序或 2～12 朵簇生，花两性，萼、瓣各 6 枚，花淡黄色，浆果长椭圆形，长约 1 cm，熟时亮红色，花柱宿存，种子 1～2 粒。

紫叶小檗（cv. Atropurpurea），叶常年紫红。

矮紫叶小檗（cv. AtropurpureaNana），植株低矮不足 0.5 m，叶片常年紫红。

金叶小檗（cv. Aurea），叶片常年金黄色。

（上两图为小檗，下两图为紫叶小檗）

【分布与习性】中国南北均有栽培。喜光也耐阴，耐寒性强，喜温凉湿润的气候环境，对土壤要求不严，较耐干旱瘠薄，忌积水，萌芽力强，耐修剪。

【园林应用】小檗分枝密，姿态圆整，春开黄花，秋橘红果，深秋叶色紫红，果实经冬不落，是花、果、叶俱佳的观赏花木，适于园林中孤植、丛植或栽作绿篱。果枝可插瓶。

5.2.10 阿穆尔小檗

【别名】三颗针。

【拉丁学名】*Berberis amurensis* Rupr.

【科属】小檗科小檗属。

【形态特征】落叶灌木。枝灰褐色，刺单一或三分叉，粗壮。叶倒卵形至椭圆形，先端急尖或钝，基部下延呈柄，边缘具前伸的纤毛状细密锯齿，两面无毛。总状花序下垂，具花 40～50 朵；苞片披针形；花淡黄色；外轮萼片狭卵形，内轮萼片倒卵形；花瓣卵形，先端钝 2 裂；子房椭圆柱形，无花柱，柱头头状。浆果椭圆形，红色。花期 5 月，果期 7—8 月。

【分布与习性】分布于我国东北、华北及山东、陕西、甘肃等省。生于山坡灌丛中。适应性强，较喜光，耐半阴；喜凉爽湿润环境，耐寒性强；较耐旱；在肥沃湿润、排水良好的土壤生长良好；萌芽力强，耐修剪。

【园林应用】花朵黄色而密集、秋果红艳且挂果期长，可栽培观赏，宜丛植于草地边缘、林缘，也可用于点缀池畔或配植于岩石园中。

5.2.11 细叶小檗

【别名】三颗针、针雀、酸狗奶子。

【拉丁学名】*Berberis poiretii* Schneid.

【科属】小檗科小檗属。

【形态特征】落叶灌木，高约 2 m。小枝灰褐色或黄褐色，常密被黑色疣点，有棱刺 3 分叉或单一。叶狭倒披针形，先端急尖，基部楔形，全缘或上部有锯齿。总状花序下垂，花黄色，花瓣倒卵形。果实椭圆形，红色。花期 6—7 月，果期 7—8 月。

【分布与习性】产于我国东北、华北地区。常生于山坡沟边、干瘠处及阴湿林下。适应性强，喜光，有一定的耐阴能力，耐寒，萌芽力强，耐修剪。

【园林应用】花朵黄色、秋果红艳，可栽培观赏，适于自然风景区和森林公园内应用，也可配植于岩石园中。

5.2.12 紫玉兰

【别名】辛夷、木笔、木兰。

【拉丁学名】*Yulania liliiflora*(Desrousseaux)D. L. Fu

【科属】木兰科玉兰属。

【形态特征】落叶大灌木或小乔木。树皮灰褐色，小枝紫褐色。单叶互生，叶椭圆形或倒卵状椭圆形，全缘，先端渐尖，基部楔形，背面脉上有毛。托叶痕在叶柄中部以下。花单生枝顶；萼片 3，绿色，披针形，长为花瓣的 1/3，早落。花瓣 6，外面紫色，内面近白色。花期 3—4 月，叶前开花或花叶同放。蓇葖果聚合成球果状。

【分布与习性】原产中国。喜光，不耐寒，北京小气候好处可露地越冬。喜肥沃、湿润而排水良好的土壤。根肉质，怕积水。

【园林应用】花蕾形大如笔头，有“木笔”之称，是我国人民所喜爱的传统庭园花木，宜配植于庭院室前，或丛植于草地边缘。

5.2.13 山梅花

【拉丁学名】*Philadelphus incanus* Koehne

【科属】虎耳草科山梅花属。

【形态特征】落叶灌木。树皮褐色，薄片状剥落，枝具白髓。小枝幼时密生柔毛，后渐脱落。单叶对生，基部 3～5 主脉，卵形或卵状长椭圆形，缘具细尖齿，叶背有毛。花白色，5～7 朵成总状花序。花期 5—7 月。蒴果 4 瓣裂。

【分布与习性】原产于我国陕西、广东、河南一带。甘肃南部、四川西部均有自然分布，湖北西

部及河南等地均有栽培。喜光，喜温暖也较耐寒，耐旱，怕水湿，不择土壤，生长快。

【园林应用】其花朵洁白、美丽，花期长，为优良的观赏花木。宜于庭园、风景区栽植。也可作切花材料。宜成丛、成片栽植于草地、山坡及林缘，若与建筑、山石等配植也很合适。

5.2.14 太平花

【别名】北京山梅花、山梅花。

【拉丁学名】*Philadelphus pekinensis* Rupr.

【科属】虎耳草科山梅花属。

【形态特征】丛生落叶灌木，高可达 2 m。树皮薄片状剥落，栗褐色；小枝光滑无毛，常带紫褐色，枝具白髓；单叶对生，叶卵状椭圆形，3 主脉，先端渐尖或长渐尖，缘疏生小齿，通常两面无毛，或有时背面腺腋有簇毛；叶柄带紫色。总状花序 5～9 朵，花乳白色，有清香。蒴果。花期 4—6 月，果期 8—10 月。

【分布与习性】产于中国北部及西部，北京山地也有野生；朝鲜也有分布。各地都有栽培。喜光，耐寒，稍耐阴，耐干旱，怕水湿，宜植于湿润肥沃而排水良好的壤土。

【园林应用】太平花枝叶繁密，花多而清香美丽。宜丛植于草坪、建筑物前或假山石旁，也可作自然式花篱或大型花坛中心栽植材料。

5.2.15 东陵八仙花

【别名】东陵绣球、柏氏绣球。

【拉丁学名】*Hydrangea bretschneideri* Dippel

【科属】八仙花科八仙花属。

【形态特征】落叶灌木。树皮通常片状剥落，老枝红褐色。叶对生，卵形或椭圆状卵形，先端渐尖，边缘有锯齿，叶面深绿色，无毛或脉上疏柔毛，背面密生灰色柔毛；叶柄被柔毛；伞房状聚伞花序、顶生，径 10～15 cm，边缘着不育花、初白色、后变淡紫色，中间有浅黄色可孕花。蒴果近圆形，种子两端有翅。

【分布与习性】产于中国东北地区南部和黄河流域各地。喜光，稍耐阴，耐寒，忌干燥，喜半阴及湿润排水良好环境。

【园林应用】宜于林缘、池畔、庭园角隅及墙边孤植或丛植。

5.2.16 大花溲疏

【别名】华北溲疏。

【拉丁学名】*Deutzia grandiflora* Bunge

【科属】虎耳草科溲疏属。

【形态特征】灌木，高 2 m。老枝灰色，小枝褐色或灰褐色，光滑中空。单叶对生，叶片卵形或卵状披针形，边缘有细锯齿，先端短渐尖或锐尖，基部广楔形或圆形，正面被 4～6 条放射状星状毛，背面被 6～9（12）条放射状星状毛，质粗糙。聚伞花序，1～3 朵花生于枝顶，花较大，直径 2.5～3 cm、萼筒密被星状毛，花瓣白色。蒴果半球形，具宿存花柱。花期 4 月下旬，果熟期 6 月。

【分布与习性】产于我国湖北、河南、山东、河北、内蒙古、辽宁等省区。耐寒，耐旱，忌低洼积水。喜光，稍耐阴，对土壤要求不严。

【园林应用】花大色白，繁密素雅，可庭园观赏，也可植花篱。

5.2.17 东北茶藨子

【别名】山麻子。

【拉丁学名】*Ribes mandshuricum*（Maxim.）Kom.

【科属】虎耳草科茶藨子属。

【形态特征】落叶灌木，高 1～3 m；小枝灰色或褐灰色，皮纵向或长条状剥落。叶宽大，长 5～10 cm，宽几与长相似，基部心脏形，常掌状 3 裂，稀 5 裂，边缘具不整齐粗锐锯齿或重锯齿；叶柄长 4～7 cm。总状花序长 7～16 cm，具花 40～50 朵；花两性，3～5 mm；花萼浅绿色或带黄色，倒卵状舌形或近舌形，长 2～3 mm；花瓣近匙形，长约 1～1.5 mm，浅黄绿色。果实球形，直径 7～9 mm，红色，味酸可食；种子多数。花期 4—6 月，果期 7—8 月。

【分布与习性】分布于黑龙江、辽宁、内蒙古、陕西、甘肃等省。生于山坡或山谷针、阔叶混交林下或杂木林内，海拔 300～1 800 m。喜光，稍耐阴，耐寒性强，怕热。

【园林应用】夏秋红果颇为美丽，宜在北方自然风景区或森林公园中配植，饶有野趣，也可植于庭园中观赏。

5.2.18 水葡萄茶藨子

【别名】水葡萄。

【拉丁学名】*Ribes procumbens* Pall.

【科属】虎耳草科茶藨子属。

【形态特征】落叶蔓性小灌木，高 20～40 cm；枝常蔓延生根，小枝灰褐色，皮稍呈条状剥裂。叶宽肾形，长 2.5～6 cm，基部截形至浅心脏形，掌状 3～5 裂，边缘具粗大钝锯齿；具黄色腺体，有时混生疏腺毛。总状花序长 2～4 cm，具花 6～12 朵；萼片卵圆形或卵状椭圆形，长 2～3.5 mm，宽 1.5～2.5 mm，先端圆钝，紫红色；花瓣近扇形或倒卵圆形，长 1～1.5 mm；雄蕊几与花瓣等长；子房无柔毛或疏生黄色腺体；花柱不分裂或仅柱头 2 裂。果实卵球形，直径 1～1.3 cm，熟时紫褐色，疏生黄色腺体，果肉味甜芳香，可供生食。花期 5—6 月，果期 7—8 月。

【分布与习性】产于黑龙江、内蒙古。生于低海拔地区落叶松林下、杂木林内阴湿处及河岸旁。

【园林应用】本种株丛矮小，果实鲜艳，可用于自然园林绿化。

5.2.19 香茶藨

【别名】黄花茶藨子、黄丁香。

【拉丁学名】*Ribes odoratum* Wendl.

【科属】虎耳草科茶藨子属。

【形态特征】落叶灌木，高可达 2 m，干皮黑褐色片状剥裂。小枝褐色，有毛无刺。单叶互生，叶片卵圆形，长 4～10 cm，宽 3～6 cm，上部 3～5 深裂，裂片先端具粗齿，叶基楔形，全缘，两面无毛或仅叶背具细毛和锈斑。叶具长叶柄。总状花序有花 5～10 朵，两性花，具叶状苞片，花萼管状，黄色，上部 5 裂外翻。花瓣小，红色，与萼裂互生，花丝条片状，与花瓣互生。花部 5 数，浆果球形，长约 0.9 cm，熟时黑色。花期 3—4 月，果于 7—8 月成熟。

【分布与习性】原产于美国中部地区。我国华北、华东地区有引进栽培，生长良好。喜光照，也耐阴，喜温暖湿润的气候，耐寒力强，适于深厚肥沃土壤，有一定的抗干旱能力。萌芽力强，耐修剪。

【园林应用】花色鲜艳，花时一片金黄，香气四溢，是良好的园林观赏花木品种。

5.2.20 圆醋栗

【别名】灯笼果、挂金灯。

【拉丁学名】*Ribes grossularia* L.

【科属】醋栗科茶藨属。

【形态特征】落叶灌木，高达 1.5 m。节具 3 叉刺，刺长约 1 cm，节间被刺毛。叶宽 2～6 cm，基部心形或宽楔形，3～5 裂，裂片先端钝圆，具圆齿，无毛或下面被柔毛。花 1～2；萼裂片长倒卵形，反曲，被柔毛，花瓣小，淡绿白色，雄蕊较萼裂片短。果近球形，径约 1 cm，被柔毛及腺刺毛或无毛，红色、黄色或绿色。花期 5—6 月，果期 7月。

【分布与习性】原产于欧洲。黑龙江、河北、山东、新疆有栽培。性喜光，喜温暖，果期需水较多，对土壤要求不严。

【园林应用】由于株型矮小，呈伞状，既适合规模化大面积栽培，又可在花园、阳台、楼顶零星栽培。由于果实酸味纯正，完全成熟的果实酸甜适口，别具一格，是初夏水果淡季的开胃食品，颇受消费者欢迎。

5.2.21 黑穗醋栗

【别名】黑醋栗、黑豆果、黑加仑。

【拉丁学名】*Ribes nigrum* L.

【科属】虎耳草科茶藨子属

【形态特征】落叶灌木，高达 2 m。小枝粗，幼枝被腺点及微柔毛或近无毛。叶近圆形，宽 5～10 cm，3～5 裂，裂片宽卵形，先端尖，基部心形，上面无毛，下面密被树脂点及稀疏毛，具不规则锯齿；叶柄被柔毛。花白色；花序具花 4～10，萼筒被树脂点及柔毛，萼裂片长圆形，反曲。果近球形，径约 1 cm，黑色。花期 5—6 月，果期 7—8 月。

【分布与习性】广布于欧、亚两洲，多栽培品种。喜光、耐寒、耐贫瘠。

【园林应用】果可食及制果酱，可栽培供观赏。

5.2.22 珍珠绣线菊

【别名】喷雪花。

【拉丁学名】*Spiraea thunbergii* Sieb.ex Blume

【科属】蔷薇科绣线菊属。

【形态特征】落叶灌木，高可达 1.5 m。枝条纤细而开展，呈弧形弯曲，小枝有棱角，幼时密被柔毛，褐色，老时红褐色，无毛。单叶互生，叶线状披针形，先端长渐尖，基部狭楔形，边缘有锐锯齿，羽状脉；叶柄极短或近无柄。伞形花序无总梗或有短梗，每花序有 3～7 朵花，花白色，花梗细长。蓇葖果。花期 4—5 月，果期 7 月。

【分布与习性】原产于华东。陕西、辽宁等省有栽培。喜阳光，好温暖，宜湿润而排水良好的土壤。

【园林应用】本种叶形似柳，花白密集如雪，故又称“雪柳”，叶秋季变红，通常多丛植于草坪角隅或作基础种植，也可作切花用。

5.2.23 三桠绣线菊

【别名】三裂绣线菊。

【拉丁学名】*Spiraea trilobata* L.

【科属】蔷薇科绣线菊属。

【形态特征】灌木，高 1～2 m。小枝细，开展，幼时褐黄色，无毛，老时暗灰褐色或暗褐色。冬芽小，外被数枚鳞片。单叶互生，叶片近圆形、扁圆形或长圆形，基部近圆形、近心形或广楔形，先端钝、通常3裂，边缘自中部以上有少数圆钝锯齿，背面灰绿色，具明显3～5出脉。伞房花序，白色密集。伞形花序具总梗；雄蕊比花瓣短，花柱比雄蕊短。蓇葖果开展，宿存萼片直立。花期5—6月，果期7—8月。

【分布与习性】原产于西伯利亚至苏联的土耳其斯坦一带及我国河北、山东、河南、陕西、云南等省。生于多岩石向阳坡地或灌木丛中，稍耐阴，性健壮，生长迅速。

【园林应用】常栽供庭园观赏，植于岩石园更为适宜。

5.2.24 粉花绣线菊

【别名】日本绣线菊。

【拉丁学名】*Spiraea japonica* Linn.

【科属】蔷薇科绣线菊属。

【形态特征】直立灌木，高达1.5 m；枝条细长，开展，小枝近圆柱形，小枝光滑或幼时有细毛。冬芽卵形，先端急尖，有数个鳞片。单叶互生，卵状披针形至披针形，边缘具缺刻状重锯齿，叶面散生细毛，上面暗绿色，叶背略带白粉。花期6月，复伞房花序，生于当年生枝端，花朵密集，花粉红色，雄蕊较花瓣长。果期8月，蓇葖果。

【分布与习性】原产于日本和朝鲜半岛，中国华东、华北、辽宁南部地区有栽培。性强健，喜光，略耐阴，抗寒，耐旱，耐瘠薄。在湿润、肥沃土壤生长旺盛。

【园林应用】粉花绣线菊花期正值春末夏初少花季节，花色艳丽，可作花坛、花境、绿篱，或丛植于草坪及园路角隅等处，也可作基础种植。

5.2.25 金山绣线菊

【拉丁学名】*Spiraea×bumalda* cv. Gold Mound

【科属】蔷薇科绣线菊属。

【形态特征】落叶小灌木，高达30～60 cm，冠幅可达60～90 cm。老枝褐色，新枝黄色，枝条呈折线状，不通直，柔软。叶卵状，互生，叶缘有桃形锯齿。花蕾及花均为粉红色，10～35朵聚成复伞形花，花期5月中旬至10月中旬，盛花期为5月中旬至6月上旬，花期长，观花期5个月。3月上旬开始萌芽，新叶金黄，老叶黄色，夏季黄绿色。8月中旬开始叶色转金黄，10月中旬后，叶色带红晕，12月初开始落叶。色叶期5个月。

【分布与习性】本种为栽培种，适宜我国长江以北多数地区栽培。喜光，稍耐阴，极耐寒，耐旱，怕水涝，生长快，耐修剪，易成型。

【园林应用】适合作观花色叶地被，在花坛、花境、草坪、池畔等地，宜与紫叶小檗、桧柏等配植成模纹，可以丛植、孤植、群植作色块或列植作绿篱，也可作花镜和花坛植物。

5.2.26 金焰绣线菊

【拉丁学名】*Spiraea*×*bumalda* cv. Gold Flame

【科属】蔷薇科绣线菊属。

【形态特征】株高0.4～0.6 m，冠幅0.7～0.8 m。新梢顶端幼叶红色，下部叶片黄绿色，叶卵形至卵状椭圆形，长4 cm，宽1.2 cm。伞房花序，小花密集，花粉红色，花径5 cm。花期6—9月，长达4个月，开花4～6次，每次15～20 d。生长季剪截新梢后，过20～25 d，又在分枝上开花，可利用这一特性，人为调整开花数。

【分布与习性】本种为栽培种，分布在东北南部、华北北部地区。喜光，稍耐阴，耐盐碱，耐旱，耐寒，耐修剪，怕涝。

【园林应用】金焰绣线菊叶色的季相变化丰富，新叶橙红色，成叶黄色，冬季红叶，感染力强，可单株修剪成球形，或群植作色块、花境、花坛，也可作绿篱。

5.2.27 土庄绣线菊

【别名】柔毛绣线菊、土庄花、石蒡子、小叶石棒子。

【拉丁学名】*Spiraea pubescens* Turcz.

【科属】蔷薇科绣线菊属。

【形态特征】落叶灌木，高 1～2 m。小枝开展拱曲，嫩时褐黄色，被短毛，老时灰褐色，无毛；冬芽卵形或近球形。单叶互生，叶椭圆形至菱状卵形，边缘自中部以上有深刻锯齿或 3 裂，上面被疏柔毛，下面被短柔毛，先端急尖，基部宽楔形。伞形花序有总梗，花瓣白色，雄蕊与花瓣近等长，花柱短于雄蕊。蓇葖果开张，有直立宿存的萼片。花期 5—6 月，果期 7—8 月。

【分布与习性】分布于华北、东北、内蒙古、甘肃、陕西、湖北和安徽等地。喜凉爽。喜光，耐旱、耐寒，适宜在中性土上栽植。

【园林应用】土庄绣线菊花白色而密集，花期亦长，栽于庭园、公园作观赏花灌木，用作配植绿篱，盛花时宛若锦带。

5.2.28 毛果绣线菊

【别名】石蹦子。

【拉丁学名】*Spiraea trichocarpa* Nakai

【科属】蔷薇科绣线菊属。

【形态特征】落叶灌木，株高 2 m。小枝有棱，暗黑色或灰褐色。单叶互生，叶长圆形或倒卵状长圆形，两面无毛，全缘或叶先端有数个锯齿，先端稍钝或急尖。复伞房花序，着生在侧生小枝的顶端，花白色，密被短柔毛。蓇葖果直立，密被短柔毛。花期 5—6 月，果期 7—9 月。

【分布与习性】产于辽宁及内蒙古东部，朝鲜半岛也有分布。喜光，稍耐阴，耐干旱气候，耐寒，对土壤要求不严。

【园林应用】可作花篱，也可植于池畔、山坡、路旁、崖边。

5.2.29 风箱果

【别名】阿穆尔风箱果（经济植物手册）、托盘幌（东北木本植物图志）。

【拉丁学名】*Physocarpus amurensis* Maxim.

【科属】蔷薇科风箱果属。

【形态特征】落叶灌木，树皮纵向剥裂。小枝幼时紫红色，老时灰褐色。单叶互生，叶片三角卵形至宽卵形，3～5 浅裂，缘有锯齿，先端急尖或渐尖，基部心形或近心形，稀截形。花序伞形总状，花白色。蓇葖果膨大，卵形，熟时沿背腹两缝开裂。 花期 5—6 月，果期 7—8 月。

金叶风箱果（*Physocarpus opulifolius* var. *luteus*），叶片生长期金黄色，落前黄绿色，三角状卵形，缘有锯齿。花白色，直径 0.5～1 cm，花期 5 月中下旬，顶生伞形总状花序。果实膨大呈卵形，果外光滑。

紫叶风箱果（*Physocarpus opulifolius* var. *summer* Wine），叶片生长期紫红色，落前暗红色，三角状卵形，缘有锯齿。花白色，直径 0.5～1 cm，花期 5 月中下旬，顶生伞形总状花序。果实膨大呈卵形，果外光滑。光照充足时叶片颜色紫红，而弱光或荫蔽环境中则呈暗红色。东北地区能露地越冬。

（左为金叶风箱果，右为紫叶风箱果）

【分布与习性】产于黑龙江、河北、朝鲜北部及远东地区，常丛生于山沟中，在阔叶林边。性强健，耐寒，喜生于湿润而排水良好的土壤。

【园林应用】风箱果树形开展，花序密集，花色朴素淡雅，晚夏初秋果实变红，颇为美观。可植于亭台周围、丛林边缘及假山旁边。金叶和紫叶风箱果叶、花、果均有观赏价值。

5.2.30　珍珠梅

【别名】华北珍珠梅、吉氏珍珠梅。

【拉丁学名】*Sorbaria kirilowii*（Regel）Maxim.

【科属】蔷薇科珍珠梅属。

【形态特征】落叶灌木。奇数羽状复叶互生，小叶 13～21 枚，卵状披针形，叶缘具重锯齿。顶生圆锥花序，花小，白色。蓇葖果沿腹线开裂。花期 6—7 月，果期 9—10 月。

【分布与习性】分布于黄河流域各省，北京山区有少量分布。各公园、绿地、庭院有栽培。喜光，耐阴，耐寒，性强健，不择土壤。生长迅速，萌蘖性强，耐修剪。

【园林应用】夏季开花，花叶兼美，花期长，是园林中应用较多的花灌木。因其耐阴，可在各类建筑物北侧阴面绿化。

5.2.31　白鹃梅

【别名】白绢梅、金瓜果、茧子花。

【拉丁学名】*Exochorda racemosa*（Lindl.）Rehd.

【科属】蔷薇科白鹃梅属。

【形态特征】落叶灌木。多呈小乔木状，高可达 3～5 m，小枝圆柱形，无毛，微有棱角，幼时红褐色，单叶互生，叶椭圆形或倒卵状椭圆形，全缘或上部有疏齿，先端钝或具短尖，基部楔形，叶柄极短，叶背面灰白色。花两性，顶生总状花序，具花 6～10 朵，有短花梗，萼筒钟状，黄绿色，花白色。蒴果，倒圆锥形，具 5 棱脊，熟时 5 瓣裂。花期 4 月，果期 8—9 月

【分布与习性】产于浙江、江苏、江西、湖南、湖北等省，在北京可露地越冬。喜温暖湿润的气候，喜光，耐旱，耐半阴，抗寒力强，喜肥沃、深厚土壤，常生长在低山坡地沙砾的灌木丛中。酸性土、中性土都能生长，在排水良好、肥沃而湿润的土壤中长势旺盛。

【园林应用】本种春季花期满树雪白，宜作基础种植，或于草地边缘、林缘丛植。也是作树桩盆景的优良素材。

5.2.32　野蔷薇

【别名】蔷薇、多花蔷薇。

【拉丁学名】*Rosa multiflora* Thunb

【科属】蔷薇科蔷薇属。

【形态特征】落叶灌木，高 1～2 m；枝细长蔓生，有皮刺。奇数羽状复叶互生，小叶 5～9 枚，倒卵形至椭圆形，先端急尖或稍钝，基部宽楔形或

圆形，边缘具锐锯齿，有柔毛；无光泽。托叶大部附着于叶柄上，先端裂片成披针形，边缘篦齿状分裂并有腺毛。伞房花序圆锥状，花多数；花梗有腺毛和柔毛；花白色，芳香，花柱合生，伸出花托口外，结合成柱状，几与雄蕊等长，无毛。萼片有毛。蔷薇果球形至卵形，直径 0.6 cm，褐红色。花期 5—6 月。蔷薇果近球形，红褐色。

【分布与习性】原产于中国，华北、华中、华东、华南及西南地区，主产黄河流域以南各省区的平原和低山丘陵，品种甚多，宅院亭园多见。朝鲜半岛、日本也有分布。野蔷薇性强健，喜光，耐半阴，耐寒，对土壤要求不严，在黏重土中也可正常生长。耐瘠薄，忌低洼积水。以肥沃、疏松的微酸性土壤最好。萌蘖性强，耐修剪，抗污染，对有毒气体的抗性强。

【园林应用】疏条纤枝，横斜披展，叶茂花繁，色香四溢，是良好的春季观花树种，在园林中宜为花篱以及基础种植，适用于花架、长廊、粉墙、门侧、假山石壁的垂直绿化。河坡悬垂，也可植于围墙旁，引其攀附。

5.2.33 月季

【别名】月月红。

【拉丁学名】*Rosa chinensis* Jacq.

【科属】蔷薇科蔷薇属。

【形态特征】常绿或半常绿直立灌木。小枝绿色，散生钩状皮刺。奇数羽状复叶互生，小叶 3～5 枚，叶缘有锯齿，表面光滑，托叶大部附生在叶柄上。生长季中连续开花，花生于枝顶，花常数朵簇生，罕单生，花色甚多。品种万千，多为重瓣也有单瓣者，花有微香，花期 4—10 月，春季开花最多，肉质蔷薇果，成熟后呈红黄色，顶部裂开，“种子”为瘦果，栗褐色。

蔷薇三杰——玫瑰、月季和蔷薇都是蔷薇属植物，中国人习惯把花朵直径大、单生的品种称为月季，小朵丛生的称为蔷薇，可提炼香精的称玫瑰。但在英语中它们均称为 rose。rose 依目前正式登记的品种，大约有 3 万种。其实，蔷薇属下的 200 多个大品种在国外都被称作 rose，现在国内切花月季商品名也称为玫瑰。

月季种类主要有食用玫瑰、藤本月季、大花香水月季（切花月季主要为大花香水月季）、丰花月季（聚花月季）、微型月季、树状月季、壮花月季、灌木月季、地被月季等。

【分布与习性】原产于湖北、四川、湖南、江苏、广东等省，现各地普遍栽培。对环境适应性强，耐寒，一般品种可耐 −15 ℃低温。耐旱，对土壤要求不严，但以富含腐殖质而排水良好的微酸性土壤最好。喜光，但过于强的光照对花蕾发育不利。喜温暖，一般气温在 22～25 ℃最为花生长的适宜温度，夏季高温对开花不利。如夏季高温持续 30 ℃以上，则多数品种开花减少，品质降低，进入半休眠状态。冬季气温低于 5 ℃即进入休眠。需要保持空气流通，无污染，若通气不良易发生白粉病，空气中二氧化硫气、氯气、氟化物等气体均对月季花有毒害。

【园林应用】月季花色艳丽，花期长。是园林布置的好材料。宜作花坛、花境及基础种植，在草坪、庭院、园路角隅、假山等处配植也很合适，又可作盆栽及切花用。

5.2.34 玫瑰

【拉丁学名】*Rosa rugosa* Thumb.

【科属】蔷薇科蔷薇属。

【形态特征】落叶直立灌木。茎丛生，枝上密生刚毛或倒刺。奇数羽状复叶互生，小叶5～9枚，椭圆形或椭圆形状倒卵形，先端急尖或圆钝。缘有钝齿，质厚；表面深绿色，多皱，背面有柔毛及刺毛；托叶大部附着于叶柄，边缘有腺点；叶柄基部的刺常成对着生。花单生于叶腋或数朵聚生，花冠紫红色，芳香，有单瓣与重瓣之分；花柱短，聚成头状，或稍伸出花托口外，花梗有茸毛和腺体。花期5—6月，果期8—9月。蔷薇果扁球形，熟时红色，内有多数小瘦果，萼片宿存。

【分布与习性】原产于亚洲东部地区，现在我国华北、西北和西南，日本，朝鲜等地均有分布，在其他许多国家也被广泛种植。喜阳光，耐旱，耐涝，耐寒冷，对土壤要求不严，在微碱性土上也能生长。喜阳光充足、凉爽而通风及排水良好之处。萌蘖力很强，生长迅速。

【园林应用】玫瑰色艳花香，适应性强，最宜作花篱、花境、花坛及坡地栽植。

5.2.35 黄刺玫

【拉丁学名】*Rosa xanthina* Lindl.

【科属】蔷薇科蔷薇属。

【形态特征】落叶丛生直立灌木，高2～3 m；小枝无毛，有散生硬直皮刺，无刺毛。奇数羽状复叶互生，小叶7～13，小叶宽卵形或近圆形，稀椭圆形，边缘有圆钝锯齿，上面无毛；托叶条状披针形，大部分贴生于叶柄，离生部分呈耳状，边缘有锯齿和腺毛。花单生于叶腋，花瓣黄色，单瓣或重瓣。蔷薇果近球形或倒卵形，紫褐色或黑褐色，直径0.8～1 cm，无毛，萼片于花后反折。花期4—5月，果期7—9月。

【分布与习性】原产于我国东北、华北至西北地区，生于向阳坡或灌木丛中，现各地广为栽培。喜光，耐寒、耐旱，耐瘠薄，少病虫，稍耐阴，不耐水涝。对土壤要求不严，在盐碱土中也能生长，以疏松、肥沃土地为佳。

【园林应用】春末夏初开金黄色花朵，鲜艳夺目而且花期较长，为北方园林春景添色不少。适合庭园观赏，花篱、草坪、林缘边丛植，也可作基础种植。

5.2.36 榆叶梅

【别名】小桃红。

【拉丁学名】*Prunus triloba* Lindl.

【科属】蔷薇科李属。

【形态特征】落叶灌木。小枝无毛或幼时有毛。单叶互生，椭圆形至倒卵形，叶先端常3裂，边缘具重锯齿，基部阔楔形。花1～2朵，先叶开放，粉红色。核果，有沟槽。

【分布与习性】北京山区有分布，各公园、绿地广见栽培。性喜光，耐寒，耐旱，对轻碱土能适应，不耐水涝。

【园林应用】中国北方春季园林中的重要观花灌木。因其叶似榆，花如梅，故名“榆叶梅”。榆叶梅枝叶茂密，花繁色艳，反映春光明媚、花团锦簇的欣欣向荣景象。宜植于公园草地、路边，或庭园中的墙角、池畔等。在园林或庭院中最好以苍松翠柏作背景孤植、丛植或列植为花篱，或与连翘配植，或与柳树间植，或配植于山石处，更显春色盎然。也可作盆栽、切花或催花材料。

5.2.37 毛樱桃

【别名】山樱桃、梅桃、山豆子。

【拉丁学名】*Prunus tomentosa*（Thunb.）Wall.

【科属】蔷薇科李属。

【形态特征】落叶灌木，高 2～3 m，枝条幼时密被茸毛。单叶互生，叶倒卵形、椭圆形或卵形，边缘有锯齿，背面密被茸毛。花先叶开放，花白色或淡粉色，单生或 2 朵并生。核果圆形或长圆形，成熟时鲜红。花期在 4—5 月，果期 6 月。

【分布与习性】原产于东北、华北、西南等地。适应性极强，喜光，也耐阴，耐寒，也耐高温，耐旱，耐瘠薄及轻碱土。

【园林应用】毛樱桃花开粉白色，可与迎春、连翘等早春黄色系花灌木配植应用，反映春回大地、欣欣向荣的景象，适宜在草坪、庭院等地丛植。

5.2.38 西伯利亚杏

【别名】山杏。

【拉丁学名】*Prunus sibirica*（Linn.）Lam.

【科属】蔷薇科李属。

【形态特征】落叶灌木，高 1～2 m。单叶互生，叶片宽卵形，边缘有细钝锯齿。花单生，花瓣白色或粉红色。核果近球形，两侧稍扁，黄而带红晕，被短柔毛，果柄极短，果肉较薄而干燥，离核。花期 5 月，果期 7—8 月。

辽梅杏（*Prunus sibirica* var. *pleniflora*.）别名：辽梅山杏、毛叶重瓣山杏，系属西伯利亚山杏的变种。树冠半圆形，树姿开张。多年生枝红褐色，表皮光滑无毛。一年生枝灰褐色，节间长 1.8 cm。单叶互生，叶缘不整齐，单锯齿。白色重瓣花，每朵花花瓣 30 余枚，花径 3 cm 左右。花萼粉红色。叶片卵圆形，基部宽楔形，先端渐尖；叶片长 7.2 cm，宽 5.5 cm，叶柄长 2.4 cm；叶色绿，正反面均多茸毛，无光泽。 果实较小，扁圆形。

在熊岳地区 3 月下旬花芽萌动，4 月中旬开花，4 月下旬盛花，花期 7 d。4 月中旬叶芽萌动，5 月初展叶，10 月中下旬落叶，生长期约 180 d。20 世纪 50 年代由辽宁省北票市大黑山林场工程师

屈女士发现，经中国科学院北京果树研究所鉴定命名为“辽梅杏”，之后引入北京卧佛寺公园栽培。现唯一的母树已不存，国家级大黑山森林公园有“辽梅园”。辽梅杏抗寒（休眠枝条受冻害临界温度为 −45 ℃）、抗旱、抗病。

【分布与习性】分布于东北、华北、内蒙古、俄罗斯远东地区。耐寒，耐旱，耐瘠薄土壤。

【园林应用】辽梅杏花型似梅花，具清香，可弥补南梅不胜北寒的缺欠，是颇具观赏价值的“北国梅花”。

5.2.39 麦李

【拉丁学名】*Prunus glandulosa*（Thumb.）Lois.

【科属】蔷薇科李属。

【形态特征】落叶灌木，高达 2 m。单叶互生，缘有细钝齿，叶卵状长椭圆形至椭圆状披针形，先端急尖而常圆钝，基部广楔形，两面无毛或背面中肋疏生柔毛。花粉红或近白色。核果近球形，红色。花期 4 月，先叶开放或与叶同放。

【分布与习性】产于中国中部及北部。喜光，耐寒，适应性强。

【园林应用】宜植于草坪、路边、假山旁及林缘丛栽，也可作基础、盆栽或催花、切花材料。

5.2.40 郁李

【别名】爵梅、秧李。

【拉丁学名】*Prunus japonica* Thunb.

【科属】蔷薇科李属。

【形态特征】落叶灌木，干皮褐色，老枝有剥裂，无毛。小枝柔而纤细，冬芽极小，幼时黄褐色、灰褐色。单叶互生，叶卵形或宽卵形，边缘有锐重锯齿，先端尾尖，基部圆形；托叶条形，边缘具腺齿，早落。花与叶同时开放，2～3 朵，花瓣粉红色或近白色。核果近球形，无沟，暗红色，光滑而有光泽。

【分布与习性】分布在东北、华北、华中、华南等地。喜光，耐热，耐寒，抗旱，耐水湿，适宜在湿润肥沃的沙质壤土中生长。

【园林应用】郁李花开繁密，果实红艳，是园林中重要的观花、观果树种。宜丛植于草坪、林缘、建筑物前、山石旁，可与棣棠、连翘等花木配植，也可作花篱栽植。

5.2.41 棣棠

【别名】棣棠花、地棠、黄棣棠、蜂棠花、金棣棠梅、麻叶棣棠、黄花榆叶梅。

【拉丁学名】*Kerria japonica*（L.）DC.

【科属】蔷薇科棣棠属。

【形态特征】落叶灌木，高 1～2 m；小枝绿色，无毛，有纵棱。单叶互生，叶片卵形至卵状披针形，边缘有锐重锯齿，顶端渐尖，基部圆形或微心形，表面无毛或疏生短柔毛，背面或沿叶脉、脉间有短柔毛，有托叶。花单生于侧枝顶端，花瓣 5，金黄色。瘦果。花期 4—5 月，果期 7—8 月。

金边棣棠（var. *aueo varigata* Rehd.）、银边棣棠（var. *picta* Sieb.）、重瓣棣棠（var. *pleniflora*），

其中重瓣棣棠花重瓣，不结实。

【分布与习性】原产于我国华北至华南，日本也有分布。性喜温暖湿润、半阴之地，比较耐寒。对土壤要求不严，适于在肥沃、疏松的沙壤土生长。

【园林应用】棣棠枝叶翠绿，金花满树，宜丛植或群植于水畔、坡边、林下和假山之旁，或作花篱、花径等。

5.2.42 金露梅

【别名】金老梅、格桑花、金蜡梅。

【拉丁学名】*Potentilla fruticosa* L.

【科属】蔷薇科委陵菜属。

【形态特征】落叶灌木，高 0.5～2 m。分枝多，树皮纵向剥落。小枝红褐色，幼时被长柔毛。奇数羽状复叶互生，小叶 3～7 枚，常 5 枚，小叶长圆形至卵状披针形，全缘，先端锐尖，基部楔形，两面疏被柔毛或绢毛或脱落无毛；托叶膜质。单花或数朵生于枝端呈伞房状，花黄色。瘦果。花期 7—8 月，果期 8—9 月。

【分布与习性】产于甘肃、青海、四川及云南，广泛分布于北半球亚寒带至北温带的高山地区，极其耐寒，可以忍受 −50～−40 ℃的低温。对土壤要求不严，pH 6.5～8.9。耐干旱，多喜生于高山和亚高山草甸、灌丛草甸、针叶林近缘及高寒沼泽草甸。

【园林应用】金露梅花色黄艳，花期长，为良好的观花树种，可作绿篱，也可配植于高山园或岩石园。

5.2.43 匍匐栒子

【别名】地红籽。

【拉丁学名】*Cotoneaster adpressus* Bois

【科属】蔷薇科栒子属。

【形态特征】落叶匍匐灌木，茎不规则分枝，平铺地上；小枝细瘦，圆柱形，幼嫩时具糙伏毛，红褐色至暗灰色。叶片宽卵形或倒卵形，长 5～15 mm，先端圆钝或稍急尖，基部楔形，边缘全缘而呈波状，上面无毛，下面具稀疏短柔毛或无毛。花 1～2 朵，几无梗，直径 7～8 mm；萼筒钟状，萼片卵状三角形；花瓣直立，粉红色，倒卵形，长约 4.5 mm；雄蕊 10～15 个，短于花瓣；花柱 2，离生，比雄蕊短；子房顶部有短柔毛。果实近球形，直径 6～7 mm，鲜红色，无毛，通常有 2 小核。花期 5—6 月，果期 8—9 月。

【分布与习性】产于陕西、甘肃、青海、湖北、四川、贵州、云南、西藏。性强健；喜光，耐寒，耐干旱瘠薄。可在石灰质土壤中生长。

【园林应用】植株低矮，枝条苍劲，开粉红色小花，挂红色小果。颇具观赏性。匍匐岩壁，为良好的岩石园种植材料。

5.2.44 水栒子

【别名】栒子木、多花栒子。

【拉丁学名】*Cotoneaster multiflora* Bunge

【科属】蔷薇科栒子属。

【形态特征】落叶灌木，高 2～4 m，小枝细长，紫色。叶卵形，长 2～5 cm，先端常圆钝，基部广楔形或近圆形。花白色，径 1～1.2 cm，花瓣开展，近圆形，6～21 朵成聚伞花序。果近球形或倒卵形，径约 8 mm，红色。花期 5 月，果熟期 9 月。

【分布与习性】广布于东北、华北、西北和西南；亚洲西部和中部其他地区也有分布。性强健，耐寒，喜光，稍耐阴，对土壤要求不严，极耐干旱

和贫瘠；喜排水良好的土壤，水湿、涝洼常造成死亡。耐修剪。

【园林应用】本种花果繁多而美丽，秋季红果累累，是极佳的观花、观果树种，宜丛植于草坪边缘及路旁。

5.2.45 平枝栒子

【别名】栒刺木、铺地蜈蚣。

【拉丁学名】*Cotoneaster horizontalis* Decne

【科属】蔷薇科栒子属。

【形态特征】落叶或半常绿匍匐灌木，高不超过 0.5 m，枝水平开张成整齐两列状；小枝圆柱形，黑褐色。叶片近圆形或宽椭圆形，长 5～14 mm，宽 4～9 mm，先端多数急尖，基部楔形，全缘。花 1～2 朵腋生，近无梗，直径 5～7 mm；萼筒钟状，萼片三角形；花瓣直立，倒卵形，长约 4 mm，宽 3 mm，粉红色；雄蕊约 12；花柱常为 3。果实近球形，直径 4～6 mm，鲜红色，常具 3 小核，稀 2 小核。花期 5—6 月，果期 9—10 月。

【分布与习性】分布于秦岭、鸡公山、黄河上游、长江中下游地区。喜阳光和排水良好，也稍耐阴。

【园林应用】平枝栒子的枝叶横展，叶浓绿发亮，晚秋叶色红亮，粉花红果，与岩石配植非常适宜，或作地面覆盖植物，也是盆景制作的上好材料。

5.2.46 火棘

【别名】救兵粮、火把果。

【拉丁学名】*Pyracantha fortuneana*（Maxim.）Li

【科属】蔷薇科火棘属。

【形态特征】常绿灌木，高约 3 m；枝端成刺状。叶片倒卵形或倒卵状矩圆形，长 1.5～6 cm，宽 0.5～2 cm，先端圆钝或微凹，有时有短尖头，基部楔形，下延，边缘有圆钝锯齿，齿尖向内弯，近基部全缘，两面无毛。复伞房花序，花白色，直径约 1 cm；萼筒钟状，无毛，裂片三角卵形；花瓣圆形。梨果近圆形，直径约 5 mm，萼片宿存。花期 5 月，果熟期 9—10 月。

【分布与习性】分布于黄河以南各省，生于海拔 500～2 800 m 的山地灌丛中或河沟。性喜温暖湿润而通风良好、阳光充足、日照时间长的环境生长，具有较强的耐寒性，耐瘠薄，对土壤要求不严。

【园林应用】火棘树形优美，夏有繁花，秋有红果，果实存留枝头甚久，在庭院中作绿篱以及园林造景材料，在路边可以用作绿篱，美化、绿化环境。也可制作盆景。

5.2.47 黑果腺肋花楸

【别名】黑果花楸。

【拉丁学名】*Aronia melanocarpa*

【科属】蔷薇科腺肋花楸属。

【形态特征】落叶灌木，树高 1.5～2.5 m。叶卵圆形，深绿色，叶缘具重锯齿，秋季叶色变红。复伞房花序，花白色，花瓣 5。果球形，紫黑色，果径 1.4 cm；花期 5 月，果熟期 9—10 月。

【分布与习性】原产于美国东北部，东欧大部分国家都有栽培。喜光，耐寒，抗旱性较强，对土壤要求不严。

【园林应用】本种以春季花开繁盛、香气宜人，秋季叶色火红，冬季果实累累而著称。为珍贵园林绿化树种，

5.2.48 欧李

【别名】山梅子、小李仁、乌拉奈。

【拉丁学名】*Prunus humilis*（Bge.）Sok.

【科属】蔷薇科李属。

【形态特征】落叶灌木，高1～1.5 m。树皮灰褐色，小枝被柔毛。叶互生，长圆形或椭圆状披针形，长2.5～5 cm，宽1～2 cm，先端尖，边缘有浅细锯齿，下面沿主脉散生短柔毛。花与叶同放，单生或2朵并生；萼片5，花后反折；花瓣5，白色或粉红色；雄蕊多数；心皮1。核果近球形，直径约1.5 cm，熟时鲜红色，花期4—5月，果期5—6月。

【分布与习性】主产于黑龙江、吉林、辽宁、内蒙古、河北、山东。喜光，耐寒，喜湿润肥沃壤土。

【园林应用】本种花果俱美，宜作庭园观赏树种。

5.2.49 扁核木

【别名】蕤核。

【拉丁学名】*Prinsepia uniflora* Batal.

【科属】蔷薇科扁核木属。

【形态特征】落叶灌木，高1～2 m；老枝紫褐色，树皮光滑；小枝灰绿色或灰褐色；枝刺钻形，长0.5～1 cm。叶互生或丛生，近无柄；叶片长圆披针形或狭长圆形，长2～5.5 cm，宽6～8 mm，先端圆钝或急尖，基部楔形或宽楔形，全缘，有时呈浅波状或有不明显锯齿。花单生或2～3朵簇生于叶丛内；花直径8～10 mm；萼片短三角卵形或半圆形；花瓣白色，有紫色脉纹，长5～6 mm，先端啮蚀状，基部宽楔形，有短爪；雄蕊10；心皮1，无毛，花柱侧生，柱头头状。核果球形，红褐色或黑褐色，直径8～12 mm，有光泽；核为左右压扁的卵球形，长约7 mm，有沟纹。花期4—5月，果期8—9月。

【分布与习性】产于河南、山西、陕西、内蒙古、甘肃和四川等省区。生于海拔900～1 100 m的山坡阳处或山脚下。喜光，耐寒，深根性，耐干旱瘠薄，忌水湿，以在深厚肥沃的土壤上生长较好。

【园林应用】扁核木花、果均具观赏价值，适宜在园林绿地中的草坪边缘、庭院角隅种植或与山石配植。

5.2.50 东北扁核木

【别名】辽宁扁核木、扁胡子、东北蕤核。

【拉丁学名】*Prinsepia sinensis*（Oliv.）Oliv. ex Bean

【科属】蔷薇科扁核木属。

【形态特征】灌木，高达2～3 m，分枝多；树皮灰色，枝有刺；髓部为片状。叶长4～8 cm，宽1～2 cm；叶柄长5～8 mm；花1～4簇生于叶腋，径1.2～1.8 cm；萼片三角状卵形；花瓣5，黄色；雄蕊18～20，花丝与花药等长；子房1室，花柱侧生于子房基部。核坚硬，微扁，长12 mm，宽10 mm，有皱纹。花期5月，果熟期8—9月。

【分布与习性】产于黑龙江、吉林、辽宁。生于杂木林中或阴山坡的林间，或山坡开阔处以及河岸旁。喜光、耐寒，适应性较强。

【园林应用】本种枝多而密，常呈拱形，花橘黄色，微有香气。核果熟时红色，挂果期长达1个月之久，为稀有珍贵种，是东北地区极好的刺篱观花、观果植物。

5.2.51 紫穗槐

【别名】棉槐、棉条、穗花槐。

【拉丁学名】*Amorpha fruticosa* L.

【科属】豆科紫穗槐属。

【形态特征】落叶灌木。高1～4 m，丛生、枝叶繁密，直伸，皮暗灰色，平滑，小枝灰褐色，有凸起锈色皮孔。叶互生，奇数羽状复叶，小叶11～25，卵形，狭椭圆形，先端圆形，全缘，叶内有透明油腺点。总状花序密集顶生或枝端腋生，花轴密生短柔毛，萼钟形，常具油腺点，旗瓣蓝紫色，翼瓣、龙骨瓣均退化。荚果弯曲短，长7～9 mm、棕褐色，密被瘤状腺点，不开裂，内含1种子，种子具光泽，千粒重10 g。花果期5—10月。

【分布与习性】原产于美国。广布于我国东北、华北、河南、华东、湖北、四川等省。喜光，耐寒、耐旱、耐湿、耐盐碱、抗风沙、抗逆性极强，萌芽性强，根系发达。

【园林应用】枝叶繁密，根部有根疣可改良土壤，枝叶对烟尘有较强的吸附作用。可用作水土保持、被覆地面和工业区绿化。

5.2.52 紫荆

【别名】满条红、苏芳花、紫株、乌桑、箩筐树。

【拉丁学名】*Cercis chinensis* Bge.

【科属】豆科紫荆属。

【形态特征】落叶丛生灌木。单叶互生，叶近圆形，全缘，两面无毛，顶端急尖，基部心形。花先叶开放，5～9朵簇生于老枝上，紫红色。花萼阔钟状，花瓣5，假蝶形花。荚果狭长椭圆形，扁平，不开裂，沿腹缝线处具窄翅。花期4—5月，果期9—10月。

【分布与习性】原产于湖北西部，在云南、四川、广东、陕西、甘肃、河南、河北、辽宁南部等省都有分布。性喜光，耐暑热。有一定的耐寒性。喜排水良好、肥沃的土壤，不耐淹。萌蘖性强，耐修剪。

【园林应用】树干丛生挺直，早春先花后叶，盛开时花朵成簇，紧贴枝干，花形似蝶，给人以繁花似锦的感觉。适于广场、草坪、庭院、公园、街头游园、道路绿化带等处，也可盆栽观赏或制作盆景。

5.2.53 胡枝子

【别名】随军茶、二色胡枝子等。

【拉丁学名】*Lespedeza bicolor* Turcz.

【科属】豆科胡枝子属。

【形态特征】落叶灌木，高 0.5～2 m，老枝灰褐色，嫩枝黄褐色，分枝多、细长，常拱垂。微被平伏毛，有棱脊。三出复叶互生，小叶卵形、卵状椭圆形或椭圆状披针形，长，全缘，先端圆钝或微凹，有小尖头，基部楔形，背面密被毛。总状花序腋生，单生或数个排成圆锥状，花冠紫红色。荚果密被柔毛。花期 8 月，果期 9—10 月。

【分布与习性】原产于中国北部、日本、朝鲜半岛。耐阴、耐寒、耐干旱、耐瘠薄，喜光稍耐阴，对土壤要求不严格。

【园林应用】胡枝子花繁叶绿，可丛植于自然式园林中观赏。

5.2.54 花木蓝

【别名】吉氏木蓝、花槐蓝或山蓝。

【拉丁学名】*Lndigofera kirilowii* Maxim.ex Palib.

【科属】豆科木蓝属。

【形态特征】落叶小灌木，高约 1 m，幼枝灰绿色，有白色丁字形毛，老枝灰褐色无毛，略有棱角，奇数羽状复叶互生，小叶 7～11 枚，小叶阔卵形至椭圆形，先端圆具小尖，基部圆形或宽楔形，小叶两面被白色丁字形毛，两性花，腋生总状花序，序梗与叶轴近等长，花淡紫红色。荚果圆柱形，先端偏斜，具尖，熟时棕褐色，无毛，花期 6—7 月，果熟 8—9 月。

【分布与习性】分布于东北、华北等地。常见于山坡灌丛和疏林中。强阳性树种，喜光，抗寒，耐干燥瘠薄。

【园林应用】枝叶茂密，羽状复叶，初夏开花，花序长 10 cm 多，花色淡紫红，极为美丽，在园林绿化中，可作地被观赏，也可作为点缀树种穿插于乔木树种之间增添景色。

5.2.55 毛刺槐

【别名】毛洋槐、红花槐、江南槐。

【拉丁学名】*Robinia hispida* L.

【科属】豆科刺槐属。

【形态特征】落叶灌木，高达 2～4 m。茎、小枝、花梗均有红色刺毛。奇数羽状复叶互生，小叶 7～15 个，广椭圆形，先端钝而有小尖头。总状花序，具花 3～7 朵，蝶形花冠，粉红或紫红色，开花一般不孕，花期 5 月。荚果长 5～8 cm，具腺状刺毛。

【分布与习性】原产于北美，中国东北南部及华北园林中常有栽培。性喜光，耐寒、耐旱能力强，生长快，耐修剪。对烟尘及有毒气体如氟化氢等有较强的抗性。喜湿润肥沃排水良好的土壤。

【园林应用】花大色美，孤植、列植、丛植均佳，是庭院、草坪边缘、小游园、公园不可多得的观赏树种，也可作基础种植。以刺槐作砧木嫁接繁殖，故具有很强的抗盐碱能力，是盐碱地区园林绿化的好树种。

5.2.56 红花锦鸡儿

【别名】金雀儿、金雀锦鸡儿。

【拉丁学名】*Caragana rosea* Turcz.

【科属】豆科锦鸡儿属。

【形态特征】落叶多枝直立小灌木，高约 1 m。树皮暗灰色、黄灰色或稍带绿色；枝条细长，无毛，嫩枝黄褐色，后变栗褐色，有细棱，具托叶刺；冬芽略呈扁卵形，褐色。叶互生或在短枝上簇生，小叶 4，假掌状排列，上面一对通常较大，长椭圆状倒卵形，先端圆或微凹，有刺尖，基部楔形，全缘，无毛。花单生，花梗上部有关节，花萼钟形，无毛，基部偏斜；花冠蝶形，粉黄中带紫色。荚果近圆筒形，褐色，无毛。花期5—6月，果期7—8月。

【分布与习性】产于华北至浙江地区，生于山坡、沟边或灌丛中。吉林、辽宁及哈尔滨有栽培。耐干旱，耐寒、耐修剪，可作绿篱、地被等。

【园林应用】在园林中可植于岩石旁、小路边，或作绿篱用，也可作盆景材料。

5.2.57 树锦鸡儿

【别名】蒙古鸡锦儿、小黄刺条。

【拉丁学名】*Caragana arborescens* lam

【科属】豆科锦鸡儿属。

【形态特征】大灌木或小乔木，高达7 m，常呈灌木状；树皮深灰绿色，平滑。小枝有棱，幼时被毛，枝具托叶刺。偶数羽状复叶在长枝上互生，在短枝上簇生，小叶4～8对，长圆状倒卵形、窄倒卵形或椭圆形，先端圆钝，具小突尖，幼时疏被柔毛，后脱落，或仅下面被柔毛。花2～5朵簇生，花梗上部具关节，萼钟形，蝶形花冠黄色。荚果扁条形，无毛。

【分布与习性】原产于中国北部及中部地区。喜光，耐寒。深根性，生长势强，适应性强，耐干旱瘠薄土壤，可在岩石缝隙中和沙地生长。

【园林应用】树锦鸡儿花朵美丽，叶色鲜绿，可孤植、丛植于岩石旁，小路边，也可作绿篱或盆景材料，也是我国北方良好的蜜源植物及水土保持树种。

5.2.58 沙冬青

【别名】蒙古沙冬青、蒙古黄花木。

【拉丁学名】*Ammopiptanthus mongolicus* (Maxim.) Cheng f.

【科属】豆科冬青属。

【形态特征】常绿灌木，高1～2 m。小枝密生平贴短柔毛。掌状三出复叶，少有单叶；叶柄长5～10 mm，密生银白色短柔毛；小叶菱状椭圆形至宽披针形，长1.5～4 cm，宽6～20 mm，先端锐尖或钝，基部楔形，两面密被银白色茸毛。总状花序顶生或侧生，花8～12朵；苞片宽卵形，长5～6 mm，被白色茸毛；萼筒钟形，齿三角形，有时2齿结合成1大齿；花冠蝶形，黄色；子房具柄，无毛。荚果长圆形，扁，长5～8 cm，宽1.5～2 cm，先端锐尖，无毛。种子2～5颗，圆肾形，径约6 mm。花期4—5月，果期5—6月。

【分布与习性】产于中国内蒙古、甘肃、宁夏、新疆、陕西等地。本种属强旱生常绿灌木，具有极强的生命力，忌湿润，根系深，难移植。

【园林应用】沙冬青是古老的第三纪残遗种，除具有科学上的保存价值外，它是北方地区难得的常绿阔叶灌木，可孤植或群植观赏，也可植为花篱，具有良好的防风固沙和滞尘的作用。

5.2.59 骆驼刺

【别名】骆驼草。

【拉丁学名】*Alhagi sparsifolia* Shap.

【科属】豆科骆驼刺属。

【形态特征】落叶小灌木，高0.6～1.3 m，枝光滑；刺密生，长0.4～2.5 cm。叶单生，着生于枝或刺的基部，长椭圆形或宽倒卵形，长0.5～2 cm，宽0.4～1.5 cm，叶端圆或微凹，叶基楔形，硬革质，表背两面贴生短柔毛。花序总状，腋生，总花梗刺状，具1～6花；花红紫色，长约8 mm。荚果直或略弯曲，长2.5 cm，内含1～5种子，熟时不开裂。

【分布与习性】分布于我国内蒙古、甘肃、新疆。性喜光、强健耐寒、耐旱、耐瘠薄土，喜生于沙漠地带或通气、排水良好处。

【园林应用】可作沙性土地区绿篱、刺篱用。

5.2.60 花椒

【别名】香椒、大花椒、山椒。

【拉丁学名】*Zanthoxylum bungeanum* Maxim.

【科属】芸香科花椒属。

【形态特征】落叶灌木，高 3～7 m，茎干通常有增大皮刺；枝灰色或褐灰色。奇数羽状复叶，叶轴边缘有狭翅；小叶 5～11 个，纸质，卵形或卵状长圆形，长 1.5～7 cm，宽 1～3 cm，先端尖或微凹，基部近圆形，边缘有细锯齿，表面中脉基部两侧常被一簇褐色长柔毛。聚伞圆锥花序顶生，花白色或淡黄色，花被片 4～8 个。果球形，红色、紫红色或者紫黑色，密生疣状凸起的油点。花期 3—5 月，果期 6—9 月。

【分布与习性】分布于我国北部至西南，我国华北、华中、华南均有分布。喜光，耐寒，耐旱，不耐涝，抗病能力强，适宜温暖湿润及土层深厚肥沃壤土、沙壤土，萌蘖性强，隐芽寿命长。

【园林应用】既可孤植又可作防护刺篱。

5.2.61 盐肤木

【别名】五倍子树、山梧桐、黄瓤树。

【拉丁学名】*Rhus chinensis* Mill.

【科属】漆树科盐肤木属。

【形态特征】落叶灌木至小乔木；小枝被柔毛，有皮孔。叶互生，奇数羽状复叶，叶轴具宽翅，有小叶 7～13；小叶边缘有粗锯齿，背面粉绿色，有柔毛。圆锥花序顶生，直立，宽大；花小，杂性；花萼 5 裂；花瓣 5；雄蕊 5；花盘环状；子房上位。果序直立，核果，球形，被腺毛和具节柔毛，成熟后红色。

【分布与习性】中国除黑龙江、吉林、内蒙古和新疆外，其余各省区均有分布。喜温暖湿润气候，也能耐一定寒冷和干旱。对土壤要求不严，耐瘠薄，不耐水湿。根系发达，有很强的萌蘖性。

【园林应用】盐肤木是我国主要经济树种，可供制药和作工业染料的原料。其皮部、种子还可榨油。在园林绿化中，可作为观叶、观果的树种。

5.2.62 卫矛

【别名】鬼箭羽、六月凌、四面锋。

【拉丁学名】*Euonymus alatus*（Thunb.）Sieb.

【科属】卫矛科卫矛属。

【形态特征】灌木，高 2～3 m。小枝四棱形，有 2～4 排木栓质的阔翅。叶对生，叶片倒卵形至椭圆形，长 2～5 cm，宽 1～2.5 cm，边缘有细尖锯齿。花黄绿色，径 5～7 mm，常 3 朵集成聚伞花序。蒴果棕紫色，深裂成 4 裂片，有时为 1～3 裂片；种子褐色，有橘红色的假种皮。花期 4—6 月，果熟期 9—10 月。

【分布与习性】产于我国东北、华北、西北至长江流域各地；日本、朝鲜也有分布。适应性强，耐寒，耐阴，耐修剪，生长较慢。

【园林应用】卫矛枝翅奇特，嫩叶及霜叶均紫红色，在阳光充足处秋叶鲜艳可爱，蒴果宿存很久，堪称观赏佳木。

5.2.63　木槿

【别名】无穷花，沙漠玫瑰。

【拉丁学名】*Hibiscus syriacus* Linn.

【科属】锦葵科木槿属。

【形态特征】落叶灌木，高 3～4 m，小枝密被黄色星状茸毛。叶菱状至三角状卵形，常 3 裂，边缘有钝齿，先端钝，基部楔形，下面沿叶脉微被毛或近无毛；上面被星状柔毛；托叶线形，疏被柔毛。花单生于枝端叶腋，被星状短茸毛；花萼钟形，密被星状短茸毛；花钟形，淡紫色，外面疏被纤毛和星状长柔毛。蒴果卵圆形，密被黄色星状茸毛；种子肾形，背部被黄白色长柔毛。花期 7—10 月。

【分布与习性】原产于东亚，中国自东北南部至华南各地均有栽培，尤其长江流域栽培多。喜光也耐半阴。耐寒，对土壤要求不严，较耐瘠薄，能在黏重或碱性土壤中生长，但不耐积水。萌蘖力强，耐修剪。对二氧化硫、氯气等有害气体具有很强的抗性，同时又有滞尘的功能。

【园林应用】木槿夏秋开花，开花时满树花朵，花期长而花朵大，花色、花型变化很大，是优良的园林观花树种。常作绿篱和基础种植材料，也可丛植于草坪、林缘等处。

5.2.64　沙棘

【别名】醋柳、黄酸刺、酸刺柳。

【拉丁学名】*Hippophae rhamnoides* L.

【科属】胡颓子科沙棘属。

【形态特征】落叶灌木或乔木，高 1～5 m，高山沟谷可达 18 m。棘刺较多，粗壮，顶生或侧生；嫩枝褐绿色，密被银白色而带褐色鳞片或有时具白色星状毛，老枝灰黑色，粗糙。单叶通常近对生；叶片纸质，狭披针形或长圆状披针形，长 3～8 cm，宽约 1 cm，上面绿色，初被白色盾形毛或星状毛，下面银白色或淡白色，被鳞片。花黄色，花瓣 4 瓣；果实圆球形，直径 4～6 mm，橙黄色或橘红色；果梗长 1～2.5 mm。种子小，黑色或紫黑色，有光泽。花期 4—5 月，果期 9—10 月。

【分布与习性】分布于华北、西北、西南等地。喜光，耐寒，耐酷热，耐风沙及干旱气候，不耐积水，对土壤适应性强。

【园林应用】沙棘是防风固沙，保持水土，改良土壤的优良树种。

5.2.65　沙枣

【别名】桂香柳、银柳

【拉丁学名】*Elaeagnus angustifolia* L.

【科属】胡颓子科胡颓子属

【形态特征】灌木或乔木，高 3～10 m。树皮栗褐色至红褐色，有光泽，树干常弯曲，枝条稠密，具枝刺，嫩枝、叶、花果均被银白色鳞片及星状毛；叶披针形，长 4～8 cm，先端尖或钝，基部楔形，全缘。花小，银白色，芳香，通常 1～3 朵生于小枝叶腋，花萼筒状钟形，顶端通常 4 裂。果实长圆状椭圆形，直径为 1 cm，果肉粉质，果皮早期银白色，后期鳞片脱落，呈黄褐色或红褐色。

【分布与习性】主要分布在我国西北各省区和内蒙古西部。少量的也分布到华北北部、东北西部。喜光，耐寒性强，耐干旱，也耐水湿、盐碱，耐瘠薄，能生长在荒漠、半沙漠和草原上。

【园林应用】沙枣叶形似柳而色灰绿，叶背有银白色光泽，是个颇具特色的树种。由于具有多种抗性，最宜作盐碱和沙荒地区的绿化用，宜用作防护林。

5.2.66 柽柳

【别名】垂丝柳、西河柳、红柳。

【拉丁学名】*Tamarix chinensis* Lour.

【科属】柽柳科柽柳属。

【形态特征】灌木或小乔木，高 3～6 m。幼枝柔弱，开展而下垂，红紫色或暗紫色。叶卵状披针形，长 1～3 mm，半贴生，背面有龙骨状柱。每年开花 2～3 次；春季在去年生小枝节上侧生总状花序，花稍大而稀疏；夏、秋季在当年生幼枝顶端形成总状花序组成顶生大型圆锥花序，常下弯，花略小而密生，每朵花具 1 线状钻形的绿色小苞片；花 5 数，粉红色；萼片卵形；花瓣椭圆状倒卵形，长约 2 mm；雄蕊着生于花盘裂片之间，长于花瓣；子房圆锥状瓶形，花柱 3。蒴果长约 3.5 mm，3 瓣裂。花期 4—9 月，果期 6—10 月。

【分布与习性】原产于中国，分布极广，自华北至长江中下游各省，南达华南及西南地区。喜光、耐旱、耐寒，较耐水湿。极耐盐碱、沙荒地，根系发达，萌生力强，极耐修剪刈割。

【园林应用】柽柳枝条细柔，姿态婆娑，开花粉红，花期长，颇为美观。植于庭院、水滨、池畔、路旁等地，则淡烟疏树，绿荫垂条，别具风格。

5.2.67 红柳

【别名】乌柳、多枝柽柳。

【拉丁学名】*Tamarix ramosissima* Ledeb.

【科属】柽柳科柽柳属。

【形态特征】灌木或小乔木，通常高 2～3 m，多分枝，枝紫红色或红棕色。叶披针形、卵状披针形或三角状披针形，长 0.5～2 mm，先端锐尖，略内弯。总状花序生于当年枝上，长 2～5 cm，宽 3～5 mm，组成顶生的大型圆锥花序，苞片卵状披针形，花梗短；萼片 5，卵形；花瓣 5，倒卵形，淡红色或紫红色，花盘 5 裂；雄蕊 5；花柱 3。蒴果长圆锥形，3 瓣裂。种子顶端簇生柔毛。

【分布与习性】在我国新疆、甘肃、内蒙古等地广泛分布，是高原上最普通、最常见的一种植物。

【园林应用】本种开花繁密而花期长，是沙漠地区盐化沙土上、沙丘上和河湖滩地上固沙造林和盐碱地上绿化造林的优良树种。

5.2.68 紫薇

【别名】痒痒树、百日红、满堂红。

【拉丁学名】*Lagerstroemia indica* L.

【科属】千屈菜科紫薇属。

【形态特征】落叶灌木或小乔木。树冠不整齐，枝干多扭曲，树皮薄片状剥落后特别光滑。树干愈老愈光滑，用手抚摸，全株微微颤动。幼枝略呈四棱形，稍成翅状。单叶互生或近对生，近无柄；椭圆形、倒卵形或长椭圆形，先端尖或钝，基部广楔形或圆形，全缘。圆锥花序顶生，花瓣紫色、红色、粉红色或白色，边缘有不规则缺刻，基部有长爪，花丝较长。蒴果椭圆状球形，6 瓣裂。种子有翅。花期 6—9 月，果期 7—9 月。

【分布与习性】产于亚洲南部及澳洲北部。中国华东、华中、华南及西南均有分布，各地栽培普遍。喜光，稍耐阴，耐旱，怕涝，喜温暖气候，耐寒性不强，喜肥沃湿润而排水良好的石灰质土壤。萌蘖性强，生长较慢，寿命长。对二氧化硫、氟化氢及氮气的抗性强，能吸入有害气体。

【园林应用】紫薇树姿优美，树干光滑洁净，花色艳丽，开花时正当夏秋少花季节，花期极长，有“百日红”之称。最适宜种植在庭院及建筑物前，也宜栽在池畔、湖边及草坪上，是城市、工矿绿化最理想的树种，也可作盆景。

5.2.69 五加

【别名】五加皮、细柱五加。

【拉丁学名】*Eleutherococcus nodiflorus* (Dunn) S. Y. Hu

【科属】五加科五加属。

【形态特征】灌木，高 2～5 m，有时蔓生状；枝无刺或在叶柄基部有刺。掌状复叶在长枝上互生，在短枝上簇生；小叶 5，很少 3～4，中央一小叶最大，倒卵形至倒卵状披针形，长 3～6 cm，宽 1.5～3.5 cm，叶缘有锯齿，两面无毛，或叶脉有稀刺毛。伞形花序单生于叶腋或短枝的顶端；花瓣 5，黄绿色。果近于圆球形，熟时紫黑色；内含种子 2 粒；果 10 月成熟。

【分布与习性】分布地区甚广，西自四川西部、云南西北部，东至海滨，北自山西西南部、陕西北部，南至云南南部和东南海滨的广大地区内，均有分布。适应性强，在自然界常生于林缘及路旁。

【园林应用】可丛植园林赏其掌状复叶。

5.2.70 刺五加

【别名】刺拐棒。

【拉丁学名】*Eleutherococcus senticosus* (Ruprecht & Maximowicz) Maximowicz

【科属】五加科五加属。

【形态特征】落叶灌木，高 1～6 m。茎密生细长倒刺。掌状复叶互生，小叶 5，稀 4 或 3，边缘具尖锐重锯齿或锯齿。伞形花序顶生，单一或 2～4 个聚生，花多而密；花萼具 5 齿；花瓣 5，卵形；雄蕊 5，子房 5 室。浆果状核果近球形或卵形，干后具 5 棱，有宿存花柱。花期 6—7 月，果期 7—9 月。

【分布与习性】主产于东北地区及河北、北京、山西、河南等地。生于山地林下及林缘。耐寒，喜湿润和较肥沃的土壤，稍耐阴。

【园林应用】刺五加枝叶稀疏，果实累累，可植于自然园林中。种子油供制肥皂；根皮及茎皮入药，有舒筋活血、祛风湿之效。

5.2.71 红瑞木

【别名】凉子木、红瑞山茱萸。

【拉丁学名】*Cornus alba* Linnaeus

【科属】山茱萸科山茱萸属。

【形态特征】落叶灌木，高 3 m；休眠枝血红色，常被白粉，皮孔明显。单叶对生，卵形至椭圆形，长 4～9 cm，宽 2.5～5.5 cm。伞房状聚伞花序顶生；花小，黄白色。核果斜卵圆形，花柱宿存，成熟时白色或稍带蓝紫色。

【分布与习性】分布于东北、内蒙古、河北、山东、江苏、陕西，生于海拔 600～1 700 m（在甘肃可高达 2 700 m）的杂木林或针阔叶混交林中。性极耐寒、耐旱、耐修剪，喜光，喜较深厚湿润但肥沃疏松的土壤。

【园林应用】红瑞木秋叶鲜红，小果洁白，落叶后枝干红艳如珊瑚，是少有的观茎植物，也是良好的切枝材料。园林中多丛植草坪上或与常绿乔木相间种植，得红绿相映之效果。

5.2.72 山茱萸

【别名】山萸肉、药枣、枣皮。

【拉丁学名】*Cornus officinalis* Sieb. et Zucc.

【科属】山茱萸科山茱萸属。

【形态特征】落叶灌木或小乔木，高约 4 m。树皮浅褐色，成薄片剥裂。单叶对生，叶腋有黄褐色毛丛。伞形花序顶生或腋生，花先叶开放，黄色。核果长椭圆形，光滑，熟时红色。种子长椭圆形，两端钝圆。

【分布与习性】产于我国长江流域及河南、陕西等地，各地多栽培。性强健，喜光，耐寒，喜肥沃而湿度适中的土壤，也能耐旱。

【园林应用】早春枝头开金黄色小花，入秋有亮红的果实，深秋有鲜艳的叶色，均美丽可观。宜植于庭园观赏，或作盆栽、盆景材料。

5.2.73 大字杜鹃

【别名】辛伯楷杜鹃。

【拉丁学名】*Rhododendron schlippenbachii* Maxim.

【科属】杜鹃花科杜鹃花属。

【形态特征】落叶灌木，高 1～4.5 m；枝近于轮生，幼枝黄褐色或淡棕色，密被淡褐色腺毛，老枝灰褐色，无毛。叶纸质，常 5 枚集生枝顶，倒卵形或阔倒卵形，先端圆形或微有缺刻，具短尖头，基部楔形，边缘微波状，上面深绿色，秋后变成黄色或深红色，散生腺毛和微柔毛，下面苍白色，沿中脉具刚毛或腺毛，中脉基部的两侧被微柔毛，中脉和侧脉在上面凹陷，下面凸出；叶柄被刚毛或腺毛。花芽卵球形，鳞片卵形，先端钝，外面沿中部至顶端被伏生微柔毛。伞形花序顶生，有花 3～6 朵，先花后叶或与叶同时开放；花梗密被腺毛；花萼 5 裂，外面及边缘具腺毛；花冠蔷薇色或白色至粉红色，辐状漏斗形，裂片 5，阔倒卵形，上方 3 枚具红棕色斑点；雄蕊不等长，部分伸出于花冠外，花柱比雄蕊长，中部以下具短柄腺毛。蒴果长圆球形，黑褐色，密被腺毛。花期 5 月，果期 6—9 月。

【分布与习性】产辽宁南部和东南部、内蒙古；朝鲜、日本也有分布。常生于低海拔的山地阴山阔叶林下或灌丛中。

【园林应用】可丛植于林缘、路边、草坪、池畔。

5.2.74 兴安杜鹃

【别名】满山红、达子香、达达香。

【拉丁学名】*Rhododendron dauricum* Linn.

【科属】杜鹃花科杜鹃花属。

【形态特征】半常绿灌木，高 1～2 m，分枝多。幼枝细而弯曲，被柔毛和鳞片。单叶互生，叶近革质，长圆形或椭圆形，全缘或有细钝齿，两面被鳞片。花 1～4 生于枝顶，先叶开放，花冠宽漏斗状，粉红色或紫红色。蒴果。花期 4—5 月，果期 7 月。

【分布与习性】分布于辽宁东部山区、吉林、黑龙江、内蒙古东部及大、小兴安岭。喜光，耐半阴，忌高温干旱，喜冷凉湿润气候，喜酸性土。

【园林应用】花艳丽夺目，可片植、孤植形成美丽景观，也是岩石园造园的上等材料。

5.2.75 迎红杜鹃

【别名】迎山红、尖叶杜鹃、蓝荆子。

【拉丁学名】*Rhododendron mucronulatum* Turcz.

【科属】杜鹃花科杜鹃花属。

【形态特征】落叶灌木，高1～2 m，分枝多，幼枝细长，疏生鳞片。单叶互生，叶片椭圆形或椭圆状披针形，边缘全缘或有细圆齿，疏生鳞片。2～5朵花簇生枝顶，先叶开放；花冠宽漏斗状，淡红紫色。蒴果。花期4—5月，果期6—7月。

【分布与习性】分布于我国辽宁、内蒙古（北达满洲里）、河北、山东、江苏北部。朝鲜、日本、蒙古、俄罗斯也有分布。欧洲和韩国普遍栽培。喜光，耐寒，喜排水良好和空气湿润的地方。

【园林应用】开花早，花淡紫色，可与连翘相间配植。

5.2.76 笃斯越橘

【别名】蓝梅、笃柿、甸果。

【拉丁学名】*Vaccinium uliginosum* L.

【科属】杜鹃花科越橘属。

【形态特征】落叶灌木，高50～100 cm，多分枝；小枝无毛或有短毛。叶质稍厚，倒卵形、椭圆形至长卵形，长1～3 cm，顶端圆或稍凹，全缘，下面沿叶脉有短毛，网脉两面明显；叶柄短。花1～3朵生于去年生枝条的顶部叶腋内；花梗长5～15 mm；花萼裂片4，少为5；花冠宽坛状，下垂，绿白色，长约5 mm，4～5浅裂；子房下位，4～5室，花柱宿存。浆果扁球形或椭圆形，直径约1 cm，蓝紫色，味酸甜可食。

【分布与习性】分布于东北、内蒙古、新疆；朝鲜、日本、俄罗斯和北欧、北美地区也有。生于有苔藓类的水甸子或湿润山坡上。喜光耐阴，是典型的湿生植物，耐寒、耐贫瘠土壤、耐强酸性土壤。

【园林应用】笃斯越橘植株矮小，果实酸甜，味佳，可食用，也可用作地被植物。

5.2.77 连翘

【别名】一串金、黄寿丹、黄花杆、黄花条。

【拉丁学名】*Forsythia suspensa*（Thunb.）Vahl

【科属】木犀科连翘属。

【形态特征】落叶丛生灌木，高2～4 m。枝开展或伸长，稍带蔓性，常着地生根，小枝黄褐色，稍四棱，皮孔明显，髓中空。单叶或3小叶对生，叶卵形、宽卵形或椭圆状卵形，无毛，半革质，端锐尖，基部圆形至宽楔形，缘有粗锯齿。花腋生，先叶开放，花冠黄色，花冠基部管状，裂片4枚。蒴果。花期3—5月，果期7—8月。

【分布与习性】原产于我国北部、中部及东北各省，庭院、公园、绿地广泛栽培。喜光，有一定的耐阴力，耐寒，耐干旱瘠薄，怕涝，不择土壤。

花叶连翘（var. *variegata* Butz.），叶面有黄色斑点，花深黄色。

金边连翘，叶卵状，叶边为亮丽的金黄色，常年保持，心为绿色，花呈金黄色，花期3—4月。

金脉连翘‘Goldvein’，别名网叶连翘，整个生长季节叶色嫩绿，叶脉金黄色。

（上图为金边连翘，下图为金脉连翘）

【园林应用】连翘枝条拱形开展，早春花先叶开放，满枝金黄，艳丽可爱，是北方常见优良的早春观花灌木。宜丛植于草坪、角隅、岩石假山下，或作绿篱。

5.2.78 东北连翘

【别名】直生连翘。

【拉丁学名】*Forsythia mandshurica* Uyeki.

【科属】木犀科连翘属。

【形态特征】落叶灌木，枝直立或斜上，小枝黄色，有棱，具片状髓。单叶对生，叶片卵形至椭圆形，边缘有不整齐粗锯齿，近基部全缘，先端锐尖、短渐尖或短尾状渐尖，基部楔形至圆形。花黄色，1～3朵腋生，先于叶开放，花冠钟状，4深裂，裂片长圆形或披针形，先端微有齿。蒴果卵形，熟时2瓣裂。花期4—5月。

【分布与习性】原产于辽宁，东北三省均有栽培。喜光，耐半阴，耐寒，耐干旱瘠薄土壤，喜湿润肥沃土壤。耐移植，易成活。

【园林应用】东北连翘花黄色，先花后叶，宜植于庭园、公园、路旁及篱下等处，也可作花篱或草坪点缀用。

5.2.79 金钟花

【别名】细叶连翘、黄金条。

【拉丁学名】*Forsythia viridissima* Lindl.

【科属】木犀科连翘属。

【形态特征】落叶灌木。茎丛生，枝拱形下垂，小枝微四棱，片状髓，绿色。单叶对生，椭圆形至披针形，先端尖，基部楔形，中部以上有锯齿。花先叶开放，1～3朵腋生，深黄色。蒴果。花期3—4月。

【分布与习性】原产于中国中部、西南，北方多有栽培。喜光，喜温暖、湿润环境。稍耐阴，较耐寒，耐干旱，较耐湿，对土壤要求不严。

【园林应用】金钟花先花后叶，可丛植于墙隅、路边、草坪、树缘等处。

5.2.80 迎春

【别名】迎春花、金腰带、金梅、串串金、清明花。

【拉丁学名】*Jasminum nudiflorum* Lindl.

【科属】木犀科素馨属。

【形态特征】落叶灌木，枝细长，呈拱形下垂生长，长可达2 m以上，四棱形，绿色。三出复叶对生，小叶卵状椭圆形，表面光滑，全缘。花单生于叶腋间，花冠高脚碟状，鲜黄色，裂片 6，或成复瓣，为花冠筒长的一半。花期 3—5 月，可持续 50 d 之久。

【分布与习性】产于我国北部、西部、西南各地。喜光，稍耐阴，较耐寒，华北地区可露地栽培。喜温暖而湿润的气候，也耐干旱，怕涝，在酸性土中生长旺盛。根部萌蘖力强，枝端着地部分极易生根。

【园林应用】迎春枝条披垂，枝条鲜绿，早春先花后叶，花色金黄，叶丛翠绿，园林中宜配植在林缘、溪畔、湖边、墙隅、草坪、坡地。也可做成盆景或切花瓶插。

5.2.81 流苏树

【别名】萝卜丝花、茶叶树、四月雪等。

【拉丁学名】*Chionanthus retusus* Lindl. et Paxt.

【科属】木犀科流苏树属。

【形态特征】落叶乔木或灌木，树皮灰褐色，大枝树皮常纸状剥裂。枝开展，小枝灰绿色或灰黄色，密生茸毛。叶对生，革质，卵形至倒卵状椭圆形，全缘或时有小锯齿，叶柄基部带紫色。顶生聚伞状圆锥花序疏散，雌雄异株，花白色，花冠裂片条形，花冠筒极短。核果椭圆形，蓝黑色，花期 4—5 月，果实成熟期 9—10 月。

【分布与习性】产于华北、华中、西北、华南及西南等地。阳性，喜光，较耐阴；喜温暖气候，略耐寒；喜中性及微酸性土壤，耐干旱瘠薄，不耐水涝；喜欢通风而温暖湿润的环境；耐风及抗空气污染力强。用作桂花砧木，亲和力好，冠形紧凑，抗旱抗寒，适应性强。

【园林应用】春季满树白花，花形奇特，清雅可爱，是优良的园林观赏树种，可点植、丛植、群植、列植于草坪、林缘、水畔、路旁、建筑物周围，也可培养成单干苗，作小路的行道树。也可以制作盆景观赏。

5.2.82 紫丁香

【别名】丁香、华北紫丁香。

【拉丁学名】*Syringa oblata* Lindl.

【科属】木犀科丁香属。

【形态特征】落叶灌木或小乔木。假二叉分枝，枝条粗壮无毛。单叶对生，叶阔卵形，基部心形或截形，全缘，通常宽度大于长度，端锐尖。圆锥花序，花紫色，芳香。花冠合生，端 4 裂开展；花药生于花冠中部或中上部，雄蕊不露出花冠。蒴果长圆形，顶端尖，平滑。花期 4 月。

白丁香（*Syringa oblata* Lindl. var. *affinis* Lingdelsh.），花白色，花密而洁白，素雅而清香。

【分布与习性】分布于辽宁、吉林、内蒙古、河北、山东、陕西、甘肃等地。对二氧化硫有较强

的吸收能力，可净化空气。

【园林应用】紫丁香枝叶茂密，花美而香，是我国北方各省区园林中应用最普遍的花木之一。广泛栽植于公园、花园、庭园、机关、厂矿、居民区等地，效果极佳，也可盆栽、促成栽培、切花等用。

5.2.83 小叶丁香

【别名】四季丁香、二度梅、野丁香。

【拉丁学名】*Syringa pubescens* subsp. *Microphylla* (Diels) M.C.Chang & X.L.Chen

【科属】木犀科丁香属。

【形态特征】落叶灌木，幼枝灰褐色，被柔毛。叶卵圆形或椭圆状卵形，全缘。圆锥花序侧生，淡紫红色；花期4月下旬至5月上旬，7月下旬至8月上旬。

【分布与习性】原产于中国东北北部至西南地区。耐寒、耐旱，忌湿热、积涝。喜光，也耐半阴。以疏松通透的中性土壤为宜，忌酸性土。

【园林应用】小叶丁香的叶小，枝细花艳，且一年两度开花，适于种在庭园、医院、学校、风景区等，可孤植、丛植或成片栽植在草坪、路边、林缘，也可与其他乔灌木配植。

5.2.84 欧洲丁香

【别名】洋丁香。

【拉丁学名】*Syringa vulgaris* L.

【科属】木犀科丁香属。

【形态特征】落叶灌木或小乔木，树皮灰褐色，幼时枝条低垂。单叶对生，卵形或阔卵形，先端长渐尖，基部楔形或阔楔形，全缘。圆锥花序，花淡紫色，芳香；雄蕊着生于冠筒喉部稍下，内藏。蒴果。花期4—5月，果期6—7月。

【分布与习性】产于欧洲东南部。耐寒，可耐受 −15 ℃以下低温。

【园林应用】有重瓣、白色、堇蓝等园艺变种，适于种在庭园、公园或风景区等，可孤植、丛植或成片栽植，也可与其他乔灌木配植。

5.2.85 雪柳

【别名】珍珠花、五谷树、挂梁青。

【拉丁学名】*Fontanesia phillyreoides* subsp. *Fortunei* (Carriere) Yaltirik

【科属】木犀科雪柳属。

【形态特征】落叶灌木或小乔木，高达8 m；树皮灰褐色。枝灰白色，圆柱形，小枝淡黄色或淡绿色，四棱形或具棱角，无毛。叶片纸质，披针形、卵状披针形或狭卵形，长3～12 cm，宽0.8～2.6 cm，先端锐尖至渐尖，基部楔形，全缘，两面无毛；叶柄长1～5 mm。圆锥花序顶生或腋生，花两性或杂性同株；花梗长1～2 mm；花萼长约0.5 mm；花冠深裂至近基部，裂片卵状披针形，长2～3 mm，宽0.5～1 mm，先端钝，基部合生；花柱长1～2 mm，柱头2叉。果黄棕色，倒卵形至倒卵状椭圆形，扁平，长7～9 mm，先端微凹，花柱宿存，边缘具窄翅；种子长约3 mm，具三棱。花期4—6月，果期6—10月。

【分布与习性】分布于我国中部至东部，尤以江苏、浙江一带最为普遍。性喜光，而稍耐阴，喜温暖，也较耐寒；喜肥沃、排水良好的土壤。

【园林应用】本种叶子细如柳叶，开花季节白花满枝，宛如白雪，是非常好的蜜源植物。在庭院中孤植观赏，也是防风林树种。

5.2.86 水蜡

【别名】水蜡树。

【拉丁学名】*Ligustrum obtusifolium* Sieb. et Zucc.

【科属】木犀科女贞属。

【形态特征】落叶灌木，高达3 m。幼枝具柔毛。单叶对生，叶椭圆形至长圆状倒卵形，长3～5 cm，全缘，端尖或钝，背面或中脉具柔毛。

圆锥花序顶生、下垂，长仅 4～5 cm，生于侧面小枝上，花白色，芳香；花具短梗；萼具柔毛；花冠管长于花冠裂片 2～3 倍。核果黑色，椭圆形，稍被蜡状白粉。花期 6 月，果期 8—9 月。

【分布与习性】原产于我国中南地区，现北方各地广泛栽培。适应性较强，喜光照，稍耐阴，耐寒，对土壤要求不严。

【园林应用】本种耐修剪，多作造型树或绿篱使用。也是制作盆景的好材料。

5.2.87　金叶女贞

【别名】黄叶女贞。

【拉丁学名】*Ligustrumxvicaryi*

【科属】木犀科女贞属。

【形态特征】落叶灌木，是金边卵叶女贞和欧洲女贞的杂交种。叶片较大叶女贞稍小，单叶对生，椭圆形或卵状椭圆形，长 2～5 cm。总状花序，小花白色。核果阔椭圆形，紫黑色。金叶女贞叶色金黄，尤其在春、秋两季色泽更加璀璨亮丽。金叶女贞高 1～2 m，冠幅 1.5～2 m，常绿或半常绿灌木。枝灰褐色。单叶对生，革质，长椭圆形，长 3.5～6.0 cm，宽 2.0～2.5 cm，端渐尖，有短芒尖，基部圆形或阔楔形，4—11 月叶片呈金黄色，冬季呈黄褐色至红褐色。5—6 月开花，10 月下旬果熟，果紫黑色。

【分布与习性】适应性强，对土壤要求不严格，在我国长江以南及黄河流域等地的气候条件均能适应，生长良好，辽宁南部经过驯化栽培也可栽培。性喜光，稍耐阴，耐寒能力较强，不耐高温高湿，抗病力强。在京津地区，小气候好的楼前避风处，冬季可以保持不落叶。

【园林应用】金叶女贞用于绿地广场的组字或图案，还可以用于小庭院装饰。

5.2.88　海州常山

【别名】臭梧桐、追骨风、后庭花。

【拉丁学名】*Clerodendrum trichotomum* Thunb.

【科属】马鞭草科大青属。

【形态特征】落叶灌木或小乔木，嫩枝具棕色短柔毛。单叶对生，卵圆形，长 5～16 cm，先端渐尖，基部多截形，全缘或有波状齿，两面近无毛，叶柄 2～8 cm。伞房状聚伞花序着生枝顶或叶腋。花冠细长筒状，顶端五裂，白色或粉红色。核果球状，蓝紫色，并托以红色大型宿存萼片，经冬不落。花果期 6—11 月。

【分布与习性】产于华北、华东、中南、西南各省区。朝鲜、日本、菲律宾也有分布。喜光，稍耐阴，有一定的耐寒性。

【园林应用】海州常山植株繁茂，花序大，花果美丽，花果期长，一株树上花果共存，白、红、蓝色泽亮丽，为良好的观赏花木，丛植、孤植均宜。

5.2.89　黄荆

【别名】五指柑、五指风、布荆。

【拉丁学名】*Vitex negundo* L.

【科属】马鞭草科牡荆属。

【形态特征】落叶灌木或小乔木，高可达 6 m，枝叶有香气。新枝方形，灰白色，密被细茸毛。掌状复叶对生；小叶片椭圆状卵形，长 4～9 cm，宽 1.5～3.5 cm，中间的小叶片最大，全缘或浅波状，背面密被白色茸毛。圆锥花序顶生；萼钟形，5 齿裂；花冠唇形，淡紫色，长约 6 mm；雄蕊 4，2 强；子房 4 室。核果，卵状球形，褐色，径约 2.5 mm，下半部包于宿萼内。花期 6—8 月，果期 8—9 月。

荆条（var. *heterophylla* Rehd.），小叶边缘有缺刻状锯齿、浅裂以致深裂。我国东北、华北、西北、华东及西南各地均有分布。

【分布与习性】分布于秦岭淮河以南地区。生于向阳山地。喜光，能耐半阴，耐干旱、耐瘠薄，萌蘖力强，耐修剪。

【园林应用】黄荆树形疏散，叶茂花繁，淡雅秀丽，最适宜植于山坡、湖塘边、游路旁点缀风景。也很适合家庭盆栽观赏。

5.2.90 枸杞

【别名】枸杞菜、红珠仔刺。

【拉丁学名】*Lycium chinense* Mill.

【科属】茄科枸杞属。

【形态特征】多分枝灌木，高 1 m，栽培可达 2 m。枝细长，常弯曲下垂，有纵条棱，具针状棘刺。单叶互生或 2～4 枚簇生，卵形、卵状菱形至卵状披针形，长 1.5～5 cm，端急尖，基部楔形。花单生或 2～4 朵簇生叶腋；花萼常 3 中裂或 4～5 齿裂；花冠漏斗状，淡紫色，花冠筒稍短于或近等于花冠裂片。浆果红色，卵状。花果期 6—11 月。

【分布与习性】广布于全国各地。性强健，稍耐阴；喜温暖，较耐寒；对土壤要求不严，耐干旱、耐碱性都很强，忌黏质土及低温条件。

【园林应用】枸杞花朵紫色，花期长，入秋红果累累，缀满枝头，状如珊瑚，颇为美丽，是庭园秋季观果灌木。

5.2.91 金叶莸

【拉丁学名】*Caryopteris×clandonensis* cv. Worcester Gold

【科属】马鞭草科莸属。

【形态特征】落叶灌木，株高约 1 m。枝条圆柱形。单叶对生，叶楔形，叶面光滑，鹅黄色，叶先端尖，基部钝圆形，边缘有粗齿；聚伞花序，腋生于枝条上部，自下而上开放；花冠蓝紫色，高脚碟状；花萼钟状，二唇形 5 裂，下裂片大而有细条状裂；花冠、雌蕊、雄蕊均为淡蓝色，花期 7—9 月。

【分布与习性】适合在东北、华北、西北、华中地区栽种。喜光，也耐半阴，耐热、耐旱、耐寒，忌积水或土壤高湿。

【园林应用】花蓝紫色，淡雅、清香，夏末秋初开花，花期长，是点缀夏秋景色的好材料。单一造型，或与紫叶小檗、桧柏、侧柏、小叶黄杨等搭配，黄、红、绿，色差鲜明，效果极佳。也可植于草坪边缘、路旁、水边、假山旁，是一个良好的彩叶树种。

5.2.92 金银木

【别名】金银忍冬、胯杷果。

【拉丁学名】*Lonicera maackii*（Rupr.）Maxim.

【科属】忍冬科忍冬属。

【形态特征】落叶灌木，高可达 6 m，株形圆满。小枝中空，单叶对生，叶呈卵状椭圆形至卵状披针形；先端渐尖，叶两面疏生柔毛。花成对腋生，花冠合瓣，2 唇形，先白色，后变黄色，有微香。浆果球形亮红色。花期 5—6 月，果熟期 9 月，宿存于枝上可达 2～3 个月。

【分布与习性】产于东北，分布很广。喜光也耐阴，耐寒，耐旱，喜湿润肥沃及深厚的壤土。

【园林应用】金银木树势旺盛，枝叶丰满，春末夏初花开金银相映，秋、冬红果缀枝。常孤植或丛植于山坡、林缘、路边、草坪、水边或建筑周围。

5.2.93　新疆忍冬

【别名】鞑靼忍冬。

【拉丁学名】*Lonicera tatarica* L.

【科属】忍冬科忍冬属。

【形态特征】落叶灌木，全体近于无毛。冬芽小，约有4对鳞片。单叶对生，叶纸质，卵形或卵状矩圆形，顶端尖，稀渐尖或钝形，基部圆或近心形，两侧稍不对称，边缘有短糙毛。总花梗纤细，相邻两花的萼筒分离，花冠粉红色或白色。果实红色。花期5—6月，果期7—8月。

【分布与习性】产于新疆北部，黑龙江和辽宁等地有栽培。

【园林应用】花美叶秀，适于庭院栽培。

5.2.94　葱皮忍冬

【别名】秦岭金银花、秦岭忍冬。

【拉丁学名】*Lonicera ferdinandi* Franch.

【科属】忍冬科忍冬属。

【形态特征】落叶灌木，树皮条状剥落；枝开展，有刺状毛。芽具2枚舟形鳞片。叶柄密生刺毛，叶卵形或长圆状披针形，两面有粗毛，先端渐尖，基部截形。花冠淡黄色，花筒基部一侧微隆起。浆果红色，包于坛状壳斗之内，成熟后壳斗破裂，露出红色浆果。花期5月下旬，果期9月上旬。

【分布与习性】分布于我国华北、西北及四川。

【园林应用】适于在路边、林缘等处孤植或丛植。

5.2.95　早花忍冬

【拉丁学名】*Lonicera praeflorens* Batalin

【科属】忍冬科忍冬属。

【形态特征】灌木，高约2 m，树皮灰褐色，有不规则的开裂；幼枝黄褐色，疏被开展糙毛和短硬毛及疏腺，芽卵形，先端尖，褐色。单叶对生，叶广卵形至卵状椭圆形，边缘全缘，有长毛，先端尖，基部阔楔形至圆形，两面密生长毛。花成对生于叶脉的总花梗上，总花梗极短，常为芽鳞所覆盖，花冠淡紫色，漏斗状，花筒短。浆果圆形，红色，萼宿存。花期4—5月，先花后叶树种，果期5—6月。

【分布与习性】分布于东北三省的东南部、朝鲜、日本和远东等地区。

【园林应用】早花忍冬春季观花，夏季观果，可孤植或丛植于山坡、林缘、路边、草坪、水边或建筑物周围。

5.2.96　锦带花

【别名】五色海棠、山脂麻、海仙花。

【拉丁学名】*Weigela florida*（Bunge）A. DC.

【科属】忍冬科锦带花属。

【形态特征】落叶灌木。幼枝有柔毛。单叶对生，具短柄，叶片椭圆形或卵状椭圆形，先端锐尖或渐尖，基部圆形，缘有锯齿。花 1～4 朵组成伞房花序，着生小枝的顶端或叶腋，花冠漏斗状钟形，裂片 5，紫红至淡粉红色、玫瑰红色，里面较淡，萼筒绿色，花期 5—6 月。蒴果柱形，种子细小。果期 10 月。

红王子锦带（*Weigela florida* cv.Red Prince）。花期自 4 月陆续到 9 月，枝条开展成拱形。聚伞花序生于叶腋或枝顶，花冠漏斗状钟形，鲜红色，着花繁茂，艳丽而醒目。

紫叶锦带，红王子锦带的芽变类型，整个生长季叶片为紫红色。

金叶锦带，红王子锦带的芽变类型，整个生长季叶片为金黄色。

（左为红王子锦带，右为紫叶锦带，小图为金叶锦带）

【分布与习性】原产于华北、东北及华东北部。喜光，耐阴，耐寒，怕水涝；能耐瘠薄土壤，但以湿润、深厚而腐殖质丰富的土壤生长最佳。萌芽力强，生长迅速。

【园林应用】锦带花枝叶繁盛，花色鲜艳，花期可达两个月之久，适于在树丛、林缘作花篱、花丛配植，也可在庭园角隅、湖畔群植。

5.2.97 六道木

【别名】交翅。

【拉丁学名】*Zabelia biflora* (Turcz.) Makino

【科属】忍冬科六道木属。

【形态特征】落叶灌木，高达 3 m。老枝无毛，有六道沟棱，幼枝被倒生硬毛。叶长椭圆形至椭圆状披针形，顶端尖至渐尖，基部钝至渐狭成楔形，全缘或有粗齿，两面疏被柔毛，边缘有睫毛；叶柄基部膨大且成对相连，被硬毛。花两朵生于枝顶，无总花梗；花冠白色、淡黄色或带浅红色，狭漏斗形或高脚碟形，外面被短柔毛，杂有倒向硬毛。瘦果状核果弯曲有硬毛，先端宿存 4 枚略增大的萼裂片；种子圆柱形，具肉质胚乳。花期 5 月，8—9 月结果。

【分布与习性】分布于河北、山西、辽宁等省。耐寒，耐旱，耐半阴，生长快，耐修剪，喜温暖、湿润气候。

【园林应用】六道木树姿婆娑，花冠美丽，萼片奇特，可丛植、列植，也可用作地被、花境。

5.2.98 接骨木

【别名】公道老、续骨木、马尿骚。

【拉丁学名】*Sambucus williamsii* Hance

【科属】忍冬科接骨木属。

【形态特征】灌木至小乔木，高达 6 m；老枝有皮孔。叶单数羽状复叶；小叶 5～7，椭圆形至矩圆状披针形，长 5～12 cm，顶端尖至渐尖，基部常不对称，边有锯齿，揉碎后有臭味。圆锥花序顶生，长达 7 cm；花小，白色至淡黄色；萼齿三角状披针形；花冠辐状，裂片 5，长约 2 mm；雄蕊 5，约与花冠等长。浆果状核果近球形，直径 3～5 mm，红色或黑紫色；种子 2～3 粒，卵形至椭圆形，长 2.5～3.5 mm，略有皱纹。

【分布与习性】我国自东北向南分布，至南岭以北，西至甘肃南部和四川、云南（东南部）。性

强健，喜光，耐寒，耐旱。根系发达，萌蘖性强。

【园林应用】接骨木枝叶繁茂，春季白花满树，夏秋红果累累，是良好的观赏灌木，宜植于草坪、林缘或水边；对工厂的有害气体有较强的抗性，可用于城市、工厂的防护林。

5.2.99 天目琼花

【别名】鸡树条荚蒾、并头花、佛头花、鸡树条。

【拉丁学名】*Viburnum opulus* subsp. Calvescens (Rehder) Sugimoto

【科属】忍冬科荚蒾属。

【形态特征】落叶灌木，高约 3 m。灰色浅纵裂，略带木栓，小枝有明显皮孔。单叶对生，叶宽卵形至卵圆形，通常 3 裂，缘有不规则锯齿，叶柄下有 2～4 腺体。聚伞花序，生于侧枝顶端，边缘为白色大型不孕花；中间为两性花，花冠白色。核果近球形，红色。花期 5—6 月，果期 8—9 月。

【分布与习性】东北南部、华北至长江流域均有分布。喜光又耐阴，多生于夏凉湿润多雾的灌木丛中；耐寒，对土壤要求不严，微酸性和中性土壤均可生长。根系发达，移植容易成活。

【园林应用】天目琼花树态清秀，叶绿、花白、果红，是春季观花、秋季观果的优良树种。宜于建筑物四周、草地、林缘、路边、假山旁孤植、丛植或片植。因其耐阴，还可植于建筑物北面。

5.2.100 绣球荚蒾

【别名】木本绣球、斗球、大绣球、大花水亚木。

【拉丁学名】*Viburnum macrocephalum* Fort.

【科属】忍冬科荚蒾属。

【形态特征】半常绿或落叶灌木，高可达 4 m，树皮灰褐色或灰白色；芽、幼枝、叶柄及花序均密被簇状短毛，后渐变无毛。冬芽是裸芽。单叶对生，叶纸质，卵形、椭圆形或近圆形，顶端钝或略尖，基部圆形，边缘有细锯齿。大型聚伞花序呈球状，几全由不孕花组成；花冠白色，雌蕊不育。花期 4—6 月。

【分布与习性】江西、浙江、江苏、北京、河北、河南有栽培。喜光稍耐阴，较耐寒，萌蘖性强。可在中性和微酸性土壤中生长良好。

【园林应用】其树姿开展，树冠圆整，花色洁白，花团如球，可孤植欣赏，也可植于园路两侧、庭院前。

5.2.101 雪球荚蒾

【别名】对球、粉团。

【拉丁学名】*Viburnum plicatum* Thunb.

【科属】忍冬科荚蒾属。

【形态特征】落叶灌木，高 2～4 m；枝开展，幼枝有星状茸毛。单叶对生，叶倒卵圆形或阔卵形，顶端凸尖，基部圆形，边缘有锯齿，背面疏被星状毛。复伞形聚伞花序，全为不孕花，花纯白色。花期 4—5 月。

蝴蝶荚蒾（*Viburnum plicatum* f. *tomen-tosum*），别名是蝴蝶戏珠花。其花序外围有黄白色不孕花，似蝴蝶，中部的可孕花白色，芳香，似珍珠。核果椭圆形，先红色后渐变黑色。花期 4—6 月，果期 8—9 月。为花、果俱美的园林观赏植物。

【分布与习性】分布于华中、华东、西南、西北东部等地。喜湿润气候，较耐寒，稍耐半阴。喜湿润肥沃富含腐殖质的土壤。萌芽力弱，生长慢，移植容易。

【园林应用】本种尤其变型蝴蝶荚蒾，是优良的园林观赏树种，可孤植欣赏，也可植于园路两侧、庭院前。

项目测评

为实现本项目目标，要求学生完成表中作业，并为老师提供充分的评价证据。

测评标准				测评内容	测评形式	思政元素
优秀标准	良好标准	合格标准	P_1	理解 40 种灌木的种类及特征。	口答或笔答。	目标思维、成就感。
			P_2	采集 40 种灌木的叶、花、果等器官，并准确标注名称。	实物或照片。	微观与宏观、克难攻坚。
			M_1	准确描述60种灌木在树形、树皮、枝芽、叶、花、果等的识别特征。	口答或笔答。	整体与局部、收获中成长。
			M_2	准确描述 60 种灌木的生态习性和园林用途。	口答或笔答。	高自尊、努力与收获。
			D_1	根据树形、树皮、枝芽、叶、花、果的特征，识别 80 种灌木树种。	实物、标本或图片展示或答。	沉浸的幸福感、理想规划。
			D_2	综合阐述 80 种灌木的观赏特性、生态习性及园林应用。	笔答或 PPT 提交。	社会价值感、职业规划。

课件资源

园林思政

人与自然是生命共同体，无止境地向自然索取甚至破坏自然必然会遭到大自然的报复。我们坚持可持续发展，坚持节约优先、保护优先、自然恢复为主的方针，像保护眼睛一样保护自然和生态环境，坚定不移走生产发展、生活富裕、生态良好的文明发展道路，实现中华民族永续发展。

——中国共产党第二十次全国代表大会报告

项目 6　园林藤木识别与应用

【技能目标】能识别常见的藤木植物，会区别相似树种；能掌握藤木植物的园林应用特点并能合理配植。

【知识目标】掌握北方常见园林藤木树种的形态特征、分布习性与应用。

【素质目标】感受生物与环境和谐共生、相互依存的辩证关系，用科学的角度理解生态环保的深远意义，深度理解和践行习近平同志在党的十九大报告中指出的“加快生态文明体制改革，建设美丽中国”的伟大历史意义。

任务 6.1　园林藤木的识别与应用

任务分析

跟踪调查园林藤木树种的形态特征和季相变化。通过四季跟踪识别与调查，全面掌握园林藤木的形态特征。

任务实施

【材料用具】

植物检索表、记录本、记录笔、相机等。

【实施过程】

（1）学习掌握常见园林藤木的形态特征及识别要点。

（2）根据树木形态特征，初步确定树木的种类。

（3）对树木的茎叶花果等主要特征进行辨别并做好记录，利用检索表等资料确认树种。

（4）教师鉴定并讲解树种的主要识别要点。

（5）总结各藤木树种的观赏特点及在园林中的用途。

（6）考核评价学习效果。

【注意事项】

（1）注意观察藤木树种的攀缘形式及器官变态特点。

（2）注意了解藤木树种的观赏特点与其他园林植物的综合配植应用效果。

理论认知

6.1.1　铁线莲

【别名】铁线牡丹、番莲、金包银、山木通。

【拉丁学名】*Clematis florida* Thunb.

【科属】毛茛科铁线莲属。

【形态特征】落叶或半常绿藤本，长约 4 m，茎棕色或紫红色，具 6 条纵纹，节部膨大。二回三出羽状复叶，小叶卵形或卵状披针形，顶端钝尖，基部圆形或阔楔形，全缘或少数浅缺刻，叶表暗绿色，脉纹明显。花单生于叶腋，无花瓣；花梗细长，于近中部处有 2 枚对生的叶状苞片；萼片大，花瓣状，常 6 枚，乳白色，背有绿色条纹；雄蕊暗紫色，无毛。花期夏季。

【品种】有若干个种、变种及其品种和杂交种，可栽培供园林观赏用。经国际铁线莲协会确定的铁线莲栽培品种有以下 6 类。

铁线莲类，木质藤本。夏季开花，花朵着生在老枝或成熟枝上。如中国原产的铁线莲（*C. florida*），即为代表种。

杂种铁线莲类，木质藤本。夏季和秋季开花，花朵较多，着生在新梢上。代表种为杂种铁线莲，花大而抗寒，花色丰富，欧美园林栽培者多属此类。

毛叶铁线莲类，木质藤本。夏、秋开花，花朵较少，着生于短侧枝上。代表种毛叶铁线莲为本属各原种中花朵最大者。

转子莲类，木质藤本。春季开花，花朵着生于老枝或成熟枝上。中国原产的转子莲（*C. patens*）为此类代表种。

红花铁线莲类，亚灌木。夏季开花，花朵着生在当年新梢上，连续开花，花喇叭状或钟形。以美国原产的红花铁线莲（*C. texensis*）为其典型代表。

意大利铁线莲类，木质藤本。夏、秋开花，花朵多，着生于夏梢上。代表种系南欧及西亚原产的意大利铁线莲，以生长势健旺为特点。

【分布与习性】分布于广西、广东、湖南、江西。日本有栽培。生于低山区的丘陵灌丛中。喜光，但侧方庇荫时生长更好。喜肥沃、排水良好的碱性壤土，忌积水或夏季干旱而不能保水的土壤。耐寒性较差，在华北常盆栽，温室越冬。

【园林应用】是点缀园墙、棚架、围篱及凉亭等垂直绿化的好材料，也可与假山、岩石相配植或盆栽观赏。垂直绿化的主要方式有廊架、绿亭、立柱、墙面、造型和篱垣栅栏式。既能满足游人的观赏，又能够乘凉，既增加了绿化量，又改善了环境条件。

6.1.2 木通

【别名】山通草。

【拉丁学名】*Akebia quinata*（Houttuyn）Decaisne

【科属】木通科木通属。

【形态特征】落叶藤本，长约 9 m，全体无毛。掌状复叶互生，或簇生于短枝，小叶 5 枚，倒卵形或椭圆形，通常全缘，先端钝或微凹。花单性同株，淡紫色，芳香，无花瓣，萼片 3；腋生总状花序，雌花较大，生于花序基部，心皮数个离生；雄花生于花序上部，雄蕊 6；荚果肉质，长椭圆形，熟时紫色、柔软，沿腹缝线开裂；种子多数，黑色或黑褐色。花期 4 月，果 10 月成熟。

【分布与习性】广布于长江流域及东南、华南各省区，北至河南、陕西；朝鲜、日本也有分布。稍耐阴，喜温暖气候及湿润而排水良好的土壤，通常见于山坡疏林或水田畦畔。

【园林应用】本种花、叶秀美可观，宜作园林篱垣、棚荫、花架绿化材料，或令其缠绕树木、点缀山石都很合适；也可作盆栽桩景材料。

6.1.3 三叶木通

【别名】八月炸、三叶拿藤。

【拉丁学名】*Akebia trifoliate*（Thunb.）Koidg.

【科属】木通科木通属。

【形态特征】落叶木质藤本，长达 6 m。茎、枝无毛，灰褐色。三出复叶，小叶卵圆形，长宽变化很大，先端钝圆或具短尖，基部圆形，有时略呈心形，边缘浅裂或呈波状，叶柄细长，小叶 3 枚，革质，上面略具光泽，下面粉灰色。花紫红色，雌雄异花同株，总状花序腋生，总梗细长；雌花紫红色，生于同一花序下部，有花 1～3 朵；雄花生于花序上部，淡紫色较小，约有 20 朵。果成熟于秋季，果实肉质，浆果状，长圆筒形，紫红色，果皮厚，果肉多汁，8—9 月成熟后沿腹缝线开裂，故称八月炸或八月瓜，味甜可食；种子多数，呈椭圆形，棕色。

【分布与习性】分布于河北、山西、山东、河南、甘肃和长江流域以南。性喜阴湿，比较耐寒。常生长在低海拔山坡林下草丛中。在微酸、多腐殖质的黄壤中生长良好，也能适应中性土壤。茎蔓常匍地生长。

【园林应用】三叶木通姿态虽不及木通雅丽，但叶形、叶色别有风趣，且耐阴湿环境。其枝叶浓密，春花别致，夏季浓荫，秋果累累，是大型棚架良好的垂直绿化植物，也可植于大树下、篱笆旁使其攀缘而上，或植于岩石或叠石洞壑之旁，枝叶披蔓，野趣盎然。

6.1.4 木通马兜铃

【别名】关木通、东北木通。

【拉丁学名】*Aristolochia manshuriensis* Kom.

【科属】马兜铃科马兜铃属。

【形态特征】木质藤本，长达 10 余 m；嫩枝深紫色，密生白色长柔毛，老茎具增厚又呈长条状纵裂的木栓层。叶革质，心形或卵状心形，顶端钝圆或短尖，基部心形至深心形，全缘。花单朵，稀2朵聚生于叶腋；小苞片卵状心形或心形，花药长圆形，成对贴生于合蕊柱基部，并与其裂片对生；子房圆柱形，被白色长柔毛。蒴果长圆柱形，暗褐色，有6棱；种子三角状心形，干时灰褐色，背面平凸状，具小疣点。花期6—7月，果期8—9月。

【分布与习性】产于辽宁、吉林、黑龙江、山西、陕西、甘肃、四川和湖北。生于海拔100～2 200 m阴湿的阔叶和针叶混交林中。喜阴湿，较耐寒。

【园林应用】可作垂直绿化材料。茎中药材名称为木通，性寒、味苦，有清热、利尿之功效。

6.1.5 大血藤

【别名】红藤、血藤、大活血。

【拉丁学名】*Sargentodoxa cuneata*（Oliv.）Rehd. et Wils.

【科属】木通科大血藤属。

【形态特征】落叶木质藤本。藤径粗达9 cm，全株无毛；当年枝条暗红色，老树皮有时纵裂。叶互生，三出掌状复叶，或兼具单叶，稀全部为单叶；叶柄长5～10 cm；小叶革质，顶生小叶近棱状倒卵圆形，先端急尖，基部渐狭成6～15 mm的短柄，全缘，侧生小叶斜卵形，先端急尖，基部内面楔形，外面截形或圆形，上面绿色，下面淡绿色，干时常变为红褐色，比顶生小叶略大，无小叶柄。总状花序，雄花与雌花同序或异序，同序时，雄花生于基部，花单性，雌雄异株；花黄色，有香气，萼片及花瓣均为6枚。果由多数浆果组成的聚合果，每一浆果近球形，成熟时黑蓝色。种子卵球形，基部截形；种皮黑色，光亮，平滑；种脐显著。花期5—7月，果期9—10月。

【分布与习性】分布于河南、安徽、江苏、浙江、江西、湖南、湖北、四川、广西、云南东南部。在自然界常生于海拔较高的阳坡疏林中。

【园林应用】可引入园林作荫棚树种。

6.1.6 五味子

【别名】北五味子、乌梅子、山花椒。

【拉丁学名】*Schisandra chinensis*（Turcz.）Baill.

【科属】木兰科五味子属。

【形态特征】多年生落叶木质藤本。长达8 m，全株近无毛；幼枝红褐色，皮孔明显，老枝灰褐色，常起皱纹，片状剥落。叶互生，广椭圆形或倒卵形。长5～10 cm，宽2～5 cm，上面有光泽，无毛，下面脉上嫩时有短柔毛，先端急尖或渐尖，上部边缘具疏浅锯齿，近基部全缘；侧脉每边3～7条，网脉纤细不明显。花单性雌雄异株，单生或簇生于叶腋，花梗细长柔软；花被片6～9，乳白色或粉红色，芳香；雄蕊5；雌蕊群椭圆形，心皮17～40、覆瓦状排列于花托上。果熟时呈穗状聚合果。浆果球形，肉质，熟时深红色，果皮具不明显腺点；种子1～2粒，肾形，淡褐色，种皮光滑，种脐明显凹入呈U形。花期5—7月，果期7—10月。

【分布与习性】产于黑龙江、吉林、辽宁、内蒙古、河北、山西、宁夏、甘肃、山东，也分布于朝鲜和日本。生于海拔1 200～1 700 m的沟谷、溪旁、山坡，常缠绕他树而生，多生于山之阴坡。喜光、耐半阴，耐寒性强，喜凉爽、湿润的气候，喜适当湿润而排水良好的土壤。

【园林应用】果实成串，鲜红而美丽，可做庭院观果树种，也可盆栽供观赏。

6.1.7 藤本月季

【别名】藤蔓月季、爬藤月季、爬蔓月季。

【拉丁学名】*Rosa hybrida* L.

【科属】蔷薇科蔷薇属。

【形态特征】落叶灌木，呈藤状或蔓状，姿态各异，可塑性强，短茎的品种枝长只有 1 m，长茎的达 5 m。其茎上有疏密不同的尖刺，形态有直刺、斜刺、弯刺、钩形刺，依品种而异，以茎上的钩刺或蔓靠他物攀缘。单数羽状复叶，小叶 5～9 片，小而薄，托叶附着于叶柄上，叶梗附近长有直立棘刺 1 对，通常有 5 枚边缘有细齿且带尖端的卵形小叶，互生。花单生、聚生或簇生。花色有红、粉、黄、白、橙、紫、镶边色、原色、表背双色等，十分丰富，花型有杯状、球状、盘状、高芯等。

藤本月季有多种分类方法，按其生长特性来分类有直立型和攀缘型。直立型：枝干粗壮，能不依附花架等支撑物直立生长，高度较低，一般在 1.5～2.5 m，可用于花篱、花屏障、花墙等处。攀缘型：具有细长的茎蔓，高度从 2.5～10 m，需依附花架、柱子攀缘而上，主要用于花拱门、花廊、花柱等。按其开花习性分类有多季花、二季花和一季花三类。多季花这类品种能在生长季节里反复开花，连续开花至冬季休眠，其中有些藤本不仅连续开花，而且开花量大，是园林绿化中最适合的品种，美化效果极佳。如“多特蒙德”等。二季花 5—6 月开花后，一般夏、秋初少量开花或不开花，至中秋前后再开一茬花，但花量远不如 5—6 月多。一季花一般 5—6 月开花后停止开花，或日后只能开极少量的花朵，到明年才重新开花。这类品种往往具有较强的抗旱、抗病、耐寒力，而且攀缘性较强。

【分布与习性】原种主产于北半球温带、亚热带，中国为原种分布中心。现代杂交种类广布欧洲、美洲、亚洲、大洋洲，尤以西欧、北美和东亚为多，中国各地多有栽培。喜温暖、日照充足、排水良好的环境，耐寒（比原种稍弱），适应性广，对土壤要求不严格，但以疏松、肥沃、富含有机质的土壤较为适宜。

【园林应用】藤本月季长势强壮，攀缘性强，花多色艳，花头众多。可栽植于庭院、花园、走廊等，绿化效果明显，观赏价值颇高。园林中多将之攀附于各式通风良好的架、廊之上，可形成花球、花柱、花墙、花海、拱门形、走廊形等景观。也可作为花墙、隔离带、遮盖铁栅栏等使用。利用藤本月季和其他绿化品种完美结合的立体绿化，能够改善生态、美化环境及提高土地利用率。今后，随着各大城市的立体绿化建设的普及，藤本月季将在立体绿化中发挥更大的空间作用。

6.1.8 紫藤

【别名】藤萝、朱藤。

【拉丁学名】*Wisteria sinensis* (Sims) DC.

【科属】豆科紫藤属。

【形态特征】落叶缠绕大藤木，茎左旋性，长可达 18～30 m。奇数羽状复叶互生，小叶 7～13 枚，卵状长椭圆形，长 4.5～8 cm，先端渐尖，基部楔形。成熟叶无毛或近无毛。花蝶形，紫色或深紫色，芳香；下垂总状花序，长 15～20 cm；4—5 月叶前或与叶同时开放。荚果长条形，密生黄色茸毛。种子褐色，具光泽，圆形，扁平。花期 4 月中旬至 5 月上旬，果熟 8—9 月。

【分布与习性】原产中国，朝鲜、日本亦有分布。华北地区多有分布，以河北、河南、山西、山东最为常见。华东、华中、华南、西北和西南地区均有栽培。喜光，对气候及土壤的适应性强。对二氧化硫、氯气和氟化氢有较强的抗性。豆荚、种子和茎皮有毒。

【园林应用】开花时，花儿夜夜含苞，朝朝新放，串串倒垂，仿佛彩蝶飞舞，幽香扑鼻，浓荫架下是夏日乘凉的好地方。一般应用于园林棚架，春季紫花烂漫，别有情趣，适栽于湖畔、池边、假山、石坊等处，具独特风格，盆景也常用。紫藤开花后会结出形如豆荚的果实，悬挂枝间，别有情趣。有时夏末秋初还会再度开花。花穗、荚果与翠羽般的绿叶相映成趣。

6.1.9　南蛇藤

【别名】过山枫、香龙草。

【拉丁学名】*Celastrus orbiculatus* Thunb.

【科属】卫矛科南蛇藤属。

【形态特征】落叶藤本。小枝圆，髓心充实白色，皮孔大而隆起。单叶互生，近圆形或倒卵状椭圆形，先端圆阔具突短尖或钝尖，基部广楔形到近圆形，边缘具圆锯齿，两面光滑无毛或叶背脉上具稀疏短柔毛。聚伞花序腋生，间有顶生，小花1～3朵，雄花萼片钝三角形，花瓣倒卵状椭圆形或长方形，花为小形腋生聚伞花。蒴果近球形，橙黄色，直径0.8～1 cm；种子椭圆状稍扁，白色，外包肉质红色假种皮。花期5月，果期9—10月。

【分布与习性】东北、华北、华东、西北、西南及华中均有分布，朝鲜、日本也产。垂直分布可达海拔1 500 m，常生于山地沟谷及林缘灌木丛中。适应性强，喜光，也耐半阴，耐寒冷，在土壤肥沃而排水良好及气候湿润处生长良好。

【园林应用】植株姿态优美，茎、蔓、叶、果都具有较高的观赏价值，是城市垂直绿化的优良树种。特别是秋季叶片经霜变红或变黄时，美丽壮观；成熟的累累硕果，竞相开裂，露出鲜红色的假种皮，宛如颗颗宝石；作为攀缘绿化材料，南蛇藤宜植于棚架、墙垣、岩壁等处；如在湖畔、塘边、溪旁、河岸种植，倒映成趣。种植于坡地、林缘及假山、石隙等处颇具野趣。若剪取成熟果枝瓶插，装点居室，也能满室生辉。

6.1.10　扶芳藤

【别名】爬藤、爬行卫矛。

【拉丁学名】*Euonymus fortunei*（Turcz.）Hand.-Mazz.

【科属】卫矛科卫矛属。

【形态特征】常绿藤本，茎匍匐或攀缘；枝密生小瘤状突起，并能随处生多数细根。叶薄革质，长卵形至椭圆状倒卵形，宽窄变异较大，先端钝或急尖，基部广楔形，缘有钝齿，表面通常浓绿色，背面脉显著；叶柄长约 5 mm。聚伞花序 3～4 次分枝，小聚伞花密集，有花 4～7 朵，分枝中央有单花；花白绿色，4 数；花盘方形，直径约 2.5 mm；花丝细长；子房三角锥状，四棱，粗壮明显。蒴果黄红色，果皮光滑，近球状，直径 6～12 mm；种子长方椭圆状，棕褐色，假种皮橘红色。花期 6—7 月，果期 10 月。

扶芳藤变种颇多，有多种类型，根据形态分为直立、攀缘、匍匐类型。根据叶片形状大小，分为大叶扶芳藤、小叶扶芳藤、直立尖叶扶芳藤、金边扶芳藤、银边扶芳藤等。

【分布与习性】产于陕西、山西、河南、山东、安徽、江苏、浙江、江西、湖北、广西、云南等地；朝鲜、日本也有分布。多生于林缘和村庄附近，攀树、爬墙或匍匐石上。性耐阴，喜温暖，较耐寒，对土壤要求不严，能耐干旱、瘠薄。生长快，极耐修剪，而老枝干上的隐芽萌芽力强。

【园林应用】为地面覆盖的最佳绿化观叶植物，特别是它的彩叶变异品种，更有较高的观赏价值。夏季黄绿相容，犹如绿色的海洋泛起金色的波浪；到了秋冬季，则叶色艳红，又成了一片红海洋，实为园林彩化绿化的优良植物。有很强的攀缘能力，在园林绿化上常用于掩盖墙面、山石，或攀缘在花格之上，形成一个垂直绿色屏障；垂直绿化配植树种时，可与爬山虎隔株栽植，使两种植物同时攀缘在墙壁上，到了冬天，爬山虎落叶休眠，扶芳藤叶片红色光泽，郁郁葱葱，显得格外优美；扶芳藤耐阴性特强，种植于建筑物的背阴面或密集楼群阳光不能直射处，也能生长良好，表现出顽强的适应能力；扶芳藤培养成“球形”，可与大叶黄杨球相媲美。也可盆栽室内观赏。能抗二氧化硫、三氧化硫、氧化氢、氯气、氟化氢、二氧化氮等有害气体，可作为空气污染严重的工矿区环境绿化树种。

6.1.11 葡萄

【拉丁学名】*Vitis vinifera* L.

【科属】葡萄科葡萄属。

【形态特征】落叶木质藤本，高 10～30 m；树皮红褐色，老时长片状剥落，幼枝光滑。枝有节，卷须间歇性与叶对生。叶互生，近圆形，长 7～15 cm，宽 6～14 cm，3～5 掌状裂，基部心形，叶缘有粗齿。圆锥花序大而长，与叶对生，花小，黄绿色，两性或杂性异株。花后结浆果，果序圆锥状，浆果椭球形，圆球形，黄绿色、紫色或紫红色，被白粉。花期 5—6 月，果期 7—9 月。

【分布与习性】原产亚洲西部至欧洲东南部，世界温带地区广为栽培。我国辽宁中部以南各地均有栽培，但以长江以北栽培较多。喜光，耐干旱，怕涝。喜干燥及昼夜温差大的大陆性气候，冬季需要一定低温，但严寒时必须埋土防寒，在温暖湿润的气候及肥沃、土层深厚的土壤中生长最好。

【园林应用】是重要温带果树，品种繁多。是叶果俱佳、遮阴、观赏、经济效益并重的优良垂直绿化材料。除专业果园栽培外，园林中常应用于棚架、门厅、跨路长廊、花廊等处，也可盆栽，布置于庭院、阳台。

6.1.12 山葡萄

【别名】野葡萄。

【拉丁学名】*Vitis amurensis* Rupr.

【科属】葡萄科葡萄属。

【形态特征】木质藤本。小枝圆柱形，无毛，嫩枝疏被蛛丝状茸毛。卷须与叶对生。叶阔卵圆形，3 稀 5 浅裂或中裂，或不分裂，叶片或中裂片顶端急尖或渐尖，裂片基部常缢缩或间有宽阔，裂缺凹成圆形，稀呈锐角或钝角，叶基部心形，基缺凹成圆形或钝角，边缘有粗锯齿，齿端急尖，微不整齐，上面绿色，初时疏被蛛丝状茸毛，以后脱落；叶柄长 4～14 cm，托叶膜质，褐色，顶端钝，边缘全缘。圆锥花序疏散，与叶对生，基部分枝发达，初时常被蛛丝状茸毛，以后脱落几无毛；花蕾倒卵圆形，顶端圆形；花瓣 5，呈帽状黏合脱落。果实直径 1～1.5 cm；种子倒卵圆形，顶端微凹，基部有短喙，种脐在种子背面中部呈椭圆形，腹面中棱脊微突起，两侧洼穴狭窄呈条形，向上达种子中部或近顶端。花期 5—6 月，果期 7—9 月。

【分布与习性】产于黑龙江、吉林、辽宁、河北、山西、山东、安徽（金寨）、浙江（天目山）。生山坡、沟谷林中或灌丛，海拔 200～2 100 m。

【园林应用】果熟季节，串串圆圆晶莹的紫葡萄掩映在红艳可爱的秋叶之中，甚为迷人。园林中常应用于棚架、门厅、跨路长廊、花廊等处。

6.1.13 东北蛇葡萄

【别名】蛇白蔹。

【拉丁学名】*Ampelopsis glandulosa* var. *Brevipedunculata* (Maximowicz) Momiyama

【科属】葡萄科蛇葡萄属。

【形态特征】落叶蔓性藤本。茎长 10 m 以上。髓白色，小枝淡黄色，有细棱线，幼枝具柔毛，卷须与叶互生。叶具长柄，广卵形，3～5 浅裂，先端渐尖，基部心形，边缘有较大的圆锯齿，上面暗绿色，下面淡绿色，被柔毛。二歧聚伞花序与叶对生，花序梗被柔毛；花多数，细小，黄绿色。浆果近球形或肾形，宽 6～7 mm，由深绿色变蓝黑色。种子坚硬。花期 5—6 月，果期 7—8 月。

【分布与习性】产于亚洲东部及北部。我国自东北经河北、山东到长江流域、华南均有分布。喜光，也耐阴，生于灌丛中或山坡上。对土壤要求不严，喜腐殖质丰富的黏质土，酸性、中性、微碱性壤土均能适应。

【园林应用】棚架植物材料，叶、花、果供观赏。

6.1.14 白蔹

【别名】山地瓜、野红薯、山葡萄秧、五爪藤等。

【拉丁学名】*Ampelopsis japonica* (Thunb.) Makino

【科属】葡萄科蛇葡萄属。

【形态特征】多年生半木质藤本攀缘植物，茎多分枝，带淡紫色，散生点状皮孔，卷须与叶对生。掌状复叶互生，小叶 3～5，一部分羽状分裂，一部分羽状缺刻，边缘疏生粗锯齿，叶轴有宽翅，裂片基部有关节，两面无毛。聚伞花序与叶对生，序梗细长而缠绕；花小，萼片 5；花瓣 5，淡黄色；雄蕊 5；花盘杯状，边缘稍分裂。浆果球形或肾形，熟时蓝色或白色，有针孔状凹点。花期 7—8 月，果期 9—10 月。

【分布与习性】产于我国东北、河北、华东、华中及西南各地；日本也有分布。喜光，耐寒，耐干旱。喜凉爽湿润的气候，从亚热带到温带均能栽培。对土壤要求不严，沙质壤土、壤土、黏壤土上均可种植。

【园林应用】为秀丽轻巧的棚荫材料。全株及块根可入药。

6.1.15 乌头叶白蔹

【别名】马葡萄、草白蔹、乌头叶白蔹。

【拉丁学名】*Ampelopsis aconitifolia* Bunge.

【科属】葡萄科蛇葡萄属。

【形态特征】木质藤本。小枝圆柱形，有纵棱纹，被疏柔毛。卷须2～3叉分枝，相隔2节间断与叶对生。叶为掌状5小叶，小叶3～5羽裂，披针形或菱状披针形，顶端渐尖，基部楔形，中央小叶深裂，或有时外侧小叶浅裂或不裂，上面绿色无毛或疏生短柔毛，下面浅绿色；小叶几无柄。花序为疏散的伞房状复二歧聚伞花序，通常与叶对生或假顶生；花蕾卵圆形，顶端圆形；萼碟形，波状浅裂或几全缘；花瓣5，卵圆形；雄蕊5，花盘发达，边缘呈波状。果实近球形，直径0.6～0.8 cm，有种子2～3颗，种子倒卵圆形。花期5—6月，果期8—9月。

【分布与习性】产于内蒙古、河北、甘肃、陕西、山西、河南。性耐阴，较抗寒，冬季不需埋土。喜肥沃而疏松的土壤。多生于路边、沟边、山坡林下灌丛中、山坡石砾地及沙质地，海拔600～1 800 m。

【园林应用】多用于篱垣、林缘地带，还可以作棚架绿化。

6.1.16 地锦

【别名】爬墙虎、铺地锦、地锦草、爬山虎。

【拉丁学名】*Parthenocissus tricuspidata* (Siebold & Zucc.) Planch.

【科属】葡萄科地锦属。

【形态特征】落叶攀缘大藤本；枝条粗壮；卷须短，多分枝，枝端有吸盘。叶广卵形，长10～20 cm，宽8～17 cm，通常3裂，基部心形，叶缘有粗锯齿，表面无毛，下面脉上有柔毛；幼苗或下部枝上的叶较小，常分成3小叶，或为3全裂；叶柄长8～20 cm。聚伞花序通常生于短枝顶端的两叶之间；花数5；萼全缘；花瓣顶端反折；雄蕊与花瓣对生；花盘贴生于子房，不明显；子房两室，每室有2胚珠。浆果球形、熟时蓝紫色，有白粉。花期6月，果期9—10月。

【分布与习性】产于我国东北南部至华南、西南地区；朝鲜、日本也有分布。喜光，较耐阴、耐寒、喜湿，对土壤和气候适应性强。在阴湿、肥沃的土壤中生长最佳。生长快，植株攀缘能力强，南北向墙面均能生长。

【园林应用】植株攀缘能力强，入秋叶变红色或橙黄色，颇为美丽。是绿化墙面、山石或老树干的好材料。可作为装饰植物，栽植于建筑物外墙之上，美观又能降温。也可作地被，覆土护坡。抗二氧化硫、氯气等有毒气体能力强，而且有很好的滞尘能力，也适宜于工矿企业及精密仪器厂的绿化。

6.1.17 五叶地锦

【别名】美国地锦、美国爬山虎、五叶爬山虎。

【拉丁学名】*Parthenocissus quinquefolia* (L.) Planch.

【科属】葡萄科地锦属。

【形态特征】落叶藤本，幼枝带紫红色。卷须与叶对生，5～12条分枝，卷须顶端吸盘大。掌状复叶，具长柄，小叶5，质较厚，卵状长椭圆形至倒长卵形，长4～10 cm，先端尖，基部楔形，缘具大锯齿，表面暗绿色，背面稍具白粉并有毛。聚伞花序集成圆锥状，常生于短枝顶端两叶之间。花小，黄绿色。浆果近球形，成熟时蓝黑色，被白粉。花期7—8月，果期9—10月。

【分布与习性】原产于美国。华北及东北有栽培。喜温暖气候，也有一定耐寒能力；耐阴。生长势旺盛，但攀缘力较差，在北方常被大风刮下。对土壤和气候适应性强，但在肥沃的沙质壤土上生长更好。

【园林应用】蔓茎纵横，密布气根，翠叶遍盖如屏，秋后入冬，叶色变红或黄，十分艳丽。是垂直绿化主要树种之一。适于配植宅院墙壁、围墙、庭园入口处、桥头等处。是绿化墙面、廊架、山石或老树干的好材料，也可作地被植物。它对二氧化硫等有害气体有较强的抗性，也宜作工矿街坊的绿化材料。

6.1.18 中华猕猴桃

【别名】猕猴桃、狐狸桃、猕猴梨、藤梨、奇异果。

【拉丁学名】*Actinidia chinensis* Planch.

【科属】猕猴桃科猕猴桃属。

【形态特征】落叶木质藤本。枝呈褐色，有柔毛，髓白色，层片状。幼枝被灰白色星状茸毛或褐色长硬毛或铁锈色硬毛状刺毛，老时秃净或留有断损残毛；隔年枝完全秃净无毛，皮孔长圆形；叶纸质，无托叶，倒阔卵形至倒卵形或阔卵形至近圆形，顶端截平形并中间凹入或具突尖、急尖至短渐尖，基部钝圆形、截平形至浅心形，边缘具直伸的睫状小齿，腹面深绿色，背面苍绿色，密被灰白色或淡褐色星状茸毛，横脉比较发达；叶柄被灰白色茸毛或黄褐色长硬毛或铁锈色硬毛状刺毛。雌雄异株，雄株多毛叶小，雄株花也较早出现于雌花；雌株少毛或无毛，花、叶均大于雄株。聚伞花序，花开时乳白色，后变淡黄色，浆果卵形或长圆形，表皮深褐色，密被黄棕色有分枝的长柔毛。花期5—6月，果熟期8—10月。

【分布与习性】猕猴桃原产地在中国，特别是陕西省关中的秦岭山区。中国陕西、四川、河南等长江流域以南各地区均有分布。生于山坡林缘或灌丛中，有些园圃栽培。阳性树种，耐半阴。喜阴凉湿润环境，怕旱、涝、风。耐寒，不耐早春晚霜。喜土壤深厚、湿润、疏松、排水良好、有机质含量高、pH在5.5～6.5微酸性沙质壤土。忌低洼积水环境。

【园林应用】藤蔓缠绕盘曲，枝叶浓密，花美且芳香，适用于花架、庭廊、护栏、墙垣等的垂直绿化。

6.1.19 软枣猕猴桃

【别名】软枣子、圆枣、奇异莓。

【拉丁学名】*Actinidia arguta* (Sieb. et Zucc.) Planch. ex Miq.

【科属】猕猴桃科猕猴桃属。

【形态特征】大型落叶藤本；小枝基本无毛或幼嫩时星散地薄被柔软茸毛，隔年枝灰褐色，洁净无毛或部分表皮呈污灰色皮屑状；髓白色至淡褐色，片层状。叶膜质或纸质，卵形、长圆形、阔卵形至近圆形，顶端急短尖，基部圆形至浅心形，边缘具繁密的锐锯齿，腹面深绿色，无毛，背面绿色；叶柄无毛或略被微弱的卷曲柔毛。花序腋生或腋外生，为1～2回分枝，1～7花，或厚或薄地被淡褐色短茸毛。花绿白色或黄绿色，芳香。果圆球形至柱状长圆形，长2～3 cm，有喙或喙不显著，无毛，无斑点，不具宿存萼片，成熟时绿黄色或紫红色。

【分布与习性】分布于我国黑龙江省、吉林省、

山东省及华北、西北以及长江流域各省区，朝鲜、日本、俄罗斯也有分布。生于阴坡的针、阔混交林和杂木林中肥沃土质内，有的生于阳坡水分充足的地方。喜凉爽、湿润的气候，或山沟溪流旁，多攀缘在阔叶树上，枝蔓多集中分布于树冠上部。

【园林应用】是优良的耐寒藤架和垂直绿化树种，常栽于庭院、门前、路边、墙壁和楼台上。

6.1.20 葛枣猕猴桃

【别名】天木蓼。

【拉丁学名】*Actinidia polygama*（Sieb. et Zucc.）Maxim.

【科属】猕猴桃科猕猴桃属。

【形态特征】大型落叶藤本；着花小枝细长基本无毛，幼枝顶部略被微柔毛；髓白色，实心。叶膜质（花期）至薄纸质，卵形或椭圆卵形，长7～14 cm，宽4.5～8 cm，顶端急渐尖至渐尖，基部圆形或阔楔形，边缘有细锯齿，腹面绿色，无毛或有时下面沿叶脉有疏柔毛，有时前端部变为白色或淡黄色，背面浅绿色，叶脉比较发达，横脉颇显著，网状小脉不明显。花1~3朵腋生，白色，芳香；花瓣5片，倒卵形至长方倒卵形，花丝线形，花药黄色，子房瓶状，洁净无毛。果成熟时淡橘色，卵珠形或柱状卵珠形，长2.5～3 cm，无毛，无斑点，顶端有喙，基部有宿存萼片。浆果矩圆形至卵圆形，黄色，有尖嘴，无斑。种子长1.5～2 mm。花期6—7月，果熟期9—10月。

【分布与习性】产于中国东北、西北及山东、湖北、四川、云南等省。朝鲜、日本、俄罗斯也有分布。生于山地林中。耐寒性强。

【园林应用】部分叶呈银白色，可供观赏，可植于园林中攀附于树木或山坡岩石；或作棚架植物。

6.1.21 杠柳

【别名】羊奶条、山五加皮。

【拉丁学名】*Periploca sepium* Bunge.

【科属】萝藦科杠柳属。

【形态特征】落叶蔓性藤本，具乳汁，除花外，全株无毛；茎皮灰褐色；小枝通常对生，有细条纹，具皮孔。叶卵状长圆形，顶端渐尖，基部楔形，全缘，叶面深绿色，叶背淡绿色。聚伞花序腋生，着花数朵；花序梗和花梗柔弱；花萼裂片卵圆形，顶端钝，花萼内面基部有10个小腺体；花冠紫红色，辐状，花冠筒短，裂片长圆状披针形，中间加厚呈纺锤形，反折，内面被长柔毛，外面无毛；副花冠环状，10裂，其中5裂延伸丝状被短柔毛，顶端向内弯；雄蕊着生在副花冠内面，并与其合生，花药彼此粘连并包围着柱头，背面被长柔毛；蓇葖双生，圆柱状，无毛，具有纵条纹；种子长圆形，果黑褐色，顶端具白色绢质种毛。花期5—6月，果期7—9月。

【分布与习性】主要分布在西北、东北、华北地区及河南、四川、江苏等省区。喜光、耐旱、耐寒、耐盐碱，对土壤适应性强，具有较强的抗风蚀、抗沙埋的能力。根萌蘖性强，常单株栽后不久即丛生成团。根系分布较深，常丛生。初期生长茎直立，后渐匍匐或缠绕。

【园林应用】具有一定的观赏效果，宜作污地遮掩树种。

6.1.22 凌霄

【别名】紫葳、大花凌霄、中国凌霄。

【拉丁学名】*Campsis grandiflora*（Thunb.）Schum.

【科属】紫葳科凌霄属。

【形态特征】落叶藤本，长达10 m。茎木质，表皮脱落，茎上有攀缘的气生根，攀附于其他物上。树皮灰褐色，小枝紫色。叶对生，奇数羽状复叶，小叶7～9枚。卵形至卵状披针形，边缘有粗锯齿，无毛，顶端尾状渐尖，基部阔楔形，两侧不等大。顶生疏散的短圆锥花序，花序轴长15～20 cm。花萼钟状，长3 cm，分裂至中部，裂片披针形，长约1.5 cm。花冠漏斗状，唇形五裂，花冠内面鲜红色，外面橙黄色，雄蕊着生于花冠筒近基部，花丝线形，细长，长2～2.5 cm，花药黄色，个字形着生。蒴果长如豆荚，种子多数扁平，花期7—8月，果实10月成熟。

【分布与习性】主产于我国中部，各地常有栽培；日本也有分布。性喜阳、温暖湿润的环境，稍耐阴。喜欢排水良好土壤，较耐水湿、并有一定的耐盐碱能力。

【园林应用】凌霄干枝虬曲多姿，翠叶团团如盖，生性强健，枝繁叶茂，入夏后朵朵红花缀于绿叶中次第开放，十分美丽。管理粗放，适应性强，是理想的垂直绿化、美化花木品种，可用于棚架、假山、花廊、墙垣、枯树、石壁绿化。经修剪整枝等栽培措施，可呈灌木状栽培观赏。

6.1.23 美国凌霄

【别名】厚萼凌霄、杜凌霄、长花凌霄。

【拉丁学名】*Campsis radicans*（L.）Seem.

【科属】紫葳科凌霄属。

【形态特征】落叶藤本，具气生根，长达10 m。小叶9～11枚，椭圆形至卵状椭圆形，长3.5～6.5 cm，宽2～4 cm，顶端尾状渐尖，基部楔形，边缘具齿，上面深绿色，下面淡绿色，被毛，至少沿中肋被短柔毛。花萼钟状，长约2 cm，口部直径约1 cm，5浅裂至萼筒的1/3处，裂片齿卵状三角形，外向微卷，无凸起的纵肋。花冠筒细长，漏斗状，橙红色至鲜红色，筒部为花萼长的3倍，6～9 cm，直径约4 cm。蒴果长圆柱形，长8～12 cm，顶端具喙尖，沿缝线具龙骨状突起，粗约2 mm，具柄，硬壳质。花期7—8月，果期9—10月。

美国凌霄与凌霄的区别：凌霄花萼有棱，绿色，花冠短圆，花头硕大，径约6 cm，花色橙红。美国凌霄花萼无棱，与花冠颜色相似，花冠长而小，径3～4 cm，花色深红。

【分布与习性】原产美洲。在广西、江苏、浙江、湖南栽培作庭园观赏植物；在越南、印度、巴基斯坦也有栽培。喜光，稍耐阴，耐寒力较强，北京可露地越冬，耐干旱，也耐水湿，对土壤要求不严格，萌蘖力、萌芽力强。

【园林应用】枝叶繁茂，花色鲜艳，花形美丽，是理想的垂直绿化、美化花木品种，可用于花架、棚架、假山、花廊、墙垣绿化。

6.1.24 金银花

【别名】忍冬、金银藤。

【拉丁学名】*Lonicera japonica* Thunb.

【科属】忍冬科忍冬属。

【形态特征】半常绿缠绕藤木，枝细长中空，皮棕褐色，条状剥落，幼时密被短柔毛。叶卵形或椭圆形，长3～8 cm，端短渐尖至钝，基部圆形至近心形，全缘，幼时两面具柔毛。花成对腋生，有总梗，苞片叶状，长达2 cm；花冠二唇形，上唇具4裂片，下唇狭长而反卷，约等于花冠筒长，花由白色变为黄色，芳香。浆果黑色，球形，离生。花期5—7月，8—10月果熟。

【分布与习性】产于我国辽宁、华北、华东、华中及西南地区。喜光，也耐阴，耐寒，耐干旱和水湿；对土壤要求不严，酸碱土壤均能生长。性强健，适应性强，根系发达，萌蘖性强，茎着地即能生根。

【园林应用】本种为轻细藤木，夏日开花不绝，黄白相映，且有芳香；是良好的垂直绿化及棚架材料。可缠绕篱垣、花架、花廊等，或附在岩石上，植于沟边，爬于山坡，用作地被，或布于庭院、屋顶，老桩宜做盆景。

6.1.25 贯月忍冬

【别名】穿叶忍冬、贯叶忍冬。

【拉丁学名】*Lonicera sempervirens* Linn.

【科属】忍冬科忍冬属。

【形态特征】 常绿缠绕藤本，全体无毛。叶卵形至椭圆形，先端钝或圆，表面深绿，背面灰白色，全缘。花序下 1～2 对叶基部合生，花 6 朵为 1 轮，数轮排成顶生穗状花序；花冠细长筒形，长约 4 cm，端 5 裂片短而近整齐，橘红色至深红色；雄蕊 5。浆果球形。花期晚春至秋季陆续开花。

【分布与习性】 原产于北美东南部，我国上海、杭州等城市常有栽植。喜光，不耐寒。适宜排水良好、湿润肥沃疏松土壤。

【园林应用】 上海等地常盆栽观赏。可用作棚架、花廊等垂直绿化。

项目测评

为实现本项目目标，要求学生完成表中作业，并为老师提供充分的评价证据。

<table>
<tr><th colspan="4">测评标准</th><th>测评内容</th><th>测评形式</th><th>思政元素</th></tr>
<tr><td rowspan="6">优秀标准</td><td rowspan="5">良好标准</td><td rowspan="3">合格标准</td><td>P_1</td><td>了解园林藤木树种的种类及特点。</td><td>口答或笔答。</td><td>适者生存的自然法则、与时俱进的发展观。</td></tr>
<tr><td>P_2</td><td>采集不同藤木树种的叶、花、果等器官，并准确标注名称。</td><td>实物或照片。</td><td>自然和谐与人类活动、适度原则。</td></tr>
<tr><td>P_3</td><td>准确描述藤木树种的园林用途。</td><td>口答或笔答。</td><td>求真务实、科学描述。</td></tr>
<tr><td></td><td>M_1</td><td>准确描述不同园林藤木在树形、树皮、枝芽、叶、花、果等识别特征。</td><td>口答或笔答。</td><td>工匠精神、规则意识。</td></tr>
<tr><td></td><td>M_2</td><td>根据树形、树皮、枝芽、叶、花、果的特征，识别藤木树种。</td><td>实物、标本或图片展示或笔答。</td><td>团队合作精神、知识积累的力量。</td></tr>
<tr><td></td><td></td><td>D_1</td><td>综合阐述不同藤木树种的观赏特性、生态习性及园林应用。</td><td>笔答或 PPT 提交。</td><td>藤木树种的人文精神、城市生态文明建设。</td></tr>
</table>

课件资源

园林思政

中国式现代化的本质要求是：坚持中国共产党领导，坚持中国特色社会主义，实现高质量发展，发展全过程人民民主，丰富人民精神世界，实现全体人民共同富裕，促进人与自然和谐共生，推动构建人类命运共同体，创造人类文明新形态。

——中国共产党第二十次全国代表大会报告

项目 7 园林树种的多样性及配植调查

【技能目标】学会园林树木应用调查的方法、步骤；学会小型调查报告的撰写方法；初步具备综合应用专业知识和职业技能分析问题的能力。

【知识目标】了解园林树种的多样性和调查方法，掌握园林树种的选择与配植原则。

【素质目标】通过开展项目调研活动，启发学生创新思维，培养学生科研素质；结合社区物业开展园林志愿服务，培养学生在为人民服务中收获成长，获得成就感和社会价值感。

任务 7.1 调查园林树种的多样性

任务分析

当地园林树种调查。园林树种调查可为园林树种合理规划提供依据，为提高植树存活率，节约建设资金提供依据。

任务实施

【材料用具】

测高器、30 m 皮尺、围尺、军用铁锹、5% 的盐酸溶液、记录夹、记录铅笔、记录表格若干；pH 试纸、海拔仪、数码相机等。

【实施过程】

（1）调查准备　选择调查对象，查阅收集资料，制订调查方案。

（2）实地调查　调查绿地内各类园林树木的选择和应用现状，记录调查结果（表 7-1-1），拍摄图片。

（3）整理调查记录表和图片，完成园林树木应用统计表。

（4）对调查结果进行初步的分析评价，完成调查报告。

（5）制作多媒体报告。

（6）分组交流讨论，指导老师指导评点总结。

【注意事项】

（1）相同植物在不同的立地条件下，生长表现会有差异，注意辨别并详细记录。

（2）调查工作要严谨认真、实事求是，数据记录清晰完整。

（3）野外调查要注意安全。

理论认知

一、园林树种调查与规划的意义

树种调查就是通过具体的现状调查，对当地过去和现有树木的种类、生长状况与生境的关系、绿化效果功能的表现等各方面做综合的考察，是树种规划的基础，在调查过程中要以科学严谨、实事求是的态度对待。树种规划就是在环境调查和树种调查的基础上，对城市绿化用树做科学规划和合理布局。

园林绿化的速度、质量、艺术水平和综合效益，主要取决于园林植物的选择和规划。园林树种规划是在园林树种调查的基础上进行的，园林树种调查是手段，是做好园林规划的基础和保障。因此，对园林树种要进行认真调查、科学分析和评价，搞好树种规划，指导园林绿化建设。

树种选择和规划是园林绿地规划的重要组成部分，是关系到园林建设成败的重要环节。因为树木的生长周期长，一个新的树种在短期内很难判断其成功与否。如树种选择恰当，则树木生长健壮、造景形式丰富，绿化效益发挥得好。如树种选择失误，就会导致树木生长不良或配植不合理，影响绿化效果。

通过树种规划，有目的地指导城市园林绿化的基础工作、育苗计划和苗圃生产，保证园林绿化以植物材料造园为主的总方针的实施，最大限度地发挥园林植物的多种效益。

因此，树种选择和规划是城市园林建设总体规划的一个重要组成部分，要制订城市园林树种规划，就要从调查研究入手。既要满足园林绿化多种综和功能，又要适地适树、因地制宜。此外，树种规划本身还随着社会的发展科学技术的进步以及人们对园林建设要求的提高而变化，因此，树种规划也要随着时间的推移而做适当的修正和补充。

二、园林树种的调查

通过具体的现状调查，对当地过去和现有树木的种类、生长状况、与生境的关系、绿化效果功能的表现等各方面作综合的考察，是今后规划工作能否做好的基础，所以一定要认真细致，以科学的实事求是精神来对待。

（一）组织与培训

首先由当地园林主管部门挑选具有相应业务水平、工作认真的技术人员组成调查组。

全组人员共同学习树种调查方法和具体要求，分析调查范围的园林类型及生境条件，并各选一个标准点作调查记载的示范，对一些疑难问题进行讨论，统一认识。确定调查范围及踏查路线，准备好采集、观察及测量记载工具，出发前进行野外作业安全教育。

然后可根据人员数量分成小组，分片包干实行调查。每小组内可进行分工，分别进行记录、测量工作，一般 3~5 人为一组，1 人记录，其他人员测量数据。

（二）调查项目

为了提高效率，应根据需要事先印制调查记录卡片，在野外只填入测量数字及作记号即可完成记录。在测量记录前，应先由有经验者在该绿地中普遍观察一遍，选出具有代表性的标准树若干株，然后对标准树进行调查记录。需要长期观察的树木，可对标准树实行编号标记作为长期观察对象。一般调查项目如下。

1. 生态习性调查

（1）光照　喜光树种、耐阴树种。

（2）温度　热带树种、亚热带树种、温带树种、寒温带树种；耐高温树种、耐寒树种。

（3）水分　喜湿树种、耐干旱树种。

（4）土壤 pH　喜酸树种、耐盐碱树种（通过土壤盐酸反应或 pH 试纸检测得知）。

（5）对土壤肥力的需求　记录喜肥树种、耐贫瘠树种。

（6）对土壤质地的需求　记录轻壤、中壤、重壤。

2. 地形调查

（1）地貌　平地、坡地。

（2）坡地　坡向、坡度、海拔。

3. 园林应用

调查内容：行道树、庭荫树、独赏树、灌木、绿篱、垂直绿化、棚架材料、防尘抗污染树种、水土保持树种；树种配植：花坛、色带、插花材料、根雕材料、地被材料、盆景材料；配植类型：对植、列植、丛植、孤植、中心植、片植等。

4. 经济用途

香料、药材、涂料、干果、鲜果、油料、纤维、淀粉等。

结果记录于园林树种调查记录卡（表 7-1-1），调查结束后对树木特性进行汇总（表 7-1-2）。

表 7-1-1　园林树种调查记录卡

照片编号：	树种名称：	学名：	科名：
性状：落叶树、常绿树、乔木、灌木、藤木			
冠形：圆球形、卵形、广卵形、扁圆形、圆柱形、尖塔形、垂枝形、拱枝形、伞形、匍匐形			
干皮：颜色　　开裂方式：光滑、横纹、片裂、丝裂、纵裂、纵沟、长方裂、粗糙、疣突			
枝刺（皮刺、卷须、吸盘）：着生位置　　分布情况			
芽的特点：			
叶：单叶或复叶；类型：　　；形状：　　；叶缘：　　；叶脉：			
叶序：对生、互生、轮生、簇生；　花色、花瓣数量等			
花冠形状：筒状、漏斗状、钟状、高脚碟状、坛状、唇形、舌状、蝶状			
花序类型：穗状、柔荑、头状、肉穗、隐头、总状、伞房、伞形、圆锥、聚伞			
果实种类：蓇葖、荚、蒴、瘦、颖、胞、翅、坚、浆、柑、梨、核：　　；形状、颜色：　　；			
花期：　　果期：　　落叶期：			

续表 7-1-1

树高：　　cm；径围：　　cm；冠幅：　　cm；树龄：　　　　年生；生长势：强、中、弱
其他重要性状：
栽植地点：　　　；栽植方式：片植、丛植、列植、孤植、绿篱、绿墙
土壤：肥厚、中等或贫瘠；质地：　　　颜色：　　　pH：
生态环境：坡地或平地、路旁或沟旁、林间或林缘、房前或屋后、街道、园林绿地；风口或屏障，坡向朝南或朝北，地下水位高、中、低，精管或粗管，附近污染源：
适应性：耐寒力（强、中、弱）；耐水力（强、中、弱）；耐盐碱（强、中、弱）
耐旱力（强、中、弱）；耐高温力（强、中、弱）；耐风沙（强、中、弱）
耐瘠薄力（强、中、弱）；耐阴性（喜光、半耐阴、耐阴）
病虫害危害程度：严重、较重、较轻、无 抗有毒气体能力：SO_2（强、中、弱）；Cl_2（强、中、弱）；HF（强、中、弱）；抗粉尘（强、中、弱）
园林应用：行道树、庭荫树、园景树、防护树、花灌木、色叶木、垂直绿化、绿篱、地被
观赏价值：
评　价：
调查地点：　　　　调查人：　　　　调查时间：　　　年　　月　　日

表 7-1-2　园林树种调查统计表

树种（学名）	性状	株数	平均株高	平均基围	平均冠幅	生长势	生态环境	配植方式

调查者：　　　记录者：　　　调查时间：　　年　　月　　日

（三）园林树木调查的总结

在外业调查结束后，应将资料集中进行分析总结。总结一般包括下列各项内容。

（1）前言　说明目的、意义，组织情况及参加工作人员，调查的方法步骤等内容。

（2）调查地的自然环境情况　包括城市的自然地理位置、地形地貌、海拔、气象、土壤、污染情况及植被情况等。

（3）城市性质及社会经济简况（可简略介绍）。

（4）调查地的园林绿化现状　根据城乡建设环境保护部所规定的绿地类别进行叙述，附有风景区时也应包括在内。建设部《城市园林绿化管理暂行条例》将绿地划分为公共绿地、专用绿地、防护绿地、园林绿化生产绿地、郊区风景名胜区 5 类，可按类别分别介绍。

（5）树种调查总结　设计调查表，对调查结果进行分类汇总，分析调查结果、总结经验教训，完成调查报告的撰写。

① 行道树表，包括树名（附拉丁学名）、配植方式、高度、胸围、冠幅、行株距、栽植年代、生长情况（强、中、弱）、主要养护措施及存在问题等栏目。

② 公园树木现有树种表，包括园林应用类别树名（附学名）、胸围或干基围、估算年龄、生长状况（强、中、弱）、存在问题及评价等栏目。

③ 本地抗污染（烟、尘、有害气体）树种表，包括树名、高度、胸围、冠幅、估算年龄、生长状况、生境、备注（环保用途及存在问题）等栏目。

④ 城市及近郊的古树名木资源表，包括树名（学名）、高度、胸围、冠幅、估算年龄及生境、地

址和备注等栏目。

⑤ 边缘（在生长分布上的边缘地区）树种表，包括树名、高度、胸围、冠幅、估计年龄、生长状况、生境、地址和备注（记主要养护措施、存在问题及评价）等栏目。

⑥ 本地特色树种表，包括树名、高度、胸围、冠幅、年龄、生长状况、生境、备注（特点及存在问题）。

⑦ 树种调查统计表，见表 7-1-2。

（6）经验教训　总结在园林绿化实践中成功的经验、失败的教训和存在的问题，并提出解决办法。

（7）群众意见　当地群众及国内外专家们的意见及要求。

（8）参考图书、资料文献。

（9）附件　有关图片及腊叶标本名单等。

三、园林树种的规划

园林绿化树种的选择与规划，总体上应当既要保证各类园林绿地绿化功能的需要，又要因地制宜，继续发展当地树种优势，同时还要充分考虑城市发展方向、科技发展与管理水平等，综合规划城市园林绿化树种。

园林绿化树种包括乔木、灌木、藤木和草坪地被植物等。规划时必须将该地区现有的绿化树种（包括普查的古树名木）作为参考依据，并结合参照同类或类似地区的园林绿化树种，以及各类具体树种的生态习性、观赏性、防护性等。因地制宜地确定城市园林树种及主要比例。

（一）园林树种规划的原则

1. 符合自然规律，重视“适地适树”的原则

规划中必须考虑到该市或地区的各种自然因素，如气候、土壤、地理位置、自然和人工植被等因素。结合本地自然植被状况，根据城市园林要求，在自然规律指导下改造自然、再现自然。以乡土树种、适生树种、抗性树种为主，适当选用经过驯化的外来树种。

乡土树种是指土生土长的树种或者是经长期引种完全能够适应当地自然条件的树种。最能体现地方特色、最适宜本地风土，最抗灾害性气候、最易栽培养护。外来树种是指已适应或基本适应本地环境条件的引进树种。外来树种能丰富城市植物景观，提高园林绿地的综合功能。

重视“适地适树”原则。适地适树是指根据气候、土壤等生境条件来选择能够健壮生长的树种。通常做法是选用乡土树种，除此之外，还应注意已成功的外来树种的积极扩大。在城市建设发展中，众多的建筑之间形成了大量的小气候环境，这些小气候环境为引种更多的树种提供了十分有利的条件。在选择城市园林树种时，既要因地选树又要因树选地、改地适树和改树适地，以达到适地适树，丰富园林景观的目的。

2. 符合城市的性质特征，注意特色的表现

在城市建设规划中，首先要明确城市的性质，例如是政治中心、文化中心、工业生产中心或风景旅游中心等。还有了解城市的历史、人文等特点，以及城市发展定位、中长期发展规划等社会环境。好的树种规划应体现出不同性质的城市的特点和要求，符合城市总体规划和绿地系统规划的要求。

从园林建设的整体来说，应该提倡每个城市有自己的特色才好。运用园林建设特色体现城市的过去、现在或未来、表现城市的特色，打造城市的绿色名片。地方特色的表现通常有两种方式：一种是以当地著名、为人们所喜爱的多种树种来表示，另一种是以某些树种的运用手法和方式来表示。在确定该地的特色树种时，一般可从当地的古树、乡土树种和引入树种中，在园林绿地里确实起着良好作用的树种中加以选择，而且应当具有广泛的群众基础。

3. 坚持发展与保护相结合的原则

保护和利用现有绿地，保持自然地貌，提倡植物品种多样性，进而提高生物多样性原则。注重发展优良树种、先进品种，同时要积极保护古树名木品种，适当延续长寿、珍稀、特异地方树种。古树名木是历史遗留下的宝贵财富“一树一景”，要尽量规划保留、移植、保养古树名木，适当发展有关树种，及早育大苗，引种栽培。

4. 应注意园林建设实践上的要求

树种规划要考虑短期效果与长期效益问题，要有科学性和实用性。在做规划时必须考虑到园林实践问题，规划树种要多种多样，科学全面，统筹兼顾，优势互补，合理安排，做到各类型乔木、亚乔木、灌木、藤木及草坪地被植物合理配植。坚持速生树与慢生树、常绿树与落叶树、针叶树与阔叶树、深根性树种与浅根性树种、重点美化树与普遍美化树种的多元结合、比例适当。不同的绿地需要配植不同类型的树种，树种复层混交配植，能构成相对稳定、景观丰富、功能综合、效益持久的人工

植被群落。

坚持生态效益优先，以乔木树种为主体，形成城市园林绿地的骨架，同时做到乔、灌、藤、花、草全面合理的安排。乔木生态功能发达，效益持续时间长，灌木树种种类繁多，展现丰富多彩。藤本、地被植物与乔灌木结合组成垂直复层混交、相对稳定的人工植被群落，提高绿化的整体综合效益，有利于加快改善城市生态环境。

骨干树种必须选择优良树种，以地带性优势树种为主，适当选用少量经过驯化栽植的外来优良树种。优良树种生长较快，适应性强，抗逆性大，病虫害少且易于防治、抗毒、吸毒广，便于大苗移植、栽培管理，栽植后立竿见影、成效快。

（二）树种规划的方法

1. 调查研究原有树种资源和外地引种驯化树种

通过树种及生态调查，调查原有树种资源和经外地引种驯化表现较好树种，掌握本地气候和土壤特点。分析树种现状，研究园林绿化中存在的问题，为树种规划打下良好的基础。

2. 确定骨干树种

根据调查研究结果，针对本地风土特点，按照适地适树的原则，确定骨干树种和一般树种的种类。骨干树种是根据不同功能类型的绿地，选用具有不同使用和景观价值的树种，并在不同的园林类型中起骨干作用。根据不同绿地类型，选择骨干树种，一般由5～12种树种组成。

3. 制定主要的树种比例

根据当地自然环境和绿化现状，制定合理的树种比例。一般树种的比例包括：乔木与灌木的比例，以乔木为主，一般应占70%以上；常绿树与落叶树的比例等。

4. 树种规划编制

最后，将调查研究过程及树种规划方案整理成文字、图表，形成园林树种规划方案，供园林建设部门使用。

任务7.2 调查园林树种的配植与应用

任务分析

选择一个当地有代表性的公园或植物园，调查树种选择与配植特点，以掌握树种选择、配植及应用原则。

任务实施

【材料用具】

测高器、30 m皮尺、军用铁锹、记录夹、记录铅笔、记录表格若干、海拔仪、数码相机等。

【实施过程】

（1）调查准备　选择调查对象，查阅收集资料，制定调查方案。

（2）实地调查　调查绿地内各类园林树种的应用配植现状，绘制配植简图、拍摄图片。

（3）整理调查记录表和图片，完成园林树种应用配植调查。

（4）对调查结果进行初步的分析评价，完成调查报告。

（5）制作多媒体报告。

（6）分组交流讨论，指导老师指导评点总结。

【注意事项】

（1）深刻理解不同环境下，各种树种的配植组合所体现的园林之美。

（2）调查工作要严谨认真、实事求是，数据记录清晰完整。

（3）野外调查要注意安全。

理论认知

各类园林绿地，小至庭园绿化，大到风景名胜区，均由园林植物、建筑小品、山石水体、园路广场等物质要素所构成。从维系生态平衡和美化城市环境角度来看，园林植物是园林绿地中最主要的构成要素。在通常情况下，园林绿地应以植物造景为主，小品设施为辅；园林绿地的观赏效果和艺术水平的高低，在很大程度上取决于园林植物的配植。因此，要搞好园林植物造景设计，必须合理地进行园林植物配植，这是建设好园林绿地的关键。

一、园林树木配植的原则

园林树木是园林植物中的木本植物，它占据了园林中的绝大部分空间，因此要搞好园林植物的配植关键是要搞好园林树木的配植。

（一）满足功能要求的原则

在进行园林树木配植时，还应从园林绿地的性质和功能来考虑。园林树木的配植要满足园林设计的立意要求。如为了体现烈士陵园的纪念性质，就要营造一种庄严肃穆的氛围，在选择园林树木种类时，应选用冠形整齐、寓意万古流芳的青松翠柏；在配植方式上亦应多采用规则式配植中的对植和行列式栽植。我们知道，园林绿地的功能很多，但就某一绿地而言，则有其具体的主要功能。例如，在街道绿化中行道树的主要功能是庇荫减尘、组织交通和美化市容。为满足这一具体功能要求，在选择树种时，应选用冠形优美、枝叶浓密的树种；在配植方式上也应采用规则式配植中的列植。再如，城市综合性公园，从其多种功能出发，应选择浓荫蔽日、姿态优美的孤植树和花香果佳、色彩艳丽的花冠丛，还要有供集体活动的大草坪，以及为满足安静休息需要的疏林草地和密林等。总之，园林中的树木花草都要最大限度地满足园林绿地的实用功能和防护功能上的要求。

当然，要做好园林树木的配植就必须掌握好各种园林树木，特别是当地常见、常用的园林树木的生物学特性和生态学特性以及园林栽植地的生态环境特点，才能进一步做到适地适树，合理搭配处理好各树种之间的关系，树种与环境因子之间的关系。

（二）同环境条件协调的原则

在了解树木生态习性的基础上，按照“师法自然、顺应自然、模拟自然”的要求，做到因地制宜、适地适树。

（1）生物学特性与环境条件相适应　树木在整个生命过程中所表现的特点，如树木的外部形态、生长速度、寿命长短、繁殖方式及开花结实等，这些特点在配植时必须与环境相协调，以增加园林的整体美。

（2）生态学特性与环境条件相适应　当地的自然环境（如气温、水分、土壤等）影响园林树木的生长发育。根据城市生态环境的特点选择树种，做到适地适树。有时还需创造小环境或者改造小环境来满足园林树木的生长发育要求（如梅花在北京就需要小气候，要求背风、向阳）。

（3）注意季节及气候等变化　首先，应做到四季各有重点，三季有花开。如在“五一”“十一”、元旦、春节等节日前后应当有花果可赏，有园景可览。此外，气候变化也是应当考虑的，如牡丹忌烈日、大风，为使牡丹花期长一些，给其生长创造良好的环境，故宜在大树下或背风向阳处。应展现不同树龄、不同季节、不同气候变化所产生的不同美，以制造出常见常新的多变风景。

（三）美观、实用和经济相结合的原则

（1）考虑园林绿地的艺术要求　园林融自然美、建筑美、绘画美、文学美等于一体，是以自然美为特征的一种空间环境艺术。因此，在园林植物配植时，不仅仅要满足园林绿地实用功能上的要求，取得“绿”的效果，而且应按照艺术规律的要求，给人以美的享受，以此来选择植物种类和确定配植方式。

园林树木一般以充分发挥其自然面貌为其美的主要方式，即要充分体现自然美，植物配植要顺乎自然。人工整形造型的树木应该在园林中只起点缀作用。社会上的园林绿地通常面积较大且要求接纳大量的游人，在管理上除重点分区及主景附近外，不可能精雕细刻、花费过多的人工。因此，这就要求做到正确选用树种，妥善加以安排，使其在生物学特性上和艺术效果上都能做到因地制宜，各得其所，充分发挥其特长与典型之美。

（2）注重园林绿地的实用性　就是要在适地适树和安排好种间关系的基础上，建立相对稳定的植物群落，能充分发挥园林树木改善环境气候等功能。选择树种时要注意满足其主要功能。树木具有改善、防护、美化环境以及经济生产等多方面的功能，但在园林树木配植中应特别突出该树木所应发挥的主要功能。如行道树，在考虑树形美观的同时，更注重树冠高大整齐、叶密荫浓、生长迅速、根系发达、抗性强、耐土壤板结、抗污染、病虫害少、耐修剪、发枝力强、不生根蘖、寿命又长的特性。庭荫树选择银杏、悬铃木等荫质好的树种，而垂柳、国槐等树种荫质差，一般不选择。

（3）结合园林绿地的经济要求　城市园林绿地在满足实用功能、保护城市环境、美化城市面貌的前提下，做到节约并合理地使用名贵树种。除在重要风景点或主建筑物主观赏处或迎面处配植少量名贵树种外，应避免滥用名贵树种。这样既降低了成本又保持了名贵树种的身价。除此以外，还要做到多用乡土树种。各地的乡土树种适应本地风土的能力最强，而且种苗易得，短途运输栽植成活率高，又可突出本地园林的地方特色，因此应多加利用。当然，外地的优良树种在经过引种驯化成功之后，也可与乡土树种配合应用。

此外还可结合生产，增加经济收益。因此，园林树木的配植应在不妨碍满足功能以及生态、艺术上的要求时，可考虑选择对土壤要求不高、养护管理简单的果树树种，如枣树、山楂、柿子等；还可选择文冠果、核桃等油料树种；也可选择观赏价值和经济价值均很高的芳香树种，如玫瑰、桂花等；

亦可选择具有观赏价值的药用植物，如银杏、合欢、杜仲等；此外，还有既可观赏又可食用的水生植物，如荷花等。选择这些具有经济价值的观赏植物，以充分发挥园林植物树种配植的综合效益，尽力做到社会效益、环境效益和经济效益的协调统一。

（四）整体与局部相协调的原则

园林树木配植时要在大处着眼的基础上安排细节问题。配植中的通病是：过多注意到局部，而忽略了整体安排；过分追求少数树木之间的搭配关系，而没注意群体效果；过多地考虑各株树木之间的外形配合，而忽视了适地适树和种间关系等基本问题。这样的结果往往是烦琐支离、零乱无章。为此，在树木配植时应注意以下几点。

（1）先面后点　就是先从整体考虑、大局下手，然后再考虑局部穿插细节，做到“大处添景，小处添趣”。

（2）先主后宾　在一个景区里，树木配植要主宾分明，先定主景树种，再选择配景树种。

（3）远近结合　树木配植时，不但考虑一个景区内树木搭配，还要与相邻空间或远处的树木和背景及其他景物能彼此相呼应，才能取得园林空间艺术构图的完整性。

（4）高低结合　一般说在一个园林空间或一个树丛、树群内，乔木是骨干。配植时要先乔木、后灌木、再草花。要先定乔木的树种、数量和分布位置，再由高到低分层处理灌木和草花，这样才能有完美艺术形象的立体轮廓线。

（5）近期与远期效果相结合　即应考虑长期稳定的效果。如居住小区设计时只考虑近期效果，刚建时树木的大小、比例都很合适。不到 10 年，树木长得很大互相拥挤，效果很差，达不到设计者的要求。另一方面就是株行距很大，也达不到设计者的要求。这就要求在配植设计时考虑快长树与慢长树相结合。快长树能早显示出绿化效果，慢长树能维持长时间的绿化效果。几年后，当快长树枝叶繁茂拥挤，主要树种生长受到压抑时，适当地分批疏伐快长树，为慢长树创造良好的生长环境。

二、园林树木配植的方式

配植方式是指在园林中树木搭配的样式，一般可分为规则式配植和自然式配植两大类。前者排列整齐，有固定的形式，有一定的株行距；后者自然灵活，参差有致，没有一定的株行距。

（一）规则式配植

规则式配植是指树木的栽植是按几何形式和一定的株行距有规律地栽植，其特点是整齐端庄，严谨壮观（图 7-2-1）。多应用于建筑群的正前面、中间或周围，配植的树木与建筑物相互协调。

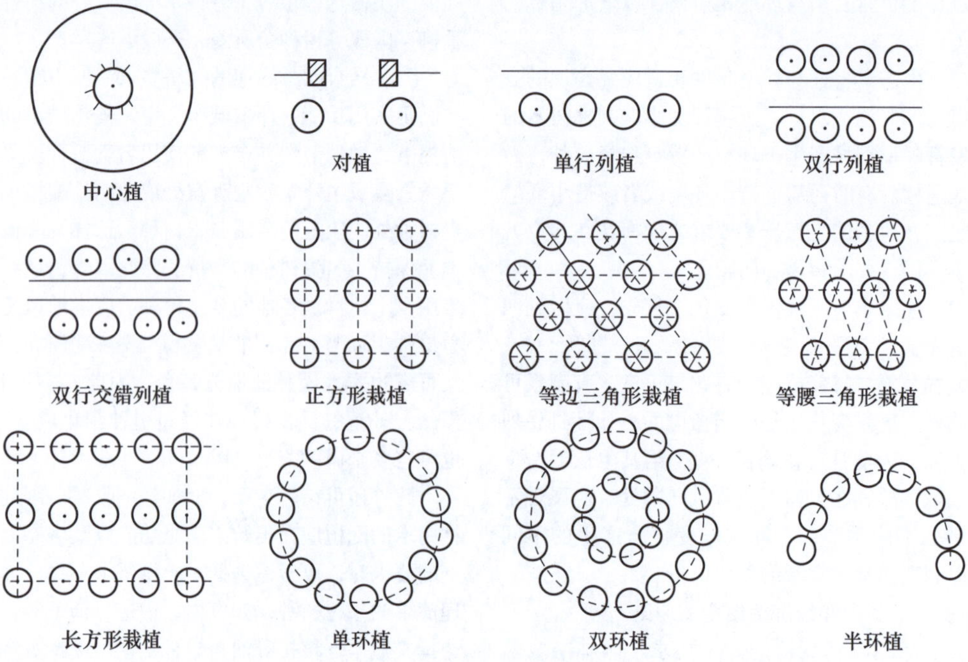

图 7-2-1　规则式配植

（1）中心植　在广场、树坛、花坛等中心地点栽植，以强调视线的交点或构图中心。选用树形整齐、轮廓简洁、生长慢的常绿树种。如在北方可用雪松、云杉等。

（2）对植　两株或两丛同种、同龄的树种左右对称地栽植在中轴线的两侧。既要避免呆板的对称形式，又必须有呼应。多用于出入口、桥头、石阶两侧、建筑物前以及河流入口处等处。一对或多对，两相呼应。要求树形整齐美观，大小一致，通常选用常绿树。如龙柏、云杉、罗汉松、广玉兰等。

（3）列植　保持一定的株行距，成行、成列地栽植。有单列、双列、多列等方式。其株距与行距可以相同也可以不同，一般为同种、同龄树种组成。多用于行道树、绿篱、防护林带、果园、造林地或水边。这种方式有利于通风透光，便于机械化管理。

（4）三角形植　株行距按等边三角形或等腰三角形形式，每株树冠前后错开，有利于树冠和根系对空间的充分利用，可在单位面积内比正方形方式栽植较多的株数，经济利用土地。但通风透光较差，机械化操作不如正方形植便利。

（5）正方形植　按方格网在交叉点种植树木，株行距相等。优点是通透性良好，便于管理和机械化操作。

（6）长方形植　正方形植的一种变形，特点为行距大于株距。三角形、正方形、长方形，多用于果园，园林中很少用。

（7）环植　按一定株距把树木栽成圆环，有环形、半环形、弧形、单星、复星、多角星等几何图案，可使园林构图富于变化。

（二）自然式配植

自然式配植是仿效树木自然群落构图的配植方式，以创造一个供人们休息、游乐的自然环境（图 7-2-2）。采用的树种最好树姿生动，叶色富于变化，有鲜艳花香者为好。配植形式灵活、有远有近、有疏有密、有大有小，相互掩映、生动活泼、宛如天生。

1. 孤植

一株树单独栽植，或两三株同种树栽在一起而仍起到一株树的效果。为突出显示树木的个体美，常采用本法。通常均为体形高大雄伟或姿态奇异的树种，或花、果的观赏效果显著的树种。一般均为单株种植，西方庭园中称为标本树，在中国习称独

孤植　丛植　散点植

群植　片林

图 7-2-2　自然式配植

赏树（孤赏树、孤植树）。

孤植的目的为充分表现其个体美，所以种植的地点不能只注意到树种本身，而必须考虑其与环境间的对比及烘托关系。一般应选择开阔空旷的地点，如大片草坪上、花坛中心、道路交叉点、道路转折点、缓坡、平阔的湖池岸边等处。

孤植树常配植于宽阔开朗的草坪上，以绿色的草地作背景。也可以配植在开朗的水边，以明亮的水色作背景。还可以配植于大型广场上，创造观赏景点，又可为广场上的人群遮阴。孤植树配植于山冈上或山脚下，既有良好的观赏效果，又能起到改造地形，丰富天际线的作用。在道路的转弯处配植姿态优美或色彩艳丽的孤植树有良好的景观效果。在以树群、建筑或山体为背景配植孤植观赏树时，要注意所选孤植树在色彩上与背景应有反差，在树形上也能协调。

一般树种选择姿态丰富、富于轮廓线，有茂密的枝叶、体形巨大、树冠开展、色彩丰富、季相变化明显，最好具有香味和美果。用做孤植的树种有雪松、白皮松、油松、圆柏、黄山松、侧柏、云杉、银杏、栎类、悬铃木、臭椿、枫香、槐、栾、广玉兰、玉兰、海棠、樱花、梅花、山楂等。

2. 丛植

两株以上至十余株的树栽植在一起，其树冠线彼此密接而形成一个整体外轮廓线的称为丛植。一般构图时通常以群体考虑，但同时还要表现出个体美。丛植有较强的整体感，少量株数的丛植亦有独赏树的艺术效果。丛植的目的主要在于发挥集体的作用，形成的树丛有较强的整体感，个体也要能在统一的构图之中表现其个体美，所以丛植树种选择的条件与孤植树相似。在园林中是一种重要的布置形式。

一个树丛是由两三株至八九株同种或异种树木组成，按其功用可分为两类。一种是以庇荫为主，同时供观赏用者，属于庇荫为主的树丛，多由乔木树种组成，以采用单一树种为宜；另一种是以观赏为主者，可将不同种类的乔木与灌木混交，且可与宿根花卉相配。丛植要注意很好地处理株间、种间关系，集体美与个体美兼顾。

3. 散点植

以单株在一定面积上进行有韵律、有节奏的散点种植，有时也可以双株或三株的丛植作为一个点来进行疏密有致的扩展。对每个点不是如独赏树似的给以强调，而是着重点与点间有呼应的动态联系。散点植的配植方式既能表现个体的特性又处于无形的联系之中，正好似许多音色优美的音符组成一个动人的旋律一样，能令人心旷神怡。

4. 群植

由二、三十株以上至数百株的乔、灌木成群配植时称为群植，这个群体称为树群，树群可由单一树种组成也可由数个树种组成。树群由于株数较多，占地较大。在园林中可作背景、伴景用，在自然风景区中亦可作主景。两组树群相邻时又可起到透景、框景的作用。树群不但有形成景观的艺术效果，还有改善环境的作用。在群植时应注意树群的林冠线轮廓以及色相、季相效果，更应注意树木间、种类间的生态习性关系，能保持较长时期的相对稳定性。

树群与树丛的区别在于：一是组成树群的树木种类或数量较多；二是树群的群体美是主要考虑的对象，对树种个体美的要求没有树丛严格，因而树种选择的范围要广。树群组成要有重点，种类不宜太多，而要考虑到年龄与季节的变化。如有这样的一个群落，由毛白杨、白皮松、元宝枫、榆叶梅为主组成一个稳定而美丽的树群。其中以白皮松为背景，以毛白杨为骨架，用元宝枫以便观赏其秋季的红叶，用榆叶梅以便观赏娇艳的春花。整个树群所用主要树种，原则上均以不超过五种为妥，这样才可以做到相对稳定，重点突出。如元宝枫稍耐阴，又系小乔木，主要为观红叶用，可三五株掩映于两种大乔木之下方偏前处。榆叶梅喜光、耐旱，但需要排水良好，可在最前方成丛的与元宝枫呈较大块状的混交，以便突出艳红娇丽的春景。

5. 片林（林植）

较大规模成带、成片的树林状的种植方式。它反映的是群体美。在大型公园、风景区、森林公园中多有片林。这是将森林学、造林学的概念和技术措施，按照园林的要求引入于自然风景区和城市绿化建设中的配植方式。工矿场区的防护带、城市外围的绿化带及自然风景区中的风景林等，均常采用此种配植方式。在配植时除防护带应以防护功能为主外，一般要特别注意群体的生态关系以及养护上的要求。通常有纯林、混交林等结构。在自然风景游览区中进行林植时应以营造风景林为主，应注意林冠线的变化、疏林与密林的变化、林中下木的选择与搭配、群体内及群体与环境间的关系，以及按照园林休憩游览的要求留有一定大小的林间空地等措施。

（1）自然式林带　是一种大体成狭长带状的风景林，多由数种乔、灌木组成，也可由一种树木构成。自然式林带须注意林冠线的起伏和变化。林带外缘宜种美丽可观的灌木，如黄栌、玫瑰、连翘等。

（2）纯林　是由一种树木所组成，栽植时可为规则式的或自然式的，前者经若干年后经过分批疏伐，逐渐成为疏密有致的自然式纯林。

（3）混交林　是由两种以上乔、灌木所构成的郁闭群落，其植物种间关系复杂而重要。在种植混交林时考虑空间层次、株间关系，还要考虑地下根系等问题。如颐和园的后山，苏州河长 1 000 多 m，两岸多为自然式林带。乔木种有 20 多种，视野中只有七八种，邻水的是柳树并且最多。桃、大叶白蜡、桑树、丝棉木等，两岸的树互相呼应，并且主次明显。油松数量不多但植株很大，姿态非常丰富，具有诗意，并可入画。后山的四季景观也很美，春天有桃花盛开、柳树吐绿，连翘、丁香、枫树也很美；夏天具有浓荫，再加上后山人少又有水，给人以清凉、舒服的感觉；秋天有大叶白蜡、槲树、银杏、枫等变叶树，秋色叶一看便知是秋天来了；冬天有油松、常绿树等。

（4）疏林　郁闭度 0.4～0.6 之间构成的错落有致的旅游胜地。疏林可起防护作用，在有利条件下可适当结合生产。像梅林，在春天可形成飘香、雪海的观赏效果，秋天可收获果实。还有管理粗放的柿子林、桂花林、山楂林、枇杷林等。

（三）混合式配植

在一定的单元面积上采用自然式配植和规则式配植相结合的配植方式称为混合式配植。这种配植方式常应用于面积较大的园林绿地中。

三、园林树木的选择与应用

（一）独赏树的选择与应用

1. 独赏树的选择要求

又称为孤植树、赏形树或独植树。主要表现树木的个体美，可以独立成为景物供观赏用。适宜作独赏树的树种，一般选择树木高大雄伟，树形优美，具有特色，且寿命较长的，可以是常绿树，也可以是落叶树；通常又常选用具有美丽的花、果、树皮或叶色的种类。

2. 独赏树的配植

一般采取单独种植的方式，但也偶有用 2～3 株合栽成一个整体树冠的。定植地点以在大草坪上最佳，或植于广场中心、道路交叉口或坡路转角处。在独赏树的周围应有开阔的空间，最佳的位置是以草坪为基底，以天空为背景的地段。

3. 常用的独赏树

常用的独赏树有银杏、玉兰、雪松、白皮松、华山松、圆柏、侧柏、云杉、水杉、榕树、桂花等。

（二）庭荫树的选择与应用

1. 庭荫树的选择要求

庭荫树又称绿荫树，主要以能形成绿荫供游人纳凉避免日光暴晒和装饰用。庭荫树在选择树种时应以观赏效果为主结合遮阴的功能来考虑。许多具有观花、观果、观叶的乔木均可作为庭荫树，但不宜选用易于污染衣物的种类。热带和亚热带地区多选常绿树种，寒冷地区以选用落叶树为主。其作用主要在于形成绿荫以降低气温，并提供良好的休息和娱乐环境。一般要求：生长健壮，树冠高大，枝叶茂密荫浓；无不良气味，无毒；病虫害、根蘖较少；根部耐践踏或耐地面铺装；生长较快，适应性强，管理简易，寿命较长；树形或花果有较高的观赏价值等。

2. 庭荫树的配植

庭荫树可孤植、对植或 3～5 株丛植于园林、庭院，配植方式根据面积大小，建筑物的高度、色彩等而定。热带和亚热带地区多选常绿树种，北方地区以选用叶大荫浓的落叶乔木为主。

3. 常用的庭荫树

常见的庭荫树主要有梧桐、构树、油松、白蜡、五角枫、广玉兰、栾树、鹅掌楸、青桐、泡桐等。

（三）行道树的选择与应用

1. 行道树的选择要求

行道树是种植在道路两旁给车辆和行人遮阴并构成街景的树种。在城市道路绿化与园林绿化中起着重要作用。一般选择行道树必须要考虑具有树形整齐、枝叶茂盛、抗逆性强、耐修剪、主干直、分枝点高等特点。一般城区道路多以主干通直、分枝较高、冠大荫浓、耐修剪的落叶或常绿树种为主。而郊区及一般等级公路，则多栽植生长快、抗污染、耐瘠薄力更强、易管理养护的树种。

2. 行道树的配植

一般均采用规则式的行列式栽植，其中又可分为对称式及非对称式。当道路两侧条件相同时可采用对称式，反之可用非对称式。通常都是采用同一树种、同一规格栽植。行道树的配植应根据城市和道路区域的实际特点，确定道路的基础树种，并与其他树种合理搭配，避免城市道路树种过于单一的现象。

3. 常用的行道树

常见的行道树主要有银杏、悬铃木、国槐、垂柳、毛白杨、白蜡、栾树、合欢、楸树等。银杏、悬铃木、鹅掌楸、七叶树、椴树被称为世界五大行道树树种。

（四）花灌木的选择与应用

1. 花灌木的选择要求

花灌木具有美化和改善环境的作用，是构成园景的主要素材，在园林植物配植中占有重要地位。园林绿化中主要选择以开花的花灌木和观叶的常绿灌木为主。因其种类繁多，花期不一，习性各异，在园林绿化中应用十分广泛。

2. 花灌木的配植

花灌木在园林中具有巨大作用，应用极广。在配植应用方式上亦是多种多样，可以独植、对植、丛植、列植等。适合在湖滨、溪流、道路两侧和公园布置，及小庭院点缀和盆栽观赏，配植形式灵活多样。还常用于切花和制作盆景。

3. 常用的花灌木

北方常见的花灌木种类繁多，如迎春、连翘、碧桃、榆叶梅、紫丁香、紫荆、樱花、西府海棠、月季、木槿、紫薇、珍珠梅等。

（五）植篱及绿雕塑树的选择与应用

1. 植篱及绿雕塑树的选择要求

植篱又叫绿篱，在园林中主要起分隔空间、范围，衬托景物，屏障视线的作用。园林中通常选用萌芽力强、发枝力强、愈伤力强、耐修剪、枝叶稠密、耐阴力强、病虫害少、生长慢、底部及内部枝叶不易凋落的木本植物。为了迅速取得近期效果，有时也可选用生长迅速的植物。适于作绿雕塑的树种以常绿针叶树为主及一些阔叶常绿树种。选择的条件同于植篱树种而以分枝多、耐修剪、常绿、生长缓慢的植物最为适宜。

2. 植篱及绿雕塑树的配植

绿篱植物在园林绿化中应用广泛，所用植物品种较多。绿雕塑又称为造型树，在园林中具有特殊情趣的景物效果，多应用于规则式园林中或局部区域。

3. 常用的植篱及绿雕塑树

常用的植篱种类有大叶黄杨、小叶黄杨、紫叶小檗、小叶女贞、金叶女贞、圆柏、侧柏等；常用的绿雕塑树如紫薇、龙柏、枸骨、冬青、圆柏等。

（六）垂直绿化树的选择与应用

1. 垂直绿化树的选择要求

垂直绿化树木在园林中有多方面的用途。可用于各种形式的棚架供休息或装饰作用，也可用于建筑及设施的垂直绿化，又可悬垂于屋顶、阳台，还可覆盖地面作地被植物用。在具体应用时，主要是一些藤本植物或攀缘灌木，也可以是一些垂吊植物。园林生产中应根据绿化的要求，具体考虑植物的习性及种类来进行选择。

目前常用的垂直绿化主要归纳为以下几类。

（1）附壁式（墙面、崖壁、桥梁、楼房等的绿化）以吸附类攀缘植物为主，如常春藤、爬山虎、络石、凌霄、扶芳藤。

（2）篱垣式（栏杆、栅栏、矮墙、篱架、铁丝网的绿化）各种攀缘植物均可，凌霄、络石、蔷薇、千金藤、金银花。

（3）棚架式（棚架、凉廊、拱门等的绿化）如紫藤、葛藤、葡萄、炮仗花等。

（4）立柱式（灯柱、立交桥和高架桥立柱、电线杆、枯木等的绿化）如络石、爬山虎、常春藤。

2. 垂直绿化树的配植

垂直绿化适合于墙面、栏杆、棚架、杆柱及陡峭的山坡等立体绿化。

3. 常用的垂直绿化树

北方常用的种类有紫藤、凌霄、爬山虎、五叶地锦、金银花、常春藤、蔷薇、葡萄等。

（七）防护林树的选择与应用

防护林树主要以削弱噪声、防风固沙，保持水土为目的。一般选择具有生长快、生长稳定、耐旱、耐瘠薄、抗风、根系较深的树种。这类树种一般在应用时多植成片林。以充分发挥其生态效益。常用树种如毛白杨、刺槐、柽柳、沙枣等。

（八）木本地被树的选择与应用

木本地被植物多以覆盖裸露地表、控制杂草滋生、防止尘土飞扬、防止水土流失、减少地表辐射、增加空气湿度、美化环境为主要目的。选择要求应以耐阴、低矮最好能够紧贴地面生长、分枝力强、适应力强，耐践踏，铺展力强的种类为主。园林中选择不同环境地被植物的条件是很不相同的，主要应考虑植物生态习性需能适应环境条件，如全光、半阴、干旱、潮湿、土壤酸度、土层厚薄等条件。除生态习性外，在园林中尚应注意其耐践踏性的强弱以及观赏特性。在大面积应用时尚应注意其在生产上的作用和经济价值。

适宜做地被的树种如：铺地柏、平枝栒子、箬竹、金银花、爬山虎、蛇葡萄等。

（九）室内绿化装饰树（包括木本切花类）的选择与应用

随着经济的发展、生活水平的提高，室内绿化越来越受到重视。室内绿化的目的是美化、观赏，要求创造出诗情画意的自然境界，达到赏心悦目，心旷神怡的效果。室内绿化植物的选择条件主要是观赏效果好、观赏期长、耐阴性强的种类。一般以常绿性暖热带乔灌木和藤木为主。如散尾葵、朱蕉、苏铁、鹅掌柴等。木本切花类主要用于室内装饰，故也归于此类，适于作切花用的树种应具有水养时易于开放、持续花期长等特点。木本切花类不仅只限于花，凡具有美丽的叶、枝、果、芽等均可作切花材料。如月季、蜡梅、银芽柳、龟背竹等。

项目测评

为实现本项目目标，要求学生完成表中作业，并为老师提供充分的评价证据。

<table>
<tr><th colspan="4">测评标准</th><th>测评内容</th><th>测评形式</th><th>思政元素</th></tr>
<tr><td rowspan="5">优秀标准</td><td rowspan="4">良好标准</td><td rowspan="2">合格标准</td><td>P_1</td><td>掌握园林树种的调查方法，及园林树种的选择与配植原则。</td><td>口答或笔答。</td><td>科学方法论、物尽其用。</td></tr>
<tr><td>P_2</td><td>搜集、拍摄园林树木配植形式图片，并说明配植形式。</td><td>照片、PPT 展示。</td><td>自律、执行力、爱岗敬业。</td></tr>
<tr><td></td><td>M_1</td><td>调查某公园的园林树种。</td><td>用 Excel 做表分类统计。</td><td>志愿行动、科普制作。</td></tr>
<tr><td></td><td>M_2</td><td>调查某绿地内各类园林树种的应用配植现状并评价。</td><td>调查报告。</td><td>关爱园林、谦和奉献。</td></tr>
<tr><td></td><td></td><td>D_1</td><td>以街角小游园为例，设计园林植物配植方案（阐明思路、树种选择与配植）。</td><td>设计图和综述。</td><td>设计思维和设计方法的延展、园林美与情感的设计表达。</td></tr>
</table>

课件资源

园林思政

提升生态系统多样性、稳定性、持续性。以国家重点生态功能区、生态保护红线、自然保护地等为重点，加快实施重要生态系统保护和修复重大工程。推进以国家公园为主体的自然保护地体系建设。实施生物多样性保护重大工程。科学开展大规模国土绿化行动。深化集体林权制度改革。推行草原森林河流湖泊湿地休养生息，实施好长江十年禁渔，健全耕地休耕轮作制度。建立生态产品价值实现机制，完善生态保护补偿制度。加强生物安全管理，防治外来物种侵害。

——中国共产党第二十次全国代表大会报告

参考文献

[1] 爱兰·卡尔. 有关幸福和人类优势的科学：积极心理学（第二版）[M]. 丁丹，等译. 北京：中国工业出版社 2017：122-146，260-262.

[2] 彼得·莱文，安·弗雷德里克. 唤醒老虎：启动自我疗愈本能 [M]. 王俊兰，译. 北京：机械工业出版社. 2021.

[3] 文震亨. 长物志 [M]. 胡天寿，译注. 重庆：重庆出版集团重庆出版社，2017.

[4] 陈有民. 园林树木学 [M]. 北京：中国林业出版社，2006.

[5] 陈植. 观赏树木学 [M]. 北京：中国林业出版社，1984.

[6] 龚维红，赖九江. 园林树木栽培与养护 [M]. 北京：中国电力出版社，2009.

[7] 古尔恰兰·辛格. 植物系统分类学——综合理论及方法 [M]. 刘全儒，等译. 北京：化学工业出版社，2016.

[8] 黄健秋. 落叶树木冬态检索图志 [M]. 沈阳：辽宁科学技术出版社，2016.

[9] 康健秋，禹娜. 亲生物性对生物学教育的培养意义及实现途径 [J]. 教学与管理，2021（33）：89-91.

[10] 刘宏涛，等. 园林花木繁育技术 [M]. 沈阳：辽宁科学技术出版社，2005.

[11] 施振周，刘祖祺. 园林花木栽培新技术 [M]. 北京：中国农业出版社，1999.

[12] 宋小兵，等. 园林树木养护问答 240 例 [M]. 北京：中国林业出版社，2002.

[13] 苏雪痕. 植物造景 [M]. 北京：中国林业出版社，1998.

[14] 田伟政. 园林树木栽培技术 [M]. 北京：化学工业出版社，2009.

[15] 王庆菊. 农林高职院校"理实心一体化"教学模式初探. 2019 中国园艺疗法研究与实践论文集. 2020.6：222-226.

[16] 王庆菊. 园林树木原色图鉴 [M]. 北京：化学工业出版社，2016.

[17] 王庆菊，张咏新. 园林树木. 北京：化学工业出版社，2018.

[18] 王生义. 园林树木的冬态识别. 科技情报开发与经济，2007，17（1）.

[19] 王阳明. 传习录 [M]. 南京：江苏凤凰文艺出版社. 2021：10-11.

[20] 王永. 园林树木. 北京：中国电力出版社，2009.

[21] 计成. 园冶 [M]. 倪泰一，译注. 重庆：重庆出版集团重庆出版社，2017.

[22] 张天麟. 园林树木 1600 种 [M]. 北京：中国建筑工业出版社，2010.

[23] 百度百科 https://baike.baidu.com/

[24] 中国植物志电子版 http://www.iplant.cn/frps

[25] iPlant 植物智——植物物种信息系统 http://www.iplant.cn/

前言

我国明代思想家王阳明(1472—1529年)指出，知是行的主意，行是知的功夫，知是行之始，行是知之成[1]。荷兰哲学家斯宾诺莎(1632—1677年)也说过，任何增强、削弱、限制或拓展身体行动力的事物，都能增强、削弱、限制或扩大心灵的行动力；而任何增强、削弱、限制或扩大心灵行动力的事情，同样也能增强、削弱、限制或拓展身体的行动力[2]。因此，无论学习、工作还是生活，知行合一，既是获得知识、技能的有效途径，同时也是心灵收获成长的一种方式。

爱尔兰心理学家卡尔在他的《积极心理学》著作中阐述了高自我效能感与形成积极的自我有关[3]。自我效能感是指个体对自己是否有能力在某个领域有效完成任务、实现某个目标的信念，对行为表现结果的预期有很大的决定作用。自我效能感高的人设立具有挑战性的目标，并预期自己的努力会有收获，他们把困难视作挑战，并保持积极的情绪状态。因此，在富有青春活力的学习成长年龄的同学们，结合当下的学习和实践，通过创新的方法来提高知识技能的同时，提高自我效能感，无疑是一种自我成长、收获成就感的有效途径。

沉浸是我们在内在动机驱使下从事具有挑战性和可控性的需要大量技能的活动时，体验到的一种主观状态。引发沉浸体验的活动一般具有本身即目的性和内在激励性，这些活动要有明确的目标和即时的反馈，要求高度集中注意力，是完全沉浸在活动中，暂时忘掉了自我，也忘掉了周围其他一切东西的状态。这就要求我们有喜欢这个活动本身的内在动机。内在动机可以提高绩效、毅力和创造力，进而提高自尊和主观幸福感；而从事觉得自己能够做好、能够带来满足感和具有挑战性的活动，也可以发展出内在动机[3]。

人类是自然界的重要组成部分，自然界先于人类而存在，人与自然是生命共同体，人类具有“亲生物性”[4]，生态环境是人类生存最为基础的条件。人们在绿色自然环境中合理地活动，可以有效改善身心健康，提高生活质量[5]。习近平在《中国共产党第二十次全国代表大会上的报告》中指出，尊重自然、顺应自然、保护自然，是全面建设社会主义现代化国家的内在要求。必须牢固树立和践行绿水青山就是金山银山的理念，站在人与自然和谐共生的高度谋划发展。选择加入农林牧渔类专业的我们，是不是会有很强烈的热爱大自然的内在动机呢？相信在行业专业的引导和实践中，我们热爱园林、热爱花草树木的内在动机会更加浓厚，会更加主动融入园林，与园林共生、共赢、共成长。

党的十九届六中全会的《中共中央关于党的百年奋斗重大成就和历史经验的决议》强调，生态文明建设是关乎中华民族永续发展的根本大计，必须坚持人与自然和谐共生，协同推进人民富裕、国家强盛、中国美丽。习近平在党的二十大报告中进一步强调，坚持山水林田湖草沙一体化保护和系统治理，全方位、全地域、全过程加强生态环境保护，生态文明制度体系更加健全，污染防治攻坚向纵深推进，绿色、循环、低碳发展迈出坚实步伐，生态环境保护发生历史性、转折性、全局性变化，我们的祖国天更蓝、山更绿、水更清。国家的这些方针政策为我们指明了方向，在努力学习和践行的过程中，不断自我赋能，攀登事业高峰，为我国的生态文明城市做出贡献，这一定会给我们带来更多的成就感和社会价值感！

《园林树木》(北方本)配套的《自我成长活动手册》编写初心，就是为我们师生在园林树木创新教学过程中结合积极心理学的理论提供一些创新思维和创新实践的方式方法，在学习和实践过程中通过刻意练习和沉浸式体验，在收获知识和技能的同时，体验自我成长的喜悦和幸福，从而形成高自尊和高自我效能感的积极的自我，为今后的学习、工作和生活增添一抹靓丽的风景。

自我成长活动手册以课内外拓展活动作业形式，对《园林树木》(北方本)的知识加以总结归纳和分解，有利于学生深度理解园林树木的知识点和技能点。可以提高学习效果和更好地收获成长，建议师生结合教学进度，通过开展课内外小组活动完成。在开展活动过程中，学生之间相互激励、相互分享、共同成长，老师在教学过程中进行关注、反馈和指导，让师生在积极、乐观、希望的氛围中逐渐积累知识和技能，并收获自我成长的喜悦。

习近平在《中国共产党第二十次全国代表大会上的报告》中号召我们："高举中国特色社会主义伟大旗帜，全面贯彻新时代中国特色社会主义思想，弘扬伟大建党精神，自信自强、守正创新，踔厉奋发、勇毅前行，为全面建设社会主义现代化国家、全面推进中华民族伟大复兴而团结奋斗。"

来吧，听从祖国的号召和来自园林的召唤，走进它→感受它→运用智慧→结识它→和它在一起，逐渐营造我们与园林和谐共生的大美园林，遇见更好的自己。

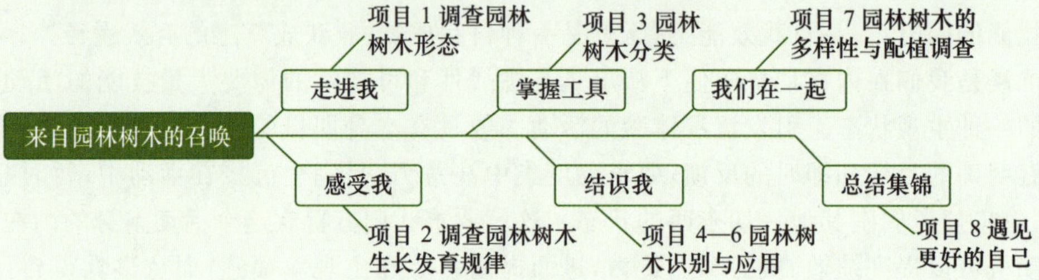

参考文献：

【1】王阳明．传习录[M]．南京：江苏凤凰文艺出版社，2021：10-11.

【2】彼得·莱文，安·弗雷德里克．唤醒老虎：启动自我疗愈本能[M]．北京：机械工业出版社，2021.

【3】爱兰·卡尔．有关幸福和人类优势的科学：积极心理学(第二版)[M]．丁丹，等译．北京：中国工业出版社，2017：122-146，260-262.

【4】康健秋，禹娜．亲生物性对生物学教育的培养意义及实现途径[J]．教学与管理，2021(33)：89-91.

【5】王庆菊．农林高职院校"理实心一体化"教学模式初探．2019中国园艺疗法研究与实践论文集，2020(6)：222-226.

王庆菊

2022年2月19日

目录

项目1　调查园林树木形态

▶技能目标

正确运用形态术语鉴别和描述园林树木各种器官形态；能正确完成标本的采集与制作。

▶知识目标

掌握园林树木的树形、枝、芽、叶、花、果、根等的形态术语概念。

▶素质目标

在操作实践中调动五感，启动感觉记忆和情景记忆等多元化记忆方式，让知识和技能学习更高效；沉浸其中，关注细节，注重积累，培养识别、对比、分析和归纳总结能力；处理好标本采集与环境保护的关系；开展团队互助、合作共享的能力。

三级记忆模型：

美国心理学家阿特金森和谢夫林(1968)提出的三级记忆模型，即根据信息保存时间长短，将记忆分为感觉记忆(记忆瞬间场景的画面、声音等)、短时记忆和长时记忆。信息首先进入感觉记忆，其中引起个体注意的感觉信息才会进入短时记忆，在短时记忆中存储的信息经过复述，存储到长时记忆中，而保存在长时记忆中的信息在需要时又会被提取出来，进入短时记忆中。

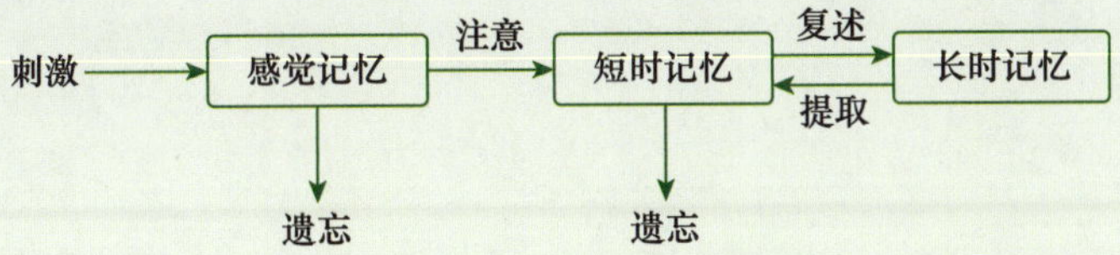

情景记忆：

情景记忆是指人根据时空关系对某个事件的记忆。这种记忆与个人的亲身经历分不开，如想起自己见过的某个场景或者参加过一场讨论等。

——引自：彭聃龄主编《普通心理学》(第4版)

1.1　来场视觉扫描描绘你见到的树形吧

按照园林树木生长特性，请根据教材中给出的乔木、灌木和藤木 3 种树木类型标准，结合树形图案分别按比例在标尺区画出图示，并在校园找到相应实例树种列举比较一下，分享你的收获。（数量和布局可根据配置原理自行设计）

1	2	3	4	5	6	7	8	9	10	11	12	13	14	15
2														
3														
4														
5														
6														
7														
8														
9														
10														
11														
12														
13														
14														
15														

分享体验

1.2　你比较过各种树枝吗

茎上着生叶的位置叫节，两节之间部分叫节间，茎顶端和节上叶腋处都生有芽，当叶子脱落后，节上留有痕迹叫作叶痕。请选择几种树种类型的枝条，分别按比例在标尺区画出图示，并比较一下，分享体验心得。

1	2	3	4	5	6	7	8	9	10	11	12	13	14	15
2														
3														
4														
5														
6														
7														
8														
9														
10														
11														
12														
13														
14														
15														

分享体验

1.3　芽的类型和性状很丰富

芽的类型和性状是园林树木冬态识别的重要识别点，通过实物寻找、比较、拓印及绘画等可视化手段进行刻意练习，启动大脑形象思维，有利于形成长时记忆。请参考教材中图1-1-6图示，在校园周边寻找各个芽的类型和性状，并在标尺区按照实际尺寸画出来或者拓印下来（尽量用与芽同色彩笔展示出来，您也可以展示您的创新）。

1	2	3	4	5	6	7	8	9	10	11	12	13	14	15
2														
3														
4														
5														
6														
7														
8														
9														
10														
11														
12														
13														
14														
15														

分享体验＿＿＿＿＿＿＿＿＿＿＿＿＿＿＿＿＿＿＿＿

＿＿＿＿＿＿＿＿＿＿＿＿＿＿＿＿＿＿＿＿＿＿＿＿＿

＿＿＿＿＿＿＿＿＿＿＿＿＿＿＿＿＿＿＿＿＿＿＿＿＿

1.4　探索神奇的树叶之旅

园林树木叶片的大小、形状差异极大，形态各异。但就某一树种来讲，其形态有其比较稳定的自身特点，可作为识别和分类依据。对照教材图 1-1-9 至图 1-1-13 图示，在校园中寻找各种叶片、叶尖、叶基和叶缘形状的树种叶片，标注树种的名称，压制成树叶标本，选择自己喜欢的树叶，采用自己喜欢的的方式在标尺区进行创作，并命名，写出体验心得。

1	2	3	4	5	6	7	8	9	10	11	12	13	14	15
2														
3														
4														
5														
6														
7														
8														
9														
10														
11														
12														
13														
14														
15														

分享体验

1.5 花花世界等你来

花序是指花在枝条上的排列方式。花有单生的，也有排成花序的，整个花枝的轴叫花轴，而支持这群花的柄叫总花柄，又叫总花梗。对照教材图 1-1-19 图示，在校园中寻找各种花序类型，标注树种的名称，在标尺区画出花序结构示意图，比较一下，写出体验心得。

1	2	3	4	5	6	7	8	9	10	11	12	13	14	15
2														
3														
4														
5														
6														
7														
8														
9														
10														
11														
12														
13														
14														
15														

分享体验

1.6　果实都能吃吗

果实类型可以分为单果、聚花果和聚合果3种类型。对照教材图1-1-21图示和果实类型概念，在校园中寻找各种果实类型，标注树种的名称，在标尺区画出其结构示意图，比较一下，写出体验心得。

1	2	3	4	5	6	7	8	9	10	11	12	13	14	15
2														
3														
4														
5														
6														
7														
8														
9														
10														
11														
12														
13														
14														
15														

分享体验

项目2　调查园林树木生长发育规律

▶技能目标

掌握各种常见园林树木的物候期及其变化规律，了解园林树木生命周期的生物学特性；掌握物候期科学调查、统计分析和成果总结的能力。

▶知识目标

理解园林树木的各器官生长发育的特性；掌握园林树木的生长发育规律。

▶素质目标

通过物候期跟踪调查的坚持，提高克服困难、完成任务的意志力的培养；感受园林树木在变化中成长给环境的贡献和树木文化给人的精神力量。

园林思政：

"美丽中国"

"美丽中国"是中国共产党第十八次全国代表大会提出的概念，强调把生态文明建设放在突出地位，融入经济建设、政治建设、文化建设、社会建设各方面和全过程。2012年11月8日，在党的十八大报告中首次作为执政理念出现。2015年10月召开的十八届五中全会上，"美丽中国"被纳入"十三五"规划，首次被纳入五年计划。2017年10月18日，习近平同志在党的十九大报告中指出，加快生态文明体制改革，建设美丽中国；在二十大报告中进一步强调，我们坚持绿水青山就是金山银山的理念，坚持山水林田湖草沙一体化保护和系统治理，全方位、全地域、全过程加强生态环境保护，生态文明制度体系更加健全，污染防治攻坚向纵深推进，绿色、循环、低碳发展迈出坚实步伐，生态环境保护发生历史性、转折性、全局性变化，我们的祖国天更蓝、山更绿、水更清。

——引自美丽中国(中共十八大提出的概念)百度百科 https://baike.baidu.com/item/%E7%BE%8E%E4%B8%BD%E4%B8%AD%E5%9B%BD/499603?fr=aladdin

赋能小站： * 把"坚持"养成一种习惯，感受坚持时刻的美好。 *

2.1　调查树木物候期，提升自我意志力

按照任务 2.1 调查园林树木物候期的调查方法，选择 3—5 个树种进行物候期调查，将起止日期填入表格，并进行总结，可以尝试调查论文的撰写哦。

表 1　物候期调查记录表

树种	萌芽期				展叶期				开花期					
	花芽膨大	花芽开放	叶芽膨大	叶芽开放	展叶始期	展叶盛期	春色叶呈现期	春色叶变绿期	开花始期	开花盛期	开花末期	最佳开花起止日	再度开花期	2 次梢开花期
树种	果实发育期						新梢生长期							
	幼果出现期	生理落果期	果实成熟期	果实开始脱落期	果实脱落末期	可供观果起止日	春梢始长期	春梢停长期	2 次梢始长期	2 次梢停长期	3 次梢始长期	3 次梢停长期	4 次梢始长期	4 次梢停长期
树种	秋叶变色和脱落期							备注						
	秋叶开始变色期	秋叶全部变色期	落叶开始期	落叶盛期	落叶末期	可供观赏秋色叶期	最佳观赏秋色叶期							

表 2　调查地日平均气温记录表

日期	1月	2月	3月	4月	5月	6月	7月	8月	9月	10月	11月	12月
1												
2												
3												
4												
5												
6												
7												
8												
9												
10												
11												
12												
13												
14												
15												
16												
17												
18												
19												
20												
21												
22												
23												
24												
25												
26												
27												
28												
29												
30												
31												

有关拓展：查阅生物学零度、积温和有效积温等与农林生产密切相关的温度指标，标注春季连续 5 天的日平均温稳定在 10 ℃的日期，计算您调查的树种萌芽开花所需要的积温和有效积温，研究一下这些指标的意义，并可以应用在哪些方面。

调查总结

分享体验

表 3　调查指标动态变化可视化区

新梢生长动态曲线	果实生长动态曲线
各树种萌芽物候期图示	各树种开花物候期图示

分享体验

 赋能小站：＊把“坚持”养成一种习惯，感受坚持时刻的美好。＊

2.2　你看树龄准吗

数年轮，知树龄，你对身边的园林树木的年龄知多少？身边是否也有古树？同学们可以通过学习古树树龄调查法来一场校园树龄普查。

古树：树龄在百年以上的树即为古树，并分三级保护。树龄 500 年以上的，定为一级古树；树龄在 300～499 年的，定为二级古树；树龄在 100～299 年，定为三级古树。古树树龄测定包括年轮测定鉴定法、碳 14 精确测定法、访谈调查估测法、文献追踪调查法、实地勘测调查法等。一般古树树龄鉴定采用估测方法，主要涉及访谈调查估测法和实地勘测调查法两种。其中，访谈调查估测法是通过实地考察、走访当地老人来推测古树的大致年龄；实地勘测调查法是根据所测古树的生长状况、形态特征、外观老化程度、树种的生物学特性及相关的测量结果进行综合分析，推断其树龄。（资料来源：http://news. yuanlin. com/detail/2013711/152732. htm）

1	2	3	4	5	6	7	8	9	10	11	12	13	14	15
2														
3														
4														
5														
6														
7														
8														
9														
10														

分享体验

项目 3 园林树木分类

▶技能目标

能够通过植物检索表鉴定树木和编制植物检索表；能够进行园林树木的实用分类。

▶知识目标

了解植物的命名方法及植物的主要分类系统，掌握各科的形态特征及植物检索表的编制；掌握园林树木实用分类方法。

▶素质目标

通过深入了解各个植物分类系统，感受植物世界的丰富和神秘，培养知识系统学习升华能力；学习达尔文、林奈等科学家对大自然的研究和探索精神。

园林思政：

绿水青山就是金山银山

“绿水青山就是金山银山”是时任浙江省委书记习近平于 2005 年 8 月在浙江湖州安吉考察时提出的科学论断。

规划先行，是既要金山银山，又要绿水青山的前提，也是让绿水青山变成金山银山的顶层设计。浙江各地特别重视区域规划问题，强化主体功能定位，优化国土空间开发格局，把它作为实践“绿水青山就是金山银山”的战略谋划与前提条件。从 2005—2015 年，科学论断提出 10 年来，浙江干部群众把美丽浙江作为可持续发展的最大本钱，护美绿水青山、做大金山银山，不断丰富发展经济和保护生态之间的辩证关系，在实践中将“绿水青山就是金山银山”化为生动的现实，成为千万群众的自觉行动。

2017 年 10 月 18 日，习近平在十九大报告中指出，坚持人与自然和谐共生。必须树立和践行绿水青山就是金山银山的理念，坚持节约资源和保护环境的基本国策。

2020 年 3 月 30 日，习近平前往浙江余村考察；4 月 1 日，在听取汇报后指出，要践行“绿水青山就是金山银山”发展理念，推进浙江生态文明建设迈上新台阶，把绿水青山建得更美，把金山银山做得更大，让绿色成为浙江发展最动人的色彩。

2021 年 10 月 12 日，习近平在《生物多样性公约》第十五次缔约方大会领导人峰会视频讲话中提出：“绿水青山就是金山银山。良好生态环境既是自然财富，也是经济财富，关系经济社会发展潜力和后劲。我们要加快形成绿色发展方式，促进经济发展和环境保护双赢，构建经济与环境协同共进的地球家园。”

——引自绿水青山就是金山银山(习近平科学论断)_360 百科

https://baike.so.com/doc/24392277－25215671.html

3.1　弄懂植物分类这些事

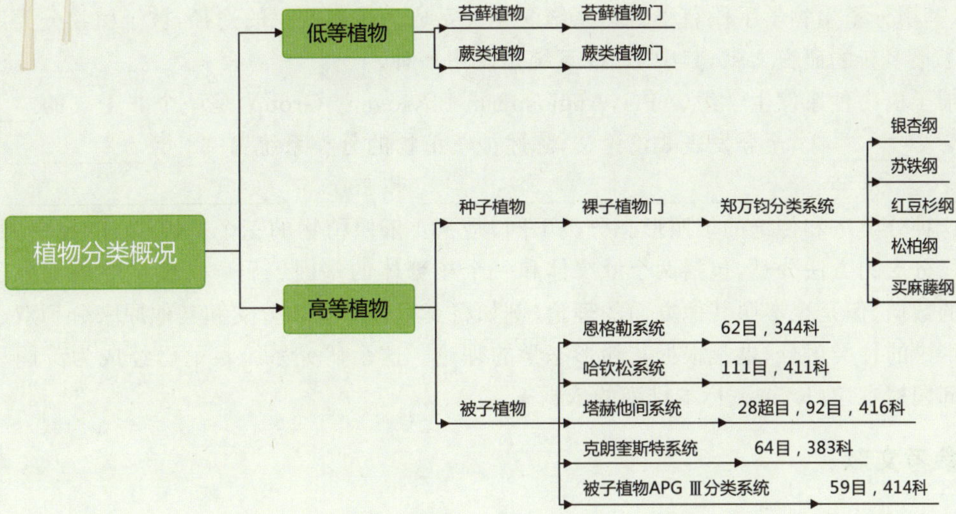

图 3.1　植物分类概况

图 3.1 显示，植物界最简单的分类就是按照植物体结构的完善程度，分为两大类：低等植物和高等植物。低等植物包括藻类植物和地衣植物，高等植物包括苔藓植物、蕨类植物和种子植物。园林树木所涉及的是种子植物，其中包括裸子植物门和被子植物门。裸子植物在我国多用郑万钧裸子植物分类系统。

被子植物是高等植物中最为繁盛的类群，按照植物亲缘关系对被子植物进行分科，建立一个分类系统，用以说明被子植物间的演化关系，是分类学家一直以来的研究热点，常用的有 4 个系统，分别是恩格勒系统、哈钦松系统、塔赫他间系统和克朗奎斯特系统，目前又出现了一个利用分子生物学的分类系统，即被子植物 APG Ⅲ分类系统。我国各个教材和网络资源所用分类系统没有统一标准，再加上俗名和学名交叉使用，因此同一种植物的科属会有不同。

为深入了解被子植物分类系统的特点，请查阅相关文献或网络资源，并完成下列填空题。

1. 恩格勒系统：德国分类学家恩格勒(A. Engler)和勃兰特(K. Prantl)于 1897 年在其《植物自然分科志》巨著中所使用的系统，它是分类学史上第一个比较完整的系统。在 1964 年出版的________________第十二版中，共有____目____科，其中双子叶植物 48 目 290 科，单子叶植物 14 目 54 科。

2. 哈钦松系统：英国植物学家哈钦松(J. Hutchinson)于 1926 年和 1934 年在其________________中所建立的系统。在 1973 年修订的第三版中，共有____目____科，其中双子叶植物 82 目 342 科，单子叶植物 29 目 69 科。

3. 塔赫他间系统：苏联植物学家塔赫他间(A. Takhtajan)于 1954 年在其________________一书中公布的系统。在 1980 年修订版中，共有______超目____目____科，其中双子叶植物(木兰纲)20 超目，单子叶植物(百合纲)8 超目 21 目 77 科。

4. 克朗奎斯特系统：美国学者阿瑟·克朗奎斯特最早于 1958 年发表的一种对有花植

物进行分类的体系，1981 年在他的著作＿＿＿＿＿＿＿＿中最终完善，包括 64 目和 383 科。

5. 被子植物 APG Ⅲ分类系统：近年来，随着以 DNA 测序为基础的分子系统学的日趋成熟，利用分子生物学手段获得自然系统演化关系成为普遍共识的途径，被子植物分类系统出现了很多新的研究文献，其中 APG 系统是其中一种。

被子植物种系发生学组(APG，Angiosperm Phylogeny Group)是一个非正式的＿＿＿＿＿＿＿＿，至今发表 3 篇论文，陈述被子植物的分类系统：1998 年＿＿＿＿＿＿＿＿、2003 年＿＿＿＿＿＿＿＿和 2009 年＿＿＿＿＿＿＿＿。

这种分类法和传统的依照形态分类不同，是主要依照植物的三个基因组 DNA 的顺序，以亲缘分支的方法分类，包括两个叶绿体和一个核糖体的基因编码。虽然主要依据分子生物学的数据，但是也参照其他方面的理论，例如将真双子叶植物分支和其他原来分到双子叶植物纲中的种类区分，也是根据花粉形态学的理论。这个研究系统目前已经成为英国皇家植物邱园标本馆(K)馆藏标本排列的依据。

参考文献：

1. https://baike.so.com/doc/698816－739614.html＃refer_698816－739614－17945684

2. 被子植物 APG 三分类系统详解.pptx https://max.book118.com/html/2016/0627/46646788.shtm。)

(＊与答案有关的词句：国际植物分类学组织、《被子植物 APG 分类法》、《被子植物 APG Ⅱ分类法（修订版）》、《被子植物 APG Ⅲ分类法》、《有花植物的综合分类系统》、《被子植物起源》、《有花植物科志》、《植物分科志要》、62 目 344 科、111 目 411 科、28 超目 92 目 416 科)

分享体验＿＿＿＿＿＿＿＿

3.2 树种识别与鉴定工具——植物检索表

检索表是根据法国拉马(Lamarck,1744—1829年)的二歧分类原则进行的植物分类方法,识别和鉴定植物不可缺少的工具。检索表编制常常采用植物形态比较法,按照划分科、属、种的标准和特征,选一对显著不同的特征,将植物分为两类,再从每类中找出显著不同的特征分为两类,依此类推下去,最后分出科、属、种或品种。常见的植物分类检索表有定距式和平行式两种,学习编制和互换,可以更好地理解和掌握植物形态特征,并熟练地使用检索表进行识别与鉴定植物。

1. 请同学们将下列定距检索表转换成平行检索表,并填入相应的空白区。

定距检索表

1. 常绿
  2. 叶条形四棱,小枝上有显著突起的叶枕,球果生枝端,下垂,宿存 ……………… 云杉
  2. 叶条形扁平,小枝上无叶枕而有圆叶痕,球果生叶腋,直立,成熟后种鳞脱落 … 冷杉
1. 落叶
3. 羽状复叶互生
  4. 小叶有锯齿,核果,有红毛 ……………………………………………… 火炬树
    4. 小叶几乎无锯齿,只在下部有1~2对腺齿,翅果无毛……………………… 臭 椿
  3. 单叶对生
    5. 花冠白色,花丝长于花冠筒,叶长大于宽 ………………………………… 暴马丁香
    5. 花冠紫色,花丝短于花冠筒,叶长宽近相等 ……………………………… 紫丁香

平行检索表

2. 请利用二歧分类法，在教材下篇“园林树木识别与应用”中选择某个科或某个属的树种，根据各个树种形态特征描述找出显著不同的特征进行分类，并进行定距或平行检索表的编制，并尝试使用你的检索表进行校园树种的识别和标记。你觉得编制几个检索表可以达到理解和掌握检索表编制的方法？试一试，并写下感受吧。

分享体验

赋能小站： * 查阅创新思维方法，尝试把碎片化知识系统化。*

项目 4　园林乔木识别与应用

▶技能目标

能识别北方常见园林乔木树种；能掌握各乔木树种园林应用特点并能合理配置。

▶知识目标

掌握北方常见园林乔木树种的形态特征、分布习性与应用。

▶素质目标

培养实物观察、独立分析、解决问题的能力；感受不同树种给人的精神力量。

项目 4　树种名录

4.1.1 油松	4.2.9 银白杨	4.2.40 法桐	4.2.71 丝绵木
4.1.2 樟子松	4.2.10 银中杨	4.2.41 英桐	4.2.72 元宝枫
4.1.3 黑松	4.2.11 胡杨	4.2.42 美桐	4.2.73 五角枫
4.1.4 白皮松	4.2.12 加拿大杨	4.2.43 花楸树	4.2.74 复叶槭
4.1.5 华山松	4.2.13 旱柳	4.2.44 水榆花楸	4.2.75 茶条槭
4.1.6 红松	4.2.14 垂柳	4.2.45 西府海棠	4.2.76 鸡爪槭
4.1.7 北美乔松	4.2.15 金丝柳	4.2.46 海棠花	4.2.77 三花槭
4.1.8 日本五针松	4.2.16 枫杨	4.2.47 垂丝海棠	4.2.78 文冠果
4.1.9 雪松	4.2.17 核桃	4.2.48 山丁子	4.2.79 栾树
4.1.10 红皮云杉	4.2.18 核桃楸	4.2.49 山楂	4.2.80 乌苏里鼠李
4.1.11 青杄	4.2.19 白桦	4.2.50 山桃	4.2.81 枣树
4.1.12 白杄	4.2.20 岳桦	4.2.51 碧桃	4.2.82 糠椴
4.1.13 鱼鳞云杉	4.2.21 黑桦	4.2.52 紫叶李	4.2.83 紫椴
4.1.14 青海云杉	4.2.22 日本桤木	4.2.53 紫叶矮樱	4.2.84 紫薇
4.1.15 杉松	4.2.23 千金榆	4.2.54 杏	4.2.85 石榴
4.1.16 臭冷杉	4.2.24 板栗	4.2.55 梅	4.2.86 刺楸
4.1.17 日本冷杉	4.2.25 蒙古栎	4.2.56 东京樱花	4.2.87 灯台树
4.1.18 侧柏	4.2.26 辽东栎	4.2.57 樱花	4.2.88 毛梾
4.1.19 圆柏	4.2.27 榆树	4.2.58 稠李	4.2.89 四照花
4.1.20 香柏	4.2.28 榔榆	4.2.59 紫叶稠李	4.2.90 玉玲花
4.1.21 日本花柏	4.2.29 大果榆	4.2.60 刺槐	4.2.91 暴马丁香
4.1.22 红豆杉	4.2.30 小叶朴	4.2.61 国槐	4.2.92 洋白蜡
4.1.23 东北红豆杉	4.2.31 桑树	4.2.62 合欢	4.2.93 白蜡树
4.2.1 落叶松	4.2.32 构树	4.2.63 山皂荚	4.2.94 水曲柳
4.2.2 长白落叶松	4.2.33 玉兰	4.2.64 皂荚	4.2.95 毛泡桐
4.2.3 华北落叶松	4.2.34 二乔玉兰	4.2.65 臭檀吴茱萸	4.2.96 白花泡桐
4.2.4 日本落叶松	4.2.35 厚朴	4.2.66 黄檗	4.2.97 梓树
4.2.5 金钱松	4.2.36 天女花	4.2.67 臭椿	4.2.98 黄金树
4.2.6 水杉	4.2.37 广玉兰	4.2.68 香椿	4.2.99 楸树
4.2.7 银杏	4.2.38 鹅掌楸	4.2.69 黄栌	
4.2.8 毛白杨	4.2.39 杜仲	4.2.70 火炬树	

4.1 给教材中的裸子植物科属归归类

请根据教材内容标出下列裸子植物各科树种的属名，并查阅一下各属的识别要点。

1. 松科：油松、樟子松、黑松、白皮松、华山松、红松、北美乔松、日本五针松、落叶松、长白落叶松、华北落叶松、日本落叶松、堰松（　　　　）；雪松（　　）；金钱松（　　　）；红皮云杉、青杄、白杄、鱼鳞云杉、青海云杉（　　　　）；杉松、臭冷杉、日本冷杉（　　　）。

松属：______________________________

雪松属：______________________________

金钱松属：______________________________

云杉属：______________________________

冷杉属：______________________________

2. 柏科：侧柏（　　　）；圆柏、沙地柏、铺地柏、西伯利亚刺柏、兴安圆柏（　　　）；香柏（　　）；日本花柏（　　　）。

侧柏属：______________________________

刺柏属：______________________________

崖柏属：______________________________

扁柏属：______________________________

3. 红豆杉科：红豆杉、东北红豆杉（　　　）。

红豆杉属：______________________________

4. 杉科：水杉（　　　）。

水杉属：______________________________

5. 银杏科：银杏（　　　）。

银杏属：______________________________

4.2 给裸子植物叶形叶态归归类

查找教材中裸子植物树种的叶形描述，将下列叶形相同的树种放到相应的位置中，并进行比较。

油松、樟子松、黑松、白皮松、华山松、红松、北美乔松、日本五针松、落叶松、长白落叶松、华北落叶松、日本落叶松、堰松、雪松、金钱松、红皮云杉、青杄、白杄、鱼鳞云杉、青海云杉、杉松、臭冷杉、日本冷杉、侧柏、圆柏、沙地柏、铺地柏、西伯利亚刺柏、兴安圆柏、香柏、日本花柏、红豆杉、东北红豆杉、水杉、银杏。

扇形叶树种：______________________________

____

____

鳞形叶树种：______________________________

____

____

刺形叶树种：

条形叶树种：

针形叶树种：

请按照常绿和落叶对上述树种进行列举归类。
落叶树种：

常绿树种：

分享体验

4.3 给落叶乔木归归类

1. 请根据叶片在枝上的着生方式和叶片类型，将教材中落叶乔木的单叶对生、单叶互生、复叶对生、复叶互生 4 种类型树种查阅后填到下列类别中。

单叶对生：

单叶互生：

复叶对生：

复叶互生：

2. 请按照下列花色和花期将教材中的观花乔木归归类。

红色系花：

白色系花：

黄色系花：

蓝色系花：

春花类(3—5 月)：

夏花类(6—8 月)：

 赋能小站：* 和大树交朋友，让你的朋友遍天下。 *

3. 教材中的落叶乔木涉及的科有哪些？

4. 请走进您的校园，核对记录一下校园中的乔木树种名称，看一看教材里都有吗？如果没有，请百度一下，并记录下来。

教材中有的校园树种名称：

教材中没有的校园树种名称：

分享体验

项目 5　园林灌木识别与应用

▶技能目标

能识别北方常见园林灌木树种；能掌握各灌木树种园林应用特点并能合理配置。

▶知识目标

掌握北方常见园林灌木树种的形态特征、分布习性与应用。

▶素质目标

触类旁通，积少成多，逐渐掌握识别树种的规律；学习树木适应环境，并能展现自然美的精神。

项目 5　树种名录

5.1.1 叉子圆柏	5.2.18 水葡萄茶藨子	5.2.47 黑果腺肋花楸	5.2.76 笃斯越橘
5.1.2 铺地柏	5.2.19 香茶藨	5.2.48 欧李	5.2.77 连翘
5.1.3 西伯利亚刺柏	5.2.20 圆醋栗	5.2.49 扁核木	5.2.78 东北连翘
5.1.4 兴安圆柏	5.2.21 黑穗醋栗	5.2.50 东北扁核木	5.2.79 金钟花
5.1.5 偃松	5.2.22 珍珠绣线菊	5.2.51 紫穗槐	5.2.80 迎春
5.1.6 黄杨	5.2.23 三桠绣线菊	5.2.52 紫荆	5.2.81 流苏树
5.1.7 朝鲜黄杨	5.2.24 粉花绣线菊	5.2.53 胡枝子	5.2.82 紫丁香
5.1.8 锦熟黄杨	5.2.25 金山绣线菊	5.2.54 花木蓝	5.2.83 小叶丁香
5.1.9 大叶黄杨	5.2.26 金焰绣线菊	5.2.55 毛刺槐	5.2.84 欧洲丁香
5.1.10 越橘	5.2.27 土庄绣线菊	5.2.56 红花锦鸡儿	5.2.85 雪柳
5.1.11 照山白	5.2.28 毛果绣线菊	5.2.57 树锦鸡儿	5.2.86 水蜡
5.1.12 杜香	5.2.29 风箱果	5.2.58 沙冬青	5.2.87 小叶女贞
5.2.1 木贼麻黄	5.2.30 珍珠梅	5.2.59 骆驼刺	5.2.88 海州常山
5.2.2 银芽柳	5.2.31 白鹃梅	5.2.60 花椒	5.2.89 黄荆
5.2.3 鹅耳枥	5.2.32 野蔷薇	5.2.61 盐肤木	5.2.90 枸杞
5.2.4 榛	5.2.33 月季	5.2.62 卫矛	5.2.91 金叶莸
5.2.5 毛榛	5.2.34 玫瑰	5.2.63 木槿	5.2.92 金银木
5.2.6 柘	5.2.35 黄刺玫	5.2.64 沙棘	5.2.93 新疆忍冬
5.2.7 牡丹	5.2.36 榆叶梅	5.2.65 沙枣	5.2.94 葱皮忍冬
5.2.8 紫斑牡丹	5.2.37 毛樱桃	5.2.66 柽柳	5.2.95 早花忍冬
5.2.9 小檗	5.2.38 西伯利亚杏	5.2.67 红柳	5.2.96 锦带花
5.2.10 阿穆尔小檗	5.2.39 麦李	5.2.68 紫薇	5.2.97 六道木
5.2.11 细叶小檗	5.2.40 郁李	5.2.69 五加	5.2.98 接骨木
5.2.12 紫玉兰	5.2.41 棣棠	5.2.70 刺五加	5.2.99 天目琼花
5.2.13 山梅花	5.2.42 金露梅	5.2.71 红瑞木	5.2.100 绣球荚蒾
5.2.14 太平花	5.2.43 匍匐枸子	5.2.72 山茱萸	5.2.101 雪球荚蒾
5.2.15 东陵八仙花	5.2.44 水枸子	5.2.73 大字杜鹃	
5.2.16 大花溲疏	5.2.45 平枝枸子	5.2.74 兴安杜鹃	
5.2.17 东北茶藨子	5.2.46 火棘	5.2.75 迎红杜鹃	

 赋能小站： *每天了解一个树种，DIY 一个电子日历吧。*

5.1 列出教材中的灌木树种所涉及的科

5.2 根据叶片着生方式和类型归类

请根据叶片在枝上的着生方式和叶片类型，将教材中落叶灌木的单叶对生、单叶互生、复叶对生、复叶互生 4 种类型树种查阅后填到下列类别中。

单叶对生：

单叶互生：

复叶对生：

复叶互生：

5.3 请按照下列花色和花期将教材中的观花灌木归归类

红色系花：

白色系花：

黄色系花：

蓝色系花：

春花类(3—5 月)：

夏花类(6—8 月)：

5.4 请列出观枝、观果和适合作绿篱的树种

观枝灌木

观果灌木

植篱灌木

分享体验

分享体验

赋能小站： * 每天了解一个树种，DIY 一个电子日历吧。 *

项目 6　园林藤木识别与应用

▶技能目标

能识别常见的藤木植物，会区别相似树种；能掌握藤木植物的园林应用特点并能合理配植。

▶知识目标

掌握北方常见园林藤木树种的形态特征、分布习性与应用。

▶素质目标

感受生物与环境和谐共生，用科学的角度理解生态环保的深远意义。

项目 6　树种名录

6.1.1 铁线莲	6.1.8 紫藤	6.1.14 白蔹	6.1.20 葛枣猕猴桃
6.1.2 木通	6.1.9 南蛇藤	6.1.15 乌头叶白蔹	6.1.21 杠柳
6.1.3 三叶木通	6.1.10 扶芳藤	6.1.16 地锦	6.1.22 凌霄
6.1.4 木通马兜铃	6.1.11 葡萄	6.1.17 五叶地锦	6.1.23 美国凌霄
6.1.5 大血藤	6.1.12 山葡萄	6.1.18 中华猕猴桃	6.1.24 金银花
6.1.6 五味子	6.1.13 东北蛇葡萄	6.1.19 软枣猕猴桃	6.1.25 贯月忍冬
6.1.7 藤本月季			

6.1　列出教材中的藤木树种所涉及的科

6.2 根据茎的类型把藤木树种归归类

回顾项目1园林树木形态调查中茎的类型的内容，查阅教材中的园林藤木树种分别属于下列哪个类型？

平卧茎：

匍匐茎：

攀缘茎：

缠绕茎：

分享体验

项目 7　园林树种的多样性及配植调查

▶技能目标

学会园林树木应用调查的方法、步骤；学会小型调查报告的撰写方法；初步具备综合应用专业知识和职业技能分析问题的能力。

▶知识目标

了解园林树种的调查方法，掌握园林树种的选择与配植原则。

▶素质目标

创新思维，在调查园林树木多样性和应用的实践中，为社会服务，开展园林环保创新研究。

思政格言：

我宣布中国将力争于2030年前实现CO_2排放达到峰值，2060年前实现碳中和，这意味着中国作为世界上最大的发展中国家，将完成全球最高碳排放强度降幅，用全球历史上最短的时间实现从碳达峰到碳中和。这无疑将是一场硬仗。中方言必行，行必果，我们将碳达峰、碳中和纳入生态文明建设整体布局，全面推行绿色低碳循环经济发展。

——习近平

7.1 手绘一张校园树木识别路线图吧

可以分区绘制，把它作为你学习的助手，也可以将你的作品展示给其他植物爱好者哦！

1	2	3	4	5	6	7	8	9	10	11	12	13	14	15
2														
3														
4														
5														
6														
7														
8														
9														
10														
11														
12														
13														
14														
15														

分享体验

赋能小站： * 回顾设计课程内容，使用你的设计思维。*

7.2　调查并图示校园树种配植方式

1. 规则式配植图示区(标记并讨论树种组合)

分享体验

2. 自然式配植图示区(标记并讨论树种组合)

分享体验

赋能小站: * 回顾设计课程内容,使用你的设计思维。*

项目 8　遇见更好的自己

8.1　收获集锦

1. 请毫无保留地找出每一个项目活动中自己的闪光点：

序号	闪光点
1	
2	
3	
4	
5	
6	
7	
8	
9	
10	
11	
12	
13	
14	
15	

2. 这些闪光点归纳成知识、技能和素质目标，可以作为园林树木老师三教改革的素材哦！

知识收获	
技能收获	
素质收获	

3. 我给自己写个闪光评价吧！

4. 其实有些困难我可以这样克服！

 赋能小站：* 我学习＋我行动＋我坚持＝我可以！ *

5. 活动表现点赞区

亲爱的老师、同学们，请您把各种活动中我的优秀表现写在留言区，让我看到更好的自己可以吗？谢谢！请不要重复哦！

谢谢！	谢谢！	谢谢！
谢谢！	谢谢！	谢谢！
谢谢！	谢谢！	谢谢！
谢谢！		

8.2 手作一幅树木表达粘贴画吧

1. 到校园搜集你认识且喜欢的树叶，用乳白胶粘贴成一棵你心目中的大树，感受一下来自你亲手创作的树叶艺术吧！

赋能小站：* 我学习＋我行动＋我坚持＝我可以！*

2. 给你的作品取个名字，写出寓意。

3. 你都用到了哪些树种的树叶？列举一下吧。

4. 分享一下你的体验感受可以吗？

8.3 自我成长活动换积分啦

园林树木(北方本)自我成长活动成绩统计表

项目名称	任务数	参考分值	完成任务数	成绩
项目 1 调查园林树木形态	6	24		
项目 2 调查园林树木生长发育规律	2	8		
项目 3 园林树木分类	2	8		
项目 4 园林乔木识别与应用	3	12		
项目 5 园林灌木识别与应用	4	16		
项目 6 园林藤木识别与应用	2	8		
项目 7 园林树种的多样性及配置调查	2	8		
项目 8 遇见更好的自己	4	16		
合计	25	100		

8.4　祝贺您获得学习荣誉证书

荣誉证书

____同学：

于____年参加《园林树木（北方本）自我成长活动手册》的自助学习，完成了学习内容的____个项目____个任务，累计____学分，成绩____。

特发此证，以资证明！

评阅老师签名

院系盖章

证书编号：